U0231447

"十二五"
国家重点图书

The technology of food flavoring

食用调香术

第三版

孙宝国　陈海涛　编著

化学工业出版社
·北京·

本版在保持前两版体例风格不变的基础上，吸收了近几年食用香精研究领域的最新研究成果，在相应的章节中补充了一些近几年食品香味成分分析的成果。

本书系统全面地阐述了各种食用香精的调香技术，重点介绍了各种食品风味组成的分析成果、调配这些食品香精的常用香料、香精的制备方法以及列出的示范性配方的感官评价意见。

本书资料来源广泛、内容丰富、技术先进、实用性强，适合于食用调香师及从事香料、香精、食品等行业的研发人员参考。

图书在版编目（CIP）数据

食用调香术/孙宝国，陈海涛编著．—3版．—北京：
化学工业出版社，2017.11（2025.2重印）
ISBN 978-7-122-30764-4

Ⅰ．①食… Ⅱ．①孙…②陈… Ⅲ．①香味剂-制备
Ⅳ．①TS264.3

中国版本图书馆 CIP 数据核字（2017）第 245040 号

责任编辑：赵玉清　　　　　　　　　　　文字编辑：周　倜
责任校对：蒋　宇　　　　　　　　　　　装帧设计：尹琳琳

出版发行：化学工业出版社（北京市东城区青年湖南街 13 号　邮政编码 100011）
印　　装：河北延风印务有限公司
710mm×1000mm　1/16　印张 20¾　字数 384 千字　2025 年 2 月北京第 3 版第 9 次印刷

购书咨询：010-64518888　　　　　　　　售后服务：010-64518899
网　　址：http://www.cip.com.cn
凡购买本书，如有缺损质量问题，本社销售中心负责调换。

定　　价：80.00 元　　　　　　　　　　　　　　版权所有　违者必究

前言

食品的香味是食品的灵魂。食品中原有的香味和食品加工过程中产生的香味不能满足人们对香味日益增长的要求，在食品加工过程中通过食品香精来补充、改善，甚至全部提供香味是非常必要的。食品香精的作用是为食品增香提味，如果没有食品香精，现代制造食品就会失去魅力。《食用调香术（第一版）》2003年9月出版，《食用调香术（第二版）》2010年6月出版，承蒙各位读者厚爱，先后印刷多次，对促进食品香精产业的人才培养和科技进步发挥了重要作用。近5年来，国内外食用香精产业发展和技术进步很快，第二版的一些内容也已经不适应现代食用香精发展的要求。为此，我们对《食用调香术》进行了再次修订。

《食用调香术（第三版）》在保持第二版体例风格不变的基础上，对内容进行了删减。食品香料和食品香精分析这两部分已有多部著作单独出版，所以不再占用本书的篇幅。酒香型香精部分则是因为我们近几年在中国白酒的风味分析领域的研究成果较多，即将单独出书，因此也不再占用本书的篇幅。对保留章节，本次修订的主要内容一是吸收了近几年食品风味分析领域的最新研究成果，补充进了食品的挥发性香成分章节中，为设计香精配方、选取香料提供参考。二是书中所列的示范性配方全都在我们的实验室进行了实际调配，并给出了感官评价意见，这是本次修订的最大亮点，在国内外同类著作中也是首次。尽管示范性配方都不可能达到最好的效果，但读者从中可以看出配方结构的变化和香料的差异对最终效果的影响，参考价值更大。我们仅是抛砖引玉，读者可以举一反三。

修订工作由中国工程院院士、北京工商大学食品学院教授孙宝国博士负责全书的构思和总体设计；北京工商大学食品学院陈海涛高工具体负责示范性配方的调配与评价、统稿、修改和定稿。参与香精的调配与感官评价工作的还有张宁、章慧莺、张玥琪、郭贝贝、陈怡颖、张兴、蒲丹丹、孙杰、孙峰义、王丹、丁奇、孙颖、赵静等博士和硕士研究生。

食品安全是全社会普遍关注的问题，本书对食品安全的内容也有论述，食用香精研究者、生产者和使用者必须按法规要求选择原料、组织生产和使用，本书的一切内容只能作为学习、研究时参考，而不能作为生产依据。

食用调香涉及香料化学、有机化学、食品化学、生物化学、分析化学等多个学科，由于我们自身水平的限制，书中难免出现不妥之处，恳切希望各位同行专家和读者批评指正。

本书的作者研究生期间都在北京工商大学从事香料香精方面的研究，在北京工商大学 65 周年校庆之际，谨以此书献给我们共同的母校——北京工商大学。

作者

2015 年 6 月

于北京工商大学

　　调香术是指调配香精的技术和艺术，体现了科学技术和艺术的完美结合。对应于日用香精和食用香精两大工业领域，现代调香术已经发展为日用调香术和食用调香术两大分支，二者已经有很大不同。从调香的角度比较，日用调香主要考虑香精的香气效果，食用调香必须同时考虑香精的香气和味道两个方面，强调香和味的统一；从应用角度比较，日用香精主要用于化妆品、洗涤用品等产品，食用香精主要用于食品、饮料、药品、香烟、牙膏等产品；从安全角度比较，日用香精主要关注的是其对皮肤的安全性，食用香精更多关注的是其进入口中、尤其是进入体内后对人体的安全性。一个调香师很难同时在日用调香和食用调香两个领域都有所建树。即使是在同一个领域，一个调香师一般也只是在某一种或几种香型香精方面更有所专长。张承增先生和汪清如先生编著的《日用调香术》是 1989 年出版的，对于中国日用香精调香师理论水平和技术水平的提高产生了重要作用。十几年来，国内出版的香料、香精著作中涉及食用香精和食用调香的已有几部，但全面、系统阐述食用香精调香理论与实践的《食用调香术》尚无出版。为了适应食用香精工业发展的要求，满足食用香精调香工作者的需要，我们在参考国外有关专著和国内外有关食用香料、香精文献的基础上，结合我们自己的研究工作编写了此书，定名为《食用调香术》。由于食用调香涉及香料化学、食品化学、生物化学、分析化学等多个学科，并且食用香精种类繁多、不断有新品种出现，再加上我们自身水平的限制，书中难免出现错误或不妥之处，恳切希望各位同行专家和读者批评指正。

　　本书全部配方所列数据均为质量分数，书中不再一一说明。本书所有配方仅供学习、研究时参考，不提供生产用配方。本书所介绍的香料仅供调香时参考，实际生产时一定要选用有关法规允许使用的香料。

　　本书由北京工商大学教授孙宝国博士主持编写。参加编写的有孙宝国、刘玉平、郑福平、谢建春、田红玉、付翔 6 位同志。其中第 1

章、第2章、第5章、第6章、第8章～第11章、第12章、第14章由孙宝国编写；第3章由刘玉平编写；第13章由郑福平编写；第4章由谢建春、田红玉编写；第7章由付翔、孙宝国编写。全书的构思、统稿、修改和定稿由孙宝国完成。

北京工商大学梁梦兰教授审阅了本书的部分书稿并提出了宝贵的修改意见，特此致谢。

本书6位作者研究生期间都在北京工商大学（原北京轻工业学院）从事香料方面的研究，在北京轻工业学院和北京商学院合并成立北京工商大学4周年之际，谨以此书献给我们共同的母校——北京工商大学。

编者

2003 年 6 月

于北京工商大学

食品香精的作用是为食品增香提味，没有食品香精，现代制造食品就会失去魅力。《食用调香术》（第一版）于 2003 年 9 月出版，承蒙各位读者厚爱，先后印刷了多次。6 年来，国内外食用香精技术进步很快，其中咸味食品香精的发展更为迅速，第一版的一些内容已经不适应现代食用香精发展的要求。根据食用香精技术发展和读者的要求，我们对《食用调香术》进行修订。

本版在保持第一版体例风格不变的基础上，吸收了近几年食用香精研究领域的最新研究成果，补充介绍了一些新的食品香精配方和最近几年获得 FEMA 号的物质。现代食用香精的发展越来越得益于现代分析技术的进步，尤其是 GC-MS、GC-O 等分析技术和新的样品前处理技术，第二版对这部分内容也专设一章做了介绍，同时在相应的章节中补充了一些近几年食品香味成分分析的成果。食品安全是全社会普遍关注的问题，本书对食品安全的内容也有论述，食用香精研究者、生产者和使用者必须按法规要求选择原料、组织生产和使用，而本书的内容只能作为学习、研究时参考，而不能作为生产依据。

修订工作由北京工商大学教授、博士生导师孙宝国院士主持，参加编写工作的有孙宝国教授（第 1 章、第 2 章、第 6 章、第 12 章）、田红玉副教授（第 3 章、第 4 章、第 9 章）、陈海涛高工（第 5 章、第 7 章、第 8 章）、黄明泉博士（第 10 章）、刘玉平副教授（第 11 章、第 13 章）、谢建春教授（第 14 章）。全书的构思、统稿、修改和定稿由孙宝国教授完成。

食用调香涉及香料化学、有机化学、食品化学、生物化学、分析化学等多个学科，由于我们自身水平的限制，书中难免出现不妥之处，恳切希望各位同行专家和读者批评指正。

本书 6 位编者研究生期间及当前工作都是在北京工商大学从事香料香精方面的研究，在北京工商大学 60 周年校庆之际，谨以此书献给我们共同的母校——北京工商大学。

中国工程院院士孙宝国
2010 年 1 月
于北京工商大学

第1章
绪论

1.1 食用香精的定义和基本概念

1.1.1 食用香精的定义

"食品"二字，从字面理解"食"具有"吃"和"吃的东西"的含义；而"品"具有"物品"和"品尝"的意思，因此"食品"既要具有可食性，又要具有可品性，故有"国以民为本，民以食为天，食以味为先"之说。食品的香味是食品的灵魂，美味可口的食品能够使食用者得到精神和物质双重享受。食品中香味的来源主要有三个方面：一是食品基料（如米、面、鱼、肉、蛋、奶、水果、蔬菜等）中原先就存在的，这些食品基料构成了人类饮食的主体，也是人体必需营养成分的主要来源；二是食品基料中的香味前体物质在食品加工过程（如加热、发酵等）中发生一系列化学变化（如 Maillard 反应）产生的；三是在食品加工过程中有意加入的，如食品香精（flavors）、调味品、香辛料等。尽管食品中的香味成分在食品组成中含量很低（见表 1-1），但其地位却是举足轻重的。

表 1-1 食品的大致组成

名　　称	含　　量
水分	$1\% \sim 95\%$
蛋白质	$1\% \sim 25\%$
油脂	$1\% \sim 45\%$
碳水化合物	$1\% \sim 80\%$
矿物质	$1\% \sim 5\%$
维生素	mg/kg
香味成分	$\mu g/kg \sim mg/kg$

对热加工食品而言，基料中的香味前体物质（如游离氨基酸、还原糖等）是产生香味的内在因素，加热是产生香味的重要外在因素。除了食品原料自身的因素外，加工工艺和时间对香味的影响是决定性的。中国菜肴烹饪时讲究"火候"，包含了时间和工艺两方面的影响。煲汤需要时间，显示了时间对香味产生的重要性，民间有"千炖豆腐万炖鱼"之说，讲的就是这个道理。

现代社会生活水平的提高、生活节奏的加快和科学技术的进步使食品工业得到了迅猛发展。各种加工食品由于便于保存、食用方便、营养、安全等优点，越来越受到青睐。我国规模以上食品工业企业的总产值 2014 年已达到 10.89 万亿人民币，并且其近 15 年的发展速度远高于国民经济的平均发展速度。

食品工业是从厨房中走出来的。大多数在厨房用传统方法手工制作的食品，由于配料精细、制作方法考究、加热时间适宜等原因，其香味一般都饱满诱人。但在食品厂采用现代化设备大规模、快速生产的食品，其生产特点是量大、速度快，由于加工工艺、加工设备、加工时间等原因，其香味一般不如传统厨房制作的食品可口，必须额外添加能够补充香味的成分，这就是食用香精。

食用香精是一种能够赋予食品或其他加香产品（如药品、牙膏、烟草等）香味的混合物。食用香精的作用就是为食品或其他加香产品增香提味。根据国际食品香料香精工业组织（International Organization of the Flavor Industry，IOFI）的定义，食用香精中除了含有对食品香味有贡献的物质外，还允许含有对食品香味没有贡献的物质，如溶剂、抗氧剂、防腐剂、载体等。

通常所说的香味是一种非常复杂的感觉，涉及嗅感和味感两方面，是由许许多多香味化合物分子作用于人的嗅觉和味觉器官上产生的。通常认为 8 个香味分子就能激发一个感觉神经元，40 个分子就可以提供一种可辨知的感觉。人类鼻子对气味分子感觉的理论极限约为 10^{-19} mol。

食用香精中能够提供香味的原料是香料，所以香料也叫香原料。香料是一种能被嗅觉嗅出香气或被味觉尝出香味的物质，是配制香精的原料。香料大多是通过化学、生物化学或物理方法从天然产物中提取或人工制造的。

食物中的天然香味成分是由于食物中的某些香味前体物质在生长、存储或加工过程中发生一系列复杂变化而产生的，其形成途径主要有四种。

一是在生长或存储、加工过程中香味前体物质经酶促降解、水解、氧化等反应产生的，如水果、蔬菜、茶叶、干香菇的香味。图 1-1 是己烯醛和己烯醇形成的生物途径。顺-3-己烯醛、反-2-己烯醛、顺-3-己烯醇和反-2-己烯醇是许多水果和蔬菜（苹果、番茄、葡萄等）的重要香成分。

二是在食物热加工过程中通过一系列热反应和热降解反应产生的，如各种焙烤食品、蒸煮食品、油炸食品的香味。

三是通过发酵产生的，如奶酪、酸奶、葡萄酒、啤酒、白酒、面酱、虾酱、

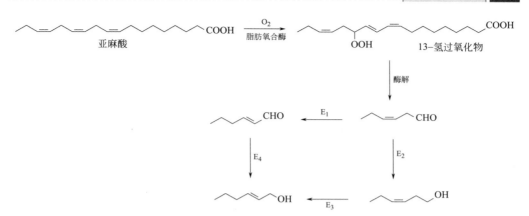

图 1-1　亚麻酸酶催化生成己烯醛和己烯醇的途径（E_1、E_2、E_3、E_4 为不同的酶）

发酵酱油、发酵醋等的香味。

　　四是通过氧化产生的，如 β-胡萝卜素氧化降解生成的茶叶香味成分顺-茶螺烷、β-紫罗兰酮和 β-大马酮，以及脂肪氧化产生的香味等（见图 1-2）。

顺-茶螺烷　　　　　　β-紫罗兰酮　　　　　　β-大马酮

图 1-2　β-胡萝卜素氧化降解生成顺-茶螺烷、β-紫罗兰酮和 β-大马酮

　　同一种食品的香味可能是通过以上一种或几种途径为主产生，如面包的香味主要是通过发酵、焙烤等途径产生的。

　　香味除了满足人们对美食、美味的要求外，其某些功能与消化和新陈代谢有关，食品的香味能刺激唾液分泌，有助于消化和吸收，民间关于厨师"闻着香味就长胖"的说法是有一定道理的。

　　一些食用香料，尤其是香辛料及其提取物具有医疗、保健、防腐、抑菌等功效。如生姜具有祛风、解热、健胃功效；罗勒具有镇静、催眠、健胃、通经功效；肉豆蔻具有祛风、健胃功效；大蒜具有杀菌、镇静、祛风、解热、利尿、治疗高血压、驱虫功效；丁香具有祛风、愈创、驱虫、健胃功效；洋葱具有愈创、利尿、去痰、健胃功效；肉桂具有通经、止血、驱虫、健胃功效；牛至具有祛风、通经、去痰、驱虫、健胃功效；马鞭草具有促进乳分泌、驱虫功效；香柠檬具有镇静功效；龙蒿和薄荷具有祛风、通经、健胃功效等。这些香料在食用香精配方中恰当使用，添加在食品中可以收到双重效果。

对大多数食品而言，其香和味是协调统一的，像臭豆腐那样闻起来很臭、吃起来很香的食品并不多见。

现代社会生活水平的提高、生活节奏的加快、各国饮食文化的相互融合，以及人们饮食习惯的改变等极大地促进了食品工业的发展，同时也对食品香味提出了越来越高的要求，而食品香精则是改善食品品质、增香提味、促进食品工业化生产所必需的原料。

1.1.2　食用香精的分类

食用香精的种类繁多，并且在不断发展变化，有什么加工食品就有相应什么食用香精。食用香精的分类主要有以下几种。

1.1.2.1　按来源分类

食用香精按香味物质来源分类如下：

$$食用香精\begin{cases} 调和型食用香精 \\ 热反应型食用香精 \\ 发酵型食用香精 \\ 酶解型食用香精 \\ 脂肪氧化型食用香精 \end{cases}$$

1.1.2.2　按剂型分类

食用香精按剂型分类如下：

$$食用香精\begin{cases} 液体香精\begin{cases} 水溶性香精 \\ 油溶性香精 \\ 乳化香精 \end{cases} \\ 膏状香精 \\ 粉体香精 \end{cases}$$

1.1.2.3　按香型分类

食用香精的香型丰富多样，每一种食品都有自己独特的香型。因此，食用香精按香型可分为很多类型，很难罗列，概括起来主要有以下几类：

$$食用香精\begin{cases} 水果香型香精 \\ 坚果香型香精 \\ 乳香型香精 \\ 肉香型香精 \\ 辛香型香精 \\ 花香型香精 \\ 蔬菜香型香精 \\ 酒香型香精 \\ 烟草香型香精等 \end{cases}$$

每一类中又可细分为很多具体香型，如水果香型香精可以按水果品种分为苹果、桃子、杏子、樱桃、草莓、香蕉、菠萝、柠檬、西瓜、哈密瓜等香型。同一种水果香精还可以分为若干种，如苹果香精可分为青苹果香型、香蕉苹果香型、红富士苹果香型等。

1.1.2.4 按用途分类

食用香精按用途可分为很多种，概括起来主要有以下几类：

$$
食用香精\begin{cases}
食品用香精 \\
酒用香精 \\
烟用香精 \\
药用香精 \\
牙膏用香精 \\
饲料用香精等
\end{cases}
$$

其中食品用香精即通常所说的食品香精是食用香精中最主要的一类，可以具体分为：焙烤食品香精、软饮料香精、糖果香精、肉制品香精、奶制品香精、调味品香精、快餐食品香精、微波食品香精等。每一类还可以再细分，如奶制品香精可分为牛奶香精、酸奶香精、奶油香精、黄油香精、奶酪香精等。

近几年，由于咸味食品香精的发展，中国趋向于将食品香精分为两大类，即甜味食用香精（confectionery flavors，简称甜味食品香精或甜味香精）和咸味食品用香精（savory flavors，简称咸味食品香精或咸味香精）。

中华人民共和国轻工行业标准 QB/T 2640《咸味食品香精》对咸味香精的定义是"由热反应香料、食品香料化合物、香辛料（或其提取物）等香味成分中的一种或多种与食用载体和/或其他食品添加剂构成的混合物，用于咸味食品的加香。"咸味香精所指的"咸味"是一系列与烹调菜肴有关的香味，主要包括：各种肉香味、烟熏香味、蔬菜香味、葱蒜香味、辛香味、脂肪香味、油炸香味、酱菜香味、泡菜香味以及其他各种烹调菜肴的香味。与此相关的咸味食品主要包括：各种肉制品、海鲜制品、仿肉制品、豆制品、调味料和调味品、炸薯条、膨化食品、番茄酱、洋葱制品、大蒜制品、香辛料制品、方便面、方便米粉、速冻水饺等调理类速冻食品以及菜肴等。

咸味香精也称为调味香精、调理香精，主要品种有猪肉香精、牛肉香精、鸡肉香精、羊肉香精、各种海鲜香精、菜肴香精等。

目前没有具体针对甜味香精的行业标准，甜味香精生产中执行的是 QB/T 1505—2007《食用香精》标准。关于甜味香精的范围，中国倾向于将咸味香精以外的食品香精都归为甜味香精。国外倾向于将咸味香精、甜味香精、乳品香精（dairy flavors）、烘焙食品香精（bakery flavors）、饮料类香精（beverage flavors）并列。

食用香精的品种是不断增加的，传统厨房食品实现工业化生产后就会出现相应的食用香精，如榨菜香精、泡菜香精、粽子香精、水饺香精、臭豆腐香精等都是近几年问世的品种。新发明的食品也需要配套的香精，如果茶香精、茶饮料香精、八宝粥香精等。随着食品工业、餐饮业和香料工业的发展，食用香精的品种会越来越多。

1.1.3　与食用香精有关的重要术语、法规和管理机构

为了更好地从事与食用香精有关的工作，正确理解与食用香精有关的一些基本概念是非常必要的，现简要叙述如下。

香料（perfume）：在一定浓度下具有香气或香味的、用于配制香精的物质。香料都是有机物，可以是混合物，如玫瑰油；也可以是单一化合物，如苯甲醛。目前全世界允许使用的食用香料有4000多种。

香基（base）：含有多种香味成分的、具有一定香型的、用于调配其他香精的混合物。香基实际上是用来调配其他香精的香精。

天然香料（natural perfume）：以动物、植物、微生物为原料通过压榨、蒸馏、萃取、吸附、发酵、酶解、热反应等方法获得的香料。如麝香酊、橘子油、桂花浸膏、大蒜油树脂、天然薄荷脑、发酵法生产的3-羟基-2-丁酮等。

合成香料（synthetic perfume）：通过有机合成的方法制得的香料。如香兰素、乙基麦芽酚、2-甲基-3-呋喃硫醇、2-乙酰基噻唑、庚酸烯丙酯等。

日用香料（fragrance）：用于调配日用香精的香料。

食用香料（flavor）：用于调配食用香精的香料。大部分香料既可用于调配日用香精，又可用于调配食用香精。这些香料用于调配日用香精时就是日用香料，用于调配食用香精时就是食用香料。

精油（essential oil）：从香料植物中提取的挥发性油状液体，如肉桂油、甜橙油等。常用的提取方法是水蒸气蒸馏法和压榨法。

酊剂（tincture）：以乙醇为溶剂，在室温或加热条件下浸提天然香料原料，经冷却、澄清、过滤后得到的溶液，如香荚兰酊、安息香酊等。

浸膏（concrete）：用挥发性溶剂萃取芳香植物原料，然后除去溶剂所得到的香料制品，如茉莉浸膏、玫瑰浸膏、桂花浸膏、晚香玉浸膏、铃兰浸膏、墨红浸膏、香荚兰豆浸膏等。

油树脂（oleoresin）：用挥发性溶剂萃取香辛料植物原料，然后除去溶剂所得到的香料制品，如辣椒油树脂、花椒油树脂、大蒜油树脂、生姜油树脂等。油树脂属于浸膏的范畴。

香辛料（spices）：在烹饪及食品调香、调味中使用的任何芳香植物，其主要作用是调香、调味，而不是提供营养等。常用的有辣椒、姜、大葱、洋葱、大

蒜、胡椒、芥菜子、肉豆蔻、小豆蔻、胡卢巴、小茴香、葛缕子、芹菜、芫荽、莳萝、丁香、众香子、肉桂、八角、姜黄、藏红花等。食品烹调和热反应香精生产时一般直接使用香辛料，调香时一般使用其提取物，如精油、油树脂、酊剂等。

香草（herbs）：在烹饪及食品调香、调味中使用其叶子或叶子和茎的软茎植物。如月桂、迷迭香、众香子、百里香、甘牛至、鼠尾草、薄荷、留兰香等。香草的概念国外比较常用，国内一般都称为香辛料。香草属于香辛料的范畴。

食用香精与人们的饮食及健康密切相关，因此，国内外都有相应的机构对其进行管理并制定相应的法规。现对与食用香精有关的、在国际上具有一定权威性的法规和管理机构的英文缩写作如下说明。

FCC（Food Chemical Codex）：食品化学品法典。

FDA（Food and Drug Administration）：美国食品和药物管理局。

FEMA（Flavor Extract Manufacturers Association）：美国食品香料与萃取物制造者协会。FEMA 将"一般认为安全"的食品香料列入了一般认为安全的食品香料名单（GRAS List），其中的每一个香料都有一个四位数的号码，称为FEMA 号，从 2001 号开始，2008 年增加到 4666 号，2014 年已增加至 4802 号。已公开的 GRAS 物质及相关数据都可以从 1965 年以后美国出版的 Food Technology 杂志上查到。

GRAS（Generally Recognized as Safe）：一般认为安全。

COE（Council of Europe & Experts on Flavoring Substances）欧洲理事会与食品香料专家委员会。

IOFI（International Organization of Flavor Industry）：食用香料香精工业国际组织，成立于 1969 年，总部现设在瑞士日内瓦，为世界上食用香料香精主要生产国的国家级工业协会，其宗旨是通过科学的工作制定出能为全体会员国接受的食用香料法规，以克服非关税贸易壁垒，促进世界食用香精工业的健康发展。

GB 2760：中华人民共和国国家标准食品添加剂使用卫生标准，其附录中公布了食品用香料名单。截止 2014 年 12 月，GB 2760—2014（2015 年 5 月实施）中批准允许使用的食用香料已有 1870 种。

1.2　食用香精的功能

食品香精是食用香精最主要的一类，其功能也最具有代表性。食品中都含有天然存在的香味物质和/或在加工过程中形成的香味物质，这是人类摄入的香味物质的主体。人类对食品香味的要求是多种多样的，也是日益增长的。食品中天然存在的香味物质和/或在加工过程中形成的香味物质难以满足人类不断增长的要求，食品香精的应用和发展是不可抵挡的。食品香精是食品工业必不可少的添加剂，没有食品香精就没有现代食品工业。

食品香精的功能主要体现在两个方面。

1.2.1 为食品提供香味

一些食品基料本身没有香味或香味很小，加入食品香精后具有了宜人的香味，如软饮料、冰淇淋、果冻、口香糖、糖果等。

1.2.2 补充和改善食品的香味

一些加工食品由于受加工工艺、加工时间等的限制，香味往往不足或香味不正、或香味特征性不强，加入食品香精后能够使其香味得到补充和改善，如罐头、香肠、面包、鸡精等。

食品香精的作用可以概括为"增香提味、改善品质"八个字。食品香精的应用遍及食品工业的各个方面，不添加食品香精的制造食品越来越少。食用香精的应用也早就超出了传统的食品、烟草等工业的范畴，如在药品中添加食用香精已越来越普遍，从"良药苦口"到"良药可口"靠的是食用香精；又如各种饲料香精对畜牧业和养殖业的发展以及宠物的饲养发挥着重要作用。

关于食品香精一定要走出认识上的两个误区：一是食品不应该加香精或加香精不好。现代社会生活水平的提高和生活节奏的加快，使人们越来越喜爱食用快捷方便的加工食品，并且希望食品香味要可口、香味要丰富多样，这些必须通过添加食品香精才能实现。高血压、高血脂、脂肪肝等"富贵病"的流行使人们越来越希望多食用一些植物蛋白食品，如大豆制品，而又要求有可口的香味，这只有添加相应的食用香精才能实现。食品香精质量的好坏，消费者在食用的过程中一尝就知道。食品香精中使用时具有"自我设限（self-limit）"特性，当超过一定量时，其香味会令人难以接受，所以消费者完全没有必要担心过量使用食品香精带来的安全问题。

第二个误区是外国人不吃或很少吃添加食品香精的食品。其实食品香精是"舶来品"，越是发达国家，食品香精人均消费量越高。我国食品香料和食品香精的人均消费量远远低于美国、日本、西欧发达国家和地区。

1.3 食用香精配方的解析

1.3.1 食用香精的香味组分及所用原料

食品的香味是由食品中所含有的微量香成分产生的，这些微量香成分都是小分子有机化合物，相对分子质量一般为 50～300，涉及烃类、醇类、酚类、醛类、缩醛类、缩硫醛类、酮类、缩酮类、缩硫酮类、羧酸类、酯类、内酯类、呋喃类、吡咯类、噻吩类、噻唑类、噻唑啉类、吡嗪类、吡啶类、含硫化合物、含氮化合物等有机化合物类型。已经鉴定出的食品香成分有 5000 多种，如从牛肉中鉴定出的香成分有 1000 多种；从茶叶中鉴定出的香成分有 500 多种；从咖啡中鉴定出的香成分有 600 多种；从米饭中鉴定出的香成分有 500 多种。

食用香精生产的目的就是通过人工的方法，制造出具有特定香味的、用于产品加香的食用香精，这些食用香精中含有的香成分从几种到上千种。

食品化学和香料化学的发展促进了传统食品香精生产技术的发展和变革，现代食用香精的生产已经超出了传统的纯粹"调香"的方式，酶工程、发酵工程、食品工程、烹调技术等已经越来越多地应用于食用香精生产过程。食用调香师在食用香精研究开发过程中必须学会充分应用这些技术。一般来说，通过调香方法制备的食用香精，其配方中天然香料和合成香料品种一般从几种到几十种。通过发酵、酶解、热反应等方法制备的食用香精，其呈香、呈味成分有数百种至上千种，用这些方法制备的食用香精其香味地道、逼真，但强度一般比较弱，往往需要另外添加其他香料加以强化。

通过发酵、酶解、热反应等方法制备食用香精，其配料、工艺、设备和反应温度、压力、pH 值等随香精的品种变化较大，本书将在有关章节中具体介绍。

生产技术的发展导致食品香精所用的原料也突破了传统香料的界限，一些食品原料也应用到了食用香精的生产过程中。食用香精生产中可用的原料如下。

（1）植物性原料　如香辛料、水果、蔬菜、糖、淀粉、植物蛋白、植物油等。

（2）动物性原料　如肉、骨、皮、血、脂肪、蛋、奶、海鲜等。

（3）植物性原料提取物　如精油、浸膏、油树脂、酊剂、果汁等。

（4）从天然产物制得的单离香料　如从丁香油中获得的丁香酚，从薄荷油中获得的薄荷脑等。

（5）由单离物或其他天然产品用化学方法制得的合成香料　如从木质素制得的香兰素等。

（6）与天然食物中香味成分结构相同的合成香料（亦称为天然等同香料）如苯甲醛、糠硫醇、2-甲基-3-巯基呋喃、丁二酮等。

（7）尚未在天然产物中检出的合成香料　如乙基香兰素、乙基麦芽酚等。

（8）香味增强剂　如味精、核苷酸等。

（9）味道改良剂　如盐、甜味剂、苦味剂、酸味剂等。

尽管如此，香料在食用香精中的核心地位仍然是不容置疑的，调香在食用香精配方研究开发过程中的核心地位也是不容置疑的。相当一部分食用香精完全是由香料调配而成的。通过发酵、热反应等方法制备的食用香精一般也要加入一些香料（大多数情况下是加入香基），以提高其香味强度。因此，通过调香法创拟食用香精（香基）配方是香精研发必不可少的关键环节，也是调香师的基本工作。

食用香精配方千变万化，但其基本组成是有理论依据的，目前普遍采用的主要有两种组成方式：一种是按香料在香精中的作用来划分，将组成食用香精的香料分成特征香料、协调香料、变调香料和定香香料四类，一般称为四种成分组成法；另一种是按香料挥发性来划分，将组成食用香精的香料分为头香香料、体香香料和底香香料三大类，一般称为三种成分组成法。这两种组成方法既有区别又有联系，调香师应将这两种方法融会贯通，互为补充。切不可将它们对立起来。

1.3.2 食用香精的四种成分组成法

该方法是将食用香精的各种呈香、呈味成分按它们在香精中的不同作用划分为四类，即主香剂、协调剂、变调剂和定香剂。

1.3.2.1 主香剂

主香剂（main note）为特征性香料，能使人很自然地联想到目标香精的香味，它们构成香精的主体香味，决定着香精的香型。

主香剂可以是精油、浸膏、油树脂、单体香料和/或它们的混合物。

创拟香精配方时，首先应根据要调配的香精的香型确定与其香型一致的特征性香料。特征性香料的确定是非常重要也很困难的，需要不断地积累并及时吸收新的研究成果。常见的一些特征性香料列于表 1-2。

表 1-2 常见食用香精的特征性香料

香精名称	特征性香料
白兰地酒	庚酸乙酯
浓香型白酒	己酸乙酯
清香型白酒	乙酸乙酯、乳酸乙酯
百里香	百里香酚
爆玉米花	2-乙酰基吡啶、2-乙酰基吡嗪
菠萝	3-甲硫基丙酸甲酯、己酸烯丙酯
薄荷	薄荷脑
草莓	印蒿油、β-甲基-β-苯基缩水甘油酸乙酯
橙子	α-甜橙醛
醋	乙酸乙酯、醋酸
大米	2-乙酰基吡咯啉
大蒜	二烯丙基二硫醚
丁香	丁香酚

续表

香精名称	特征性香料
番茄	顺-3-己烯醛、顺-4-庚烯醛、2-异丁基噻唑
覆盆子	覆盆子酮、印蒿油、β-紫罗兰酮、γ-紫罗兰酮
葛缕子	d-香芹酮
花生	2-甲基-5-甲氧基吡嗪、2,5-二甲基吡嗪
黄瓜	反-2-顺-6-壬二烯醛
茴香	茴香脑、甲基黑椒酚
基本肉香味	三甲基噻唑、2-甲基-3-呋喃硫醇、2,5-二甲基-3-呋喃硫醇、2-甲基-3-甲硫基呋喃、甲基(2-甲基-3-呋喃基)二硫
羊肉特征香味	4-甲基辛酸、4-乙基辛酸、4-甲基壬酸
酱油	酱油酮
焦糖	2,5-二甲基-4-羟基-3(2H)-呋喃酮、麦芽酚、乙基麦芽酚
咖啡	糠硫醇、硫代丙酸糠酯
烤香	2,5-二甲基吡嗪
留兰香	l-香芹酮
蘑菇	1-辛烯-3-醇、1-辛烯-3-酮
奶酪	2-庚酮
奶油	丁二酮
柠檬	柠檬醛
苹果	乙酸异戊酯、2-甲基丁酸乙酯、己醛、万寿菊油
葡萄	邻氨基苯甲酸甲酯
巧克力	5-甲基-2-苯基-2-己烯醛、四甲基吡嗪、丁酸异戊酯、香兰素、乙基香兰素、2-甲氧基-5-甲基吡嗪
芹菜	3-丁基-4,5,6,7-四氢苯酞、3-亚丙基 2-苯并[c]呋喃酮
青香	顺-3-己烯醛
肉桂	肉桂醛
生梨	反-2-顺-4-癸二烯酸乙酯
桃子	γ-十一内酯(桃醛)、6-戊基-α-吡喃酮
甜瓜	2-甲基-3-(对异丙基苯)丙醛、顺-6-壬烯醛、羟基香茅醛二甲缩醛、2,6-二甲基-5-庚烯醛、2-苯丙醛、2-甲基-3-(4-异丙基苯)丙醛
土豆	3-甲硫基丙醛、甲基丙基硫醚、2-异丙基-3-甲氧基吡嗪
香草	香兰素、乙基香兰素
香蕉	乙酸异戊酯
香柠檬	乙酸芳樟酯
杏仁	苯甲醛
杏子	γ-十一内酯

续表

香精名称	特征性香料
烟熏	愈创木酚
芫荽	芳樟醇
洋葱	二丙基二硫醚
椰子	γ-壬内酯
樱桃	苯甲醛、丁酸戊酯、乳酸乙酯、苄醇、茴香醛
圆柚	圆柚酮、1-对蓋烯-8-硫醇
榛子	2-甲基-5-甲硫基吡嗪

需要说明的是一种香料可能是不止一种香精的特征性香料，如印蒿油是覆盆子香精和草莓香精的特征性香料；γ-十一内酯是桃子、杏子香精的特征性香料。

1.3.2.2 协调剂

协调剂（blender）又称协调香料，其香型与特征性香料属于同一类型，它们并不一定能使人联想到目标香精的香味，但用于香精配方时，它们的协调作用能使香精的香味更加协调一致。

协调香料可以是精油、浸膏、油树脂、单体香料和/或它们的混合物。

常见的一些协调香料，如在调配橙子香精时常用乙醛做协调香料，用来增加天然感、果香和果汁味；在调配草莓、葡萄香精时常用丁酸乙酯做协调香料，以增加天然感；在调配苹果香精时用 β-甲基-β-苯基缩水甘油酸乙酯做协调香料，以增加果香。

1.3.2.3 变调剂

变调剂（modifier）又称变调香料，其香型与特征性香料属于不同类型，它们的使用可以使香精具有不同的风格。

变调香料可以是精油、浸膏、油树脂、单体香料和/或它们的混合物。

常见的变调香料如在薄荷香精中常用香兰素做变调香料；在调配香草香精时常用己酸烯丙酯做变调香料；在调配草莓香精时常用茉莉油做变调香料；在调配菠萝香精时常用乳香油做变调香料。

1.3.2.4 定香剂

定香剂（fixative）又称定香香料，可以分为两类：一类是特征定香香料；另一类是物理定香香料。

特征定香香料的沸点较高，在香精中的浓度大，远高于它们的阈值，当香精稀释后它们还能保持其特征香味。这类定香香料如香兰素、乙基香兰素、麦芽酚、乙基麦芽酚、胡椒醛等。

物理定香香料是一类沸点较高的物质，它们不一定有香味，在香精配方中的作用是降低蒸气压，提高沸点，从而增加香精的热稳定性。当香精用于加工温度超过 100℃ 的热加工食品时，一般要添加物理定香香料。

物理定香香料一般是高沸点的溶剂，如植物油、硬脂酸丁酯等。

同一种香料在同一种香精可能有几种作用。如：油酸乙酯在奶油香精中是协调香料和溶剂；苯甲醇在坚果香精中是协调香料和溶剂。

同一种香料在不同的香精中可能有不同的作用。如：庚酸乙酯在葡萄酒香精中是特征性香料，在葡萄香精、朗姆酒香精、白兰地酒香精中是协调香料，在椰子香精中是变调香料。香兰素在香草香精中是特征性香料，在葡萄香精中是变调香料。γ-己内酯在椰子香精中是特征性香料，在薄荷、桃子香精中是协调香料。

食用香精配方千变万化，各种香型香精的配方都在不断增加，但每一种成功的香精配方中都含有特征性香料、协调香料、变调香料、定香香料这四类香料。食用香精调香师创拟香精配方时在遵循这一原则的前提下可以充分发挥自己的创造性和想象力，创拟出丰富多彩的食用香精。

1.3.3　食用香精的三种成分组成法

该方法是将食用香精的各种呈香、呈味成分按它们在香精中挥发性的不同划分为三类，即头香香料、体香香料和基香香料。

1.3.3.1　头香香料

头香（top note）是对香精辨嗅或品尝时的第一香味印象，这一香味印象主要是香精中挥发性较强的香料产生的，这部分香料称为头香香料。

1.3.3.2　体香香料

体香（body note or middle note）是香精的主体香味，是在头香之后立即被感觉到的香味特征。体香主要是由香精中中等挥发性的香料产生的，这部分香料称为体香香料。

1.3.3.3　底香香料

底香（bottom note）是继头香和体香之后，最后留下的香味。底香主要是由香精中挥发性差的香料和某些定香剂产生的。

头香香料、体香香料和底香香料的分类方法对于食用香精调香非常重要。在创拟食用香精配方时，要充分考虑到头香、体香和底香香料的平衡，使香精保持协调一致的香味效果。

上述关于食用香精香味组分的两种分类方法各有优势，可以互相借鉴和补充。

1.3.4　食用香精中常用香料的作用与应用

表 1-3 列举了一些常用香料在食用香精中的作用和应用情况。需要说明的是，所列举的每种香料的作用和应用香精类型只是其比较有代表性的作用和应

用，而不是其所有的作用和应用。实际上，大多数香料可以用于相当多的香精类型，其作用也不尽相同。调香师在创拟香精配方时应该大胆尝试，一些看似不相干的香料，往往会收到意想不到的效果。

表 1-3　食用香料在食用香精中的作用和应用香精类型

名称	作用	应用香精类型
10-十一烯醛	变调剂	蜂蜜香精
2,3-丁二酮	头香、体香	白脱香精
2,3-二甲基巴豆酸苄酯	变调剂	水果、调味品香精
2,3-二甲氧基苯	变调剂	烟草、蜂蜜香精
2-庚酮	头香、体香、变调剂	水果、浆果、白脱、奶酪香精
2-甲基-2-丁烯酸烯丙酯	变调剂	水果香精
2-甲基-3-呋喃硫醇	头香、体香	肉味香精
2-甲基十一醛	变调剂	蜂蜜、柑橘香精
2-壬炔酸乙酯	头香	浆果、水果、甜瓜香精
2-壬炔酸甲酯	头香、变调剂	杏、桃子、紫罗兰香精
2-十一醇	协调剂	柑橘香精
2-辛炔酸甲酯	协调剂、定香剂	水果、浆果香精
3,7-二甲基辛醛	头香、变调剂	柠檬、柑橘香精
3-苯基丙醛	体香、变调剂	杏、苦杏仁、樱桃香精
3-甲基-3-苯基环氧丙酸乙酯	头香、体香、变调剂	草莓、樱桃、覆盆子香精
3-甲基壬醛	头香	柑橘香精
3-甲基吲哚	变调剂	浆果、葡萄、奶酪香精
3-羟基-2-丁酮	头香、体香	奶制品香精
4-香芹蓋烯醇	变调剂	柑橘、调味品香精
5-甲基糠醛	变调剂	苹果、蜂蜜、肉味香精
d,l-柠檬烯	体香	白柠檬、水果、调味品香精
d-香芹酮	体香	利口酒、调味品香精
d-樟脑	头香、体香	薄荷香精
l-香芹酮	体香	薄荷香精
N-甲基邻氨基苯甲酸甲酯	头香	柑橘、水果香精
α-蒈醇	变调剂	浆果、白柠檬、调味品香精
α-蒎烯	头香	柠檬、肉豆蔻香精
α-水芹烯	头香、体香	柑橘、调味品香精
α-松油醇	体香、变调剂	桃子、柑橘、调味品、花香香精
α-檀香醇	头香、体香	药用香精

续表

名称	作用	应用香精类型
α-戊基桂醇	变调剂	巧克力、水果、蜂蜜香精
α-戊基桂醇乙酸酯	体香、变调剂	水果、坚果、蜂蜜香精
α-戊基桂醛	变调剂	水果、浆果、坚果香精
α-乙酸檀香酯	体香	杏、桃子、菠萝香精
α-鸢尾酮	变调剂	浆果香精、花香香精
α-紫罗兰酮	头香、变调剂	覆盆子、朗姆酒香精
β-萘甲醚	头香、体香	柑橘、甜橙香精
β-萘乙醚	头香、变调剂	柑橘香精
β-蒎烯	头香	木香香精
β-紫罗兰酮	变调剂	浆果香精
γ-癸内酯	体香	柑橘、甜橙、椰子、水果香精
γ-壬内酯	头香、体香、变调剂	坚果香精
γ-十二内酯	体香	白脱、奶糖、水果、坚果、槭树香精
γ-十一内酯	头香、体香、协调剂	桃子、水果香精
δ-癸内酯	体香	椰子、水果香精
δ-十二内酯	体香	白脱、水果、梨香精
安古树皮油	体香、变调剂	酒精饮料、饮料、苦的调味品香精
安息香树脂	头香、变调剂、定香剂	糖果、蜜饯香精
桉叶油	头香、体香、协调剂	药用香精
桉叶油素	体香、协调剂	药用香精
八角茴香油	头香、体香、协调剂、变调剂	药用香精、饮料香精
白菖蒲油	变调剂	药草、苦味香精
白胡椒油	头香、体香、协调剂、变调剂	焙烤食品、调味品香精
白柠檬油	头香、体香、协调剂、变调剂	柑橘、可乐饮料、糖果香精
白千层油	变调剂	调味品、药用、饮料香精
百里香酚	头香、体香、变调剂	药用香精
百里香油	头香、协调剂、变调剂	药用香精
柏木脑	定香剂	调味品香精
柏木烯	变调剂	碳酸饮料香精
苯甲醇	头香、定香剂	浆果香精
苯甲醛	头香、体香	樱桃、水果、坚果香精
苯甲酸苯乙酯	变调剂	蜂蜜、草莓香精
苯甲酸苄酯	定香剂	香蕉、樱桃、浆果、咖啡香精
苯甲酸丁香酯	变调剂	水果、调味品香精

名称	作用	应用香精类型
苯甲酸芳樟酯	协调剂	浆果、柑橘、水果、桃子香精
苯甲酸甲酯	变调剂	覆盆子、菠萝、草莓香精
苯氧基乙酸烯丙酯	协调剂、变调剂	水果香精
苯乙醇	头香	糖果香精
苯乙酸	头香、定香剂	蜂蜜香精
苯乙酸苯乙酯	变调剂	水果、蜂蜜、柑橘香精
苯乙酸苄酯	头香、体香	白脱、焦糖、水果、蜂蜜香精
苯乙酸大茴香酯	头香、体香	蜂蜜香精
苯乙酸丁酯	体香、变调剂	白脱、焦糖、巧克力、水果香精
苯乙酸甲酯	变调剂	蜂蜜香精
苯乙酸肉桂酯	变调剂	巧克力、蜂蜜、调味品香精
苯乙酸烯丙酯	变调剂	菠萝、蜂蜜香精
苯乙酸香叶酯	体香、协调剂	水果香精
苯乙酸乙酯	头香、变调剂	蜂蜜香精
荜澄茄油	变调剂	烟用香精
丙醇	变调剂	水果香精
丙醛	头香	水果香精
丙酸	头香	白脱、水果香精
丙酸橙花酯	变调剂	李子、橙花香精
丙酸大茴香酯	变调剂	覆盆子、樱桃、甘草香精
丙酸芳樟酯	头香、体香	杏、黑醋栗、大果酸果蔓、醋栗香精
丙酸己酯	变调剂	水果香精
丙酸甲酯	头香	黑醋栗香精
丙酸肉桂酯	头香、变调剂	水果香精
丙酸烯丙酯	头香、变调剂	菠萝香精
丙酸香茅酯	体香、变调剂	柠檬、甜橙、李子、浆果香精
丙酸香叶酯	体香、变调剂	黑霉、樱桃、姜、葡萄、啤酒花、麦芽香精
丙酸辛酯	变调剂	浆果、柑橘、甜瓜香精
丙酸乙酯	头香、变调剂	水果、酒精饮料香精
丙酸异戊酯	头香	柑橘、水果、浆果香精
薄荷脑	头香、体香	椒样薄荷、白柠檬、糖果、口香糖、药用香精
薄荷酮	头香、体香	椒样薄荷香精
藏红花提取物	协调剂	肉味、调味品香精
茶叶提取物	体香、变调剂	饮料香精

续表

名称	作用	应用香精类型
橙苷	变调剂	苦味、酒用香精
橙花醇	头香	覆盆子、草莓、柑橘、蜂蜜香精
橙花叔醇	头香、协调剂	浆果、柑橘、水果、玫瑰香精
橙花油	头香、协调剂、变调剂	柑橘香精、可乐香精
橙叶油	协调剂	柑橘香精
春黄菊油	协调剂	利口酒香精
鼠尾草油	体香、协调剂	肉味香精、禽肉香精
大侧柏木油	定香剂、协调剂	药用、牙膏香精
大茴香醇	头香、变调剂	杏、桃子香精
大茴香醚	头香、体香	甘草、槭树香精
大茴香脑	体香、协调剂、变调剂	甘草、茴香香精
大茴香醛	头香、变调剂	茴香香精
大蒜油	体香	肉味、汤料、调味品香精
当归油	头香、体香、变调剂	酒精饮料、杜松子酒香精
丁醇	体香、变调剂	朗姆酒、白脱、酒用香精
丁酸	体香	白脱、奶酪、奶糖、焦糖、水果、坚果香精
丁酸苯乙酯	体香、变调剂	水果、浆果香精
丁酸苄酯	头香	水果香精
丁酸橙花酯	变调剂	可可、巧克力香精
丁酸大茴香酯	变调剂	水果、甘草香精
丁酸丁酯	体香	菠萝、奶糖、白脱、浆果香精
丁酸芳樟酯	头香	蜂蜜香精
丁酸己酯	体香、变调剂	浆果、水果香精
丁酸甲酯	头香	水果香精
丁酸玫瑰酯	变调剂	浆果香精
丁酸肉桂酯	头香、体香	柑橘、甜橙、水果香精
丁酸烯丙酯	变调剂	奶油、水果、菠萝香精
丁酸香茅酯	体香、变调剂	李子、蜂蜜香精
丁酸香叶酯	变调剂	浆果、柑橘、水果香精
丁酸辛酯	头香、变调剂	黄瓜、甜瓜、南瓜香精
丁酸乙酯	体香	水果香精
丁酸异戊酯	头香、体香	酒精饮料香精
丁酸正戊酯	体香、变调剂	水果、浆果、白脱香精
丁香酚	头香、体香、定香剂	丁香、调味品香精

名称	作用	应用香精类型
丁香油	头香、体香、协调剂、变调剂	调味品、药用、肉味香精
冬青油	头香、体香、协调剂、变调剂	薄荷、糖果、药用香精
杜松油	头香、体香	杜松子酒、烟用香精
对甲基苯酚	体香	坚果、香草香精
对甲氧基烯丙基苯	体香、变调剂	水果、甘草、茴香、调味品香精
对甲氧基乙酰基苯	变调剂	坚果香精
对伞花烃	协调剂、变调剂、稀释剂	柑橘、调味品香精
儿茶提取物	变调剂	药用、碳酸饮料香精
二(2-甲基-3-呋喃基)二硫醚	体香	肉味香精
二苯甲酮	定香剂	浆果、白脱、水果、坚果、香草香精
二苄基二硫醚	变调剂	咖啡、焦糖香精
二苄醚	变调剂	水果、调味品香精
二甲基二硫醚	变调剂	洋葱、咖啡、可可香精
α-戊基桂醛二甲缩醛	变调剂	水果香精
苯甲醛二甲缩醛	头香、体香	樱桃、水果、坚果香精
柠檬醛二甲缩醛	体香	柑橘、柠檬、水果香精
芳樟醇	头香、变调剂	柑橘、碳酸饮料香精
枫茅油	头香、体香	柠檬、水果香精
莳酮	变调剂	浆果、酒、调味品香精
甘草提取物	体香	药用、糖果、口香糖香精
甘牛至油	头香、变调剂	调味品香精
柑橘油	头香、变调剂	柑橘香精
格蓬油树脂	变调剂	药用、水果、坚果、调味品香精
庚酸烯丙酯	体香、变调剂	浆果、水果、白兰地香精
庚酸乙酯	头香、体香	朗姆酒、葡萄酒香精
庚酸戊酯	变调剂	水果、椰子香精
古巴香脂	协调剂、定香剂	药用香精
广藿香油	变调剂、定香剂	可乐饮料香精
广木香油	协调剂、变调剂	药用、酒精饮料香精
癸酸	体香、变调剂	椰子、白脱、威士忌香精
海索草油	变调剂	甜果酒香精
含羞草油	协调剂	覆盆子、水果香精
黑胡椒油	体香、协调剂、变调剂	调味品、肉味香精
红橘油	变调剂	糖果、软饮料、冰淇淋、柑橘、柠檬、白柠檬香精

续表

名称	作用	应用香精类型
红没药油	变调剂	药用、酒精饮料香精
胡薄荷酮	变调剂	椒样薄荷香精
胡椒碱	变调剂	芹菜、苏打水香精
胡椒醛	头香、体香、变调剂	香草、巧克力香精
胡萝卜籽油	协调剂	调味品、酒精饮料香精
黄蒿油	体香、协调剂、变调剂	调味品、焙烤食品香精
黄葵内酯	定香剂	水果香精
黄葵籽提取物	定香剂	水果、饮料、白兰地、冰淇淋香精
茴香油	头香、体香、协调剂、变调剂	饮料、白兰地香精
己酸烯丙酯	头香、体香、变调剂	水果香精
己酸乙酯	头香、体香、变调剂	水果、酒用香精
己酸戊酯	变调剂	水果香精
甲硫醇	变调剂	咖啡香精
甲酸	头香	水果香精
甲酸苯乙酯	头香	樱桃、李子香精
甲酸苄酯	头香	水果、浆果、柑橘香精
甲酸橙花酯	头香	杏、桃子、菠萝香精
甲酸大茴香酯	变调剂	水果香精
甲酸丁香酯	头香	丁香、调味品香精
甲酸丁酯	头香、体香	水果、李子、酒用香精
甲酸芳樟酯	头香	苹果、菠萝、杏、桃子香精
甲酸庚酯	头香、协调剂	杏、桃子、李子香精
甲酸己酯	变调剂	亚力酒、柑橘、浆果香精
甲酸龙脑酯	变调剂	药用香精
甲酸玫瑰酯	头香	浆果、水果香精
甲酸松油酯	头香	水果、浆果、柑橘香精
甲酸香茅酯	头香	蜂蜜、李子香精
甲酸香叶酯	头香	浆果、柑橘、苹果、杏、桃子香精
甲酸辛酯	头香、变调剂	杏、桃子香精
甲酸乙酯	头香、变调剂	水果、朗姆酒、葡萄酒香精
甲酸异戊酯	体香、变调剂	柑橘、水果、浆果香精
甲酸戊酯	头香、体香、变调剂	水果香精
姜黄油树脂	变调剂、着色剂	肉味、调味品香精
姜油树脂	体香、变调剂、定香剂	饮料、调味品、焙烤食品香精

名称	作用	应用香精类型
姜油酮	变调剂	碳酸饮料香精
椒样薄荷油	头香、体香、协调剂、变调剂	薄荷、口香糖、牙膏、糖果、药用香精
焦糖	体香	一般食品香精
芥末提取物	体香	色拉、调味品香精
金合欢花油	体香	覆盆子香精
咖啡提取物	体香	食品、饮料香精
咖啡碱	变调剂	可乐、菜根汽水香精
卡南加油	头香	可乐、调味品、水果、饮料香精
莰烯	体香、变调剂	调味品、肉豆蔻香精
康酿克油	头香、变调剂	酒精饮料香精
糠硫醇	头香、体香	巧克力、咖啡、水果、坚果香精
糠醛	体香	白脱、奶糖、焦糖、朗姆酒、糖蜜香精
糠酸甲酯	体香、变调剂	肉味香精
可可提取物	体香、变调剂	一般食品香精
可乐果提取物	变调剂	药用、可乐饮料香精
枯茗醇	变调剂	杏、海枣、浆果香精
枯茗醛	头香、变调剂	咖喱香精
枯茗油	体香、协调剂、变调剂	咖喱香精
苦橙油	头香、体香、变调剂	柑橘、软饮料、柑橘酒类香精
库拉索皮油	协调剂、变调剂	甜橙酒香精
奎宁	变调剂	苦味、饮料香精
辣根提取物	体香、变调剂	辣味调料香精
辣椒油树脂	变调剂、着色剂	肉味、调味品香精
赖百当浸膏	变调剂、定香剂	药用香精
榄香脂油	变调剂	药用、可乐香精
朗姆醚	头香、体香	白脱、酒、朗姆酒香精
藜芦醛	体香	水果、坚果、香草香精
邻氨基苯甲酸苯乙酯	变调剂	蜂蜜、草莓香精
邻氨基苯甲酸丁酯	变调剂	葡萄、柑橘、菠萝香精
邻氨基苯甲酸芳樟酯	体香、协调剂	浆果、水果、柑橘、葡萄香精
邻氨基苯甲酸甲酯	头香、体香	葡萄香精
邻氨基苯甲酸肉桂酯	体香	葡萄、蜂蜜、樱桃香精
邻氨基苯甲酸烯丙酯	头香、变调剂	柑橘香精、葡萄香精
邻氨基苯甲酸乙酯	变调剂	葡萄香精

名称	作用	应用香精类型
灵猫香酊	定香剂	饮料、白兰地香精
灵香草提取物	体香	槭树香精
留兰香油	头香、体香、协调剂、变调剂	薄荷、药用香精
龙蒿油	协调剂、变调剂	酒精饮料、调味品香精
龙葵醛	变调剂	浆果、水果、玫瑰、杏仁香精
龙脑	变调剂	药用香精
龙涎香	定香剂	浆果、水果、饮料、白兰地、冰淇淋香精
芦荟浸膏	变调剂	软饮料、酒精饮料香精
罗勒油	头香、变调剂	调味品、肉味香精
罗望子提取物	变调剂	饮料香精
麦芽酚	体香、变调剂	巧克力、咖啡、水果、坚果、槭树香精
麦芽提取物	体香、变调剂	谷类食品香精
没药油树脂	定香剂	牙膏香精
玫瑰醇	头香、变调剂	糖果、姜汁啤酒香精
玫瑰木油	头香、变调剂	饮料香精
玫瑰油	协调剂、变调剂	香烟、糖果、碳酸饮料香精
梅笠草提取物	变调剂	饮料、菜根汽水、糖果香精
迷迭香提取物	协调剂、变调剂	药草、牙膏香精
秘鲁香脂油	变调剂、定香剂	药用香精(咳嗽药)
茉莉油	头香、变调剂	覆盆子、草莓、樱桃香精
柠檬醛	体香、变调剂	柠檬、柑橘香精
柠檬油	体香、协调剂、变调剂	柑橘、糖果香精
欧芹油	变调剂	调味品、酱菜、榨菜、肉味香精
啤酒花浸膏	头香、变调剂	饮料香精
羟基香茅醇	头香、变调剂	柠檬、花香、樱桃香精
羟基香茅醛	头香、变调剂	浆果、柑橘、菩提花、紫罗兰香精
芹菜籽油	头香、体香、协调剂	调味品、碳酸饮料、肉制品香精
壬酸烯丙酯	变调剂	水果香精
壬酸乙酯	头香、变调剂	酒精饮料香精
肉豆蔻醛	协调剂、变调剂	蜂蜜香精
肉豆蔻衣油	体香、协调剂、变调剂	调味品香精
肉豆蔻油	头香、体香、协调剂、变调剂	调味品、焙烤食品香精
肉桂醇	变调剂、定香剂	浆果、调味品香精
肉桂皮油	头香、体香、协调剂、变调剂	调味品、可乐香精

名称	作用	应用香精类型
肉桂醛	头香、体香	肉桂香精
肉桂酸	体香、变调剂	杏、桃子、菠萝香精
肉桂酸苯丙酯	协调剂	苦味、杏仁、樱桃、李子香精
肉桂酸苯乙酯	体香、变调剂	苦味、杏仁、樱桃、李子香精
肉桂酸苄酯	变调剂、定香剂	调味品、酒用香精
肉桂酸甲酯	变调剂、定香剂	浆果香精
肉桂酸肉桂酯	体香	水果香精
肉桂酸烯丙酯	变调剂	杏、桃子、菠萝香精
肉桂酸乙酯	头香、定香剂	调味品、浆果香精
肉桂酸异戊酯	变调剂	水果香精
肉桂叶油	协调剂、变调剂	酒精饮料、白兰地、水果香精
乳香黄连木油	协调剂、变调剂	甜果酒、口香糖香精
乳香油	协调剂	可乐、水果、饮料、调味品香精
山达草提取物	体香	水果香精
山金车花提取物	体香、变调剂	酒精饮料、药用香精
麝香酊	协调剂	烟用、焦糖、坚果香精
十五内酯	协调剂、变调剂、定香剂	浆果、水果、坚果、酒、葡萄酒香精
十一醛	头香、变调剂、定香剂	甜橙、柑橘、蜂蜜香精
石竹烯	变调剂	调味品香精
莳萝油	体香、协调剂、变调剂	榨菜、腌菜、泡菜、调味品香精
莳萝籽油	体香、变调剂	榨菜、酱菜、泡菜香精
水杨醛	变调剂	调味品香精
水杨酸苯乙酯	变调剂	杏、桃子、菠萝香精
水杨酸苄酯	体香、变调剂、定香剂	水果、浆果香精
水杨酸甲酯	头香、体香、协调剂、变调剂	薄荷、药用香精
水杨酸乙酯	头香、体香	水果、浆果、菜根汽水、冬青香精
水杨酸异戊酯	变调剂	菜根汽水、水果、浆果香精
四氢芳樟醇	头香、变调剂	浆果、柑橘、水果香精
松针油	变调剂	饮料、酒用香精
苏合香醇	变调剂	草莓、玫瑰、水果、蜂蜜香精
苏合香油	变调剂	药用香精
惕各酸苯乙酯	头香	水果、坚果香精
甜橙油	头香、体香、变调剂	软饮料、糖果、柑橘香精
甜桦油	体香、变调剂	糖果、口香糖、饮料香精

续表

名称	作用	应用香精类型
吐鲁香脂	定香剂	药用香精
兔耳草醛	头香	柑橘、水果香精
晚香玉油	变调剂	桃子香精
西伯利亚冷杉油	头香、变调剂	药用香精
西印度檀香木油	变调剂	碳酸饮料香精
西印度檀香油	变调剂	白兰地、口香糖香精
α-烯丙基紫罗兰酮	变调剂	水果香精
烯丙基二硫醚	体香	洋葱、大蒜香精
烯丙硫醇	变调剂	调味品香精
细叶芹油	变调剂	调味品、肉制品香精
夏至草提取物	体香	白兰地、药用香精
香薄荷油	体香、变调剂	调味品香精
香根油	定香剂	蔬菜香精
香荚兰提取物	头香、体香、变调剂	冰淇淋、焙烤食品香精
香兰素	头香、协调剂、变调剂、定香剂	巧克力、香草香精
香茅醇	变调剂	蜂蜜、玫瑰香精
香茅醛	变调剂	饮料香精
香茅油	变调剂	柑橘香精
香柠檬油	头香、协调剂、变调剂	柑橘、甜橙、可乐香精
香芹酚	变调剂	柑橘、水果、薄荷、调味品、药用香精
香叶醇	头香	花香、糖果、饮料香精
香叶油	协调剂、变调剂	牙膏、姜汁啤酒香精
香紫苏油	变调剂	酒用、调味品香精
橡木提取物	变调剂	酒精饮料香精
小豆蔻油	头香、变调剂	肉制品香精
小茴香油	头香、协调剂	酒精饮料、色拉香精
辛酸烯丙酯	体香、变调剂	菠萝香精
辛酸正戊酯	变调剂	巧克力、水果、酒用香精
杏仁油	体香、变调剂	杏仁、樱桃、饮料、冰淇淋、调味品、白兰地香精
薰衣草油	头香、变调剂	口腔清新剂香精
芫荽油	体香、变调剂	调味品、肉味香精
洋葱油	体香、变调剂	肉、汤料、调味品香精
药蜀葵根提取物	变调剂	草莓、樱桃、饮料、菜根汽水香精

名称	作用	应用香精类型
野黑樱桃提取物	体香	水果香精、药用香精
叶醇	头香、变调剂	水果、薄荷香精
依兰依兰油	头香	饮料香精
乙基香兰素	体香、协调剂、定香剂	巧克力、香草香精
乙醛	头香	水果、坚果香精
乙酸	体香、变调剂	泡菜香精
乙酸苯丙酯	头香、体香、变调剂	水果、浆果香精
乙酸苯乙酯	变调剂	水果、柑橘、浆果、蜂蜜香精
乙酸苄酯	头香	水果香精
乙酸丙酯	头香、体香	苹果、梨、浆果、甜瓜香精
乙酸橙花酯	变调剂	橙花、柑橘、覆盆子香精
乙酸大茴香酯	头香、变调剂	味美思酒香精
乙酸丁香酯	变调剂	调味品、丁香、朗姆酒香精
乙酸丁酯	体香、变调剂	水果、浆果、白脱香精
乙酸芳樟酯	变调剂	碳酸饮料香精
乙酸庚酯	头香、协调剂	杏、奶油、海枣、甜瓜、水果香精
乙酸胡薄荷酯	变调剂	浆果、水果香精
乙酸甲酯	头香、变调剂	酒精饮料香精
乙酸龙脑酯	变调剂	药用、调味品香精
乙酸玫瑰酯	变调剂	浆果、杏、花香、玫瑰、蜂蜜香精
乙酸壬酯	头香	杏、桃子香精
乙酸肉桂酯	定香剂	水果、肉桂、香草香精
乙酸松油酯	体香、变调剂	李子、杏、樱桃、青梅、杏仁香精
乙酸苏合香酯	体香	水果、浆果香精
乙酸香茅酯	体香	杏、蜂蜜、梨、木瓜香精
乙酸香叶酯	变调剂	浆果、柑橘、花香、水果、调味品香精
乙酸辛酯	体香、变调剂	桃子香精
乙酸乙酯	头香、体香、变调剂	水果、酒用香精
乙酸异丁香酚酯	体香、变调剂	朗姆酒香精
乙酸异丁酯	头香、变调剂	水果香精
乙酸异龙脑酯	变调剂	水果香精
乙酸异戊酯	头香、体香	浆果、水果、白脱、朗姆酒香精
乙缩醛	头香、变调剂	水果香精
乙酰基苯	变调剂	水果、坚果香精

续表

名称	作用	应用香精类型
乙酰乙酸苄酯	变调剂	浆果、水果香精
异丙醇	头香、变调剂	覆盆子、苹果香精
异丁酸苄酯	变调剂	浆果香精
异丁香酚	头香、变调剂	调味品香精
异胡薄荷醇	头香	杏、焦糖、薄荷、樱桃、桃子香精
异胡薄荷酮	头香	浆果、水果、薄荷香精
异喹啉	头香、变调剂	香草香精
异硫氰酸烯丙酯	体香	芥末香精
异龙脑	变调剂	水果、调味品、薄荷香精
异戊酸	体香、变调剂	水果、朗姆酒、奶酪、坚果香精
异戊酸苯乙酯	协调剂、变调剂	水果香精
异戊酸苄酯	变调剂	苹果、水果香精
异戊酸龙脑酯	头香	水果香精
异戊酸烯丙酯	变调剂	水果香精
吲哚	变调剂	浆果、花香、奶酪香精
愈创木酚	体香	咖啡、烟熏、烟草、朗姆酒香精
愈创木油	定香剂、头香	口香糖、酒精饮料、药用香精
鸢尾油	头香、协调剂	覆盆子香精
圆叶当归油	变调剂、定香剂	酒用、烟用香精
圆柚油	体香、协调剂、变调剂	柠檬饮料香精
月桂醇	头香、协调剂	柑橘香精
月桂醛	变调剂	蜂蜜香精
月桂叶油	头香、体香、变调剂	调味品、肉味香精
月桂樱桃提取物	变调剂	水果香精
芸香油	协调剂	椰子香精
杂薰衣草油	变调剂	牙膏、口香糖香精
樟脑油	变调剂	药用香精
正庚醇	头香	水果香精
正庚醛	协调剂、变调剂	杏仁香精
正癸醇	头香	柑橘香精
正癸醛	头香、变调剂	柑橘、水果香精
正己醇	头香	水果、椰子香精
正己醛	变调剂	奶油、蜂蜜香精
正己酸	变调剂	椰子、白脱、白兰地、威士忌香精

续表

名称	作用	应用香精类型
正壬醛	头香、变调剂	柑橘、甜橙、柠檬香精
正十一醇	头香	柑橘香精
正戊醇	头香	水果、酒用香精
正戊醛	头香	水果、坚果香精
正戊酸丁酯	体香、变调剂	白脱、水果、巧克力香精
正戊酸乙酯	头香	白脱、苹果、桃子、坚果香精
正辛醇	头香	柑橘香精
正辛醛	头香、体香、变调剂	柑橘、甜橙香精
中国肉桂油	头香、体香、协调剂、变调剂	辣味、调味品、白兰地、焙烤食品香精
众香子油	头香、协调剂	调味品、焙烤食品香精
紫罗兰叶醇	头香	水果、碳酸饮料香精
紫罗兰叶油	头香	饮料香精

1.3.5 食用香精的其他组分

毫无疑问，香料是食用香精的有效成分，各种公开的香精配方中大多只列出所用香料的名称和质量，但食用香精中除了香料以外的其他辅料在绝大多数情况下都是不可缺少的，这些辅料包括溶剂、载体、抗氧剂、螯合剂、防腐剂、乳化剂、稳定剂、增重剂、抗结剂、酸、碱、盐等。调香师和食用香精生产者必须选用政府法规允许在食品中使用的辅料。

1.3.5.1 溶剂

食用香精常用的溶剂有水、乙醇、异丙醇、丙二醇、乙酸、苯甲醇、二乙二醇单乙醚、食用油、乙酸乙酯、甘油、单乙酸甘油酯、双乙酸甘油酯、三乙酸甘油酯、三丙酸甘油酯、辛癸酸甘油酯等。

1.3.5.2 载体

食用香精常用的载体有变性淀粉、糊精、β-环糊精、麦芽糊精、明胶、阿拉伯胶、乳糖、蔗糖、木糖醇、卵磷脂、蜂蜡、羧甲基纤维素钠盐、果胶、食盐、乙基纤维素、碳酸钙、碳酸镁、硅酸钙等。

1.3.5.3 抗氧剂

食用香精常用的抗氧剂有生育酚、抗坏血酸、异抗坏血酸、抗坏血酸钠、异抗坏血酸钠、抗坏血酸钙、棕榈酸抗坏血酸酯、叔丁基羟基茴香醚（BHA）、叔丁基羟基甲苯（BHT）、没食子酸丙酯、没食子酸辛酯、没食子酸十二酯、茶多酚、植酸、卵磷脂等。

1.3.5.4 螯合剂

食用香精常用的螯合剂有柠檬酸、乙二胺四乙酸（EDTA）、乙二胺四乙酸单钠盐、乙二胺四乙酸二钠盐、六偏磷酸钠、酒石酸等。

1.3.5.5 防腐剂

食用香精常用的防腐剂有苯甲酸、苯甲酸钠、苯甲酸钾、苯甲酸钙、对羟基苯甲酸甲酯、对羟基苯甲酸乙酯、对羟基苯甲酸丙酯、山梨酸、山梨酸钠、山梨酸钾、山梨酸钙、肉桂醛、邻苯基苯酚等。

1.3.5.6 乳化剂

食用香精常用的乳化剂有乙酰化单甘油脂肪酸酯、硬脂酰乳酸钙、双乙酰酒石酸单甘油酯、双乙酰酒石酸双甘油酯、松香甘油酯、氢化松香甘油酯、单硬脂酸甘油酯、改性大豆磷脂、聚甘油单油酸酯、聚甘油单硬脂酸酯、聚氧乙烯山梨醇酐单油酸酯、聚氧乙烯山梨醇酐单棕榈酸酯、聚氧乙烯山梨醇酐单硬脂酸酯、山梨醇酐单月桂酸酯、山梨醇酐单油酸酯、山梨醇酐单棕榈酸酯、山梨醇酐单硬脂酸酯、木糖醇酐单硬脂酸酯等。

1.3.5.7 增重剂

食用香精常用的增重剂有溴代植物油、氢化松香甘油酯、松香甘油酯、三苯甲酸甘油酯、氢化松香、氢化松香甲酯、二苯甲酸丙二醇酯等。

1.3.5.8 抗结剂

食用香精常用的抗结剂有碳酸钙、碳酸镁、磷酸钙、硅酸镁、硬脂酸钙等。

1.3.6 食用调香师必须考虑的各种因素

调香师在创拟香精配方的过程中除了考虑到配方自身组成外，还要考虑产品成本、生产需求、政策法规、推荐用量等因素。图 1-3 展示了调香师在调配香精时必须考虑的因素。

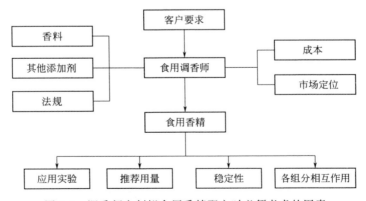

图 1-3 调香师在创拟食用香精配方时必须考虑的因素

1.4 阈值

食用香料的品种很多，目前允许使用的品种有两千多种，各种香料的香势差别很大，在香精配方中的用量也有很大差别，因此，了解各种香料的香势对于调香师是非常重要的。香料的香势可以根据其阈值的高低来判断。

香料的阈值（threshold value）是指能够辨别出其香气或味道的最低浓度，阈值有香气阈值（odor threshold）和味道阈值（taste threshold or flavor threshold）之分。阈值越低，香料的香势越强，在香精配方中的用量越小。

香料的阈值一般用 mg/kg（ppm）、μg/kg（ppb）、ng/kg（ppt）或 mg/L、μg/L、ng/L 表示。不同香料的阈值差别非常大，表 1-4 按由低到高的顺序列举了部分香料在水中的香气阈值。

表 1-4　部分香料在水中的香气阈值（20℃）

名称	阈　值/(mg/L)
二(2-甲基-3-呋喃基)二硫醚	2.0×10^{-9}
(＋)-(R)-1-对蓋烯-8-硫醇	2.0×10^{-8}
2-异丁基-3-甲氧基吡嗪	2.0×10^{-6}
甲硫醇	2.0×10^{-5}
呋喃酮	4.0×10^{-5}
榛子酮	5.0×10^{-5}
(＋)-诺卡酮	1.0×10^{-3}
丁酸乙酯	1.0×10^{-3}
甲基丙醛	1.0×10^{-3}
苯乙醛	4.0×10^{-3}
己醛	4.5×10^{-3}
芳樟醇	6.0×10^{-3}
覆盆子酮	1.0×10^{-2}
柠檬烯	1.0×10^{-2}
香兰素	2.0×10^{-2}
己醇	2.5×10^{0}
糠醛	3.0×10^{0}
麦芽酚	3.5×10^{1}
乙醇	1.0×10^{2}

香料的阈值与香料的分子组成有关。一般而言，含硫香料的阈值最低，其次

是含氮香料。

香料的阈值与其分子结构也有关，不同异构体的阈值可能差别很大，表 1-5 列举了几个实例。

表 1-5 部分香料异构体在水中的香气阈值

名称	阈值/(μg/L)
β-二氢大马酮	9.0×10^{-2}
(—)-(S)-α-二氢大马酮	1.5×10^{0}
(±)-γ-二氢大马酮	9.2×10^{0}
(—)-(R)-α-二氢大马酮	1.0×10^{2}
β-紫罗兰酮	7.0×10^{-3}
(±)-α-紫罗兰酮	4.0×10^{-1}
ψ-紫罗兰酮	5.0×10^{1}

取代基对阈值也有影响，结构相似的化合物，其阈值可能相近也可能有很大不同，这在调香时一定要注意。表 1-6 列举了部分吡嗪类化合物的阈值。

表 1-6 部分吡嗪类香料在水中的香气阈值

名称	阈值/(ng/kg)
2-甲氧基-3-己基吡嗪	1
2-甲氧基-3-异丁基吡嗪	2
2-甲氧基-3-异丙基吡嗪	2
2-甲氧基-3-丙基吡嗪	6
2-异丁基-3-甲氧基-5-甲基吡嗪	300
2-甲氧基-3-乙基吡嗪	500
2-异丁基-3-甲氧基-6-甲基吡嗪	2600
2-甲氧基-3-甲基吡嗪	4000
2,6-二乙基吡嗪	6000
2-乙基-3-乙氧基吡嗪	11000
2,5-二乙基吡嗪	20000
2-甲基-3-异丁基吡嗪	35000
2-甲基-5-乙基吡嗪	100000
2-甲基-3-乙基吡嗪	130000
2-异丁基-3-甲氧基-5,6-二甲基吡嗪	315000
2-异丁基吡嗪	400000
2-甲氧基吡嗪	700000
2-戊基吡嗪	1000000

续表

名称	阈值/(ng/kg)
2,3-二甲基吡嗪	2500000
三甲基吡嗪	9000000
四甲基吡嗪	10000000

阈值与介质有关，同一个香料在不同的介质中的阈值是不一样的。如 1-辛烯-3-醇在水中的香味阈值是 $1\mu g/kg$，在脱脂奶中的香味阈值是 $10\mu g/kg$，在乳脂中的香味阈值是 $100\mu g/kg$。测定阈值常见的介质有空气、水、牛奶、咖啡、茶、葡萄酒、啤酒等。部分香料在葡萄酒和啤酒中的香气阈值见表 1-7。

表 1-7　部分香料在葡萄酒和啤酒中的香气阈值/(mg/L)

名称	葡萄酒	啤酒
2,3-丁二酮	3	0.15
2,3-戊二酮		1
2,4-癸二烯醛		0.0003
2-甲基丙酸乙酯		5.0
3-甲基丁醛		0.5
3-甲基丁酸乙酯		1.3
3-羟基-2-丁酮	150	50
5-甲基糠醛		20
5-羟甲基糠醛		1000
反-2-己烯醛		0.6
顺-3-己烯醛		0.02
α-紫罗兰酮		0.0026
β-大马酮	0.05	0.000009
β-紫罗兰酮	0.0045	0.0013
苯甲醛	3	2
苯乙醛	1.1	1.6
3-甲基丙酸丁酯		0.7
丙酸乙酯	1.84	
丁酸乙酯		0.4
庚酸乙酯	0.22	0.40
癸酸乙酯	0.51	1.50
己醛		0.35
己酸乙酯	0.08	0.23
甲酸乙酯	155.20	150

续表

名称	葡萄酒	啤 酒
糠醛		150
壬酸乙酯	0.85	1.20
肉桂酸乙酯	0.05	
乳酸乙酯	150	250
戊酸乙酯	0.01	0.9
辛酸乙酯	0.58	0.90
乙醛	100	25
2-乙酸苯乙酯	1.80	3.8
乙酸仲丁酯		1.6
乙酸异戊酯	0.16	1.6
乙酸丙酯	4.74	30
乙酸丁酯	1.83	7.5
乙酸庚酯	0.83	1.4
乙酸己酯	0.67	3.5
乙酸甲酯	470	
乙酸戊酯	0.18	
乙酸辛酯	0.80	
乙酸乙酯	12.27	30

由于性别、年龄及个人嗅感、味感灵敏程度、情绪、生活经历等差异，不同的人能够辨别出同一种香料香气或味道的最低浓度存在很大差异。因此，阈值的测定都是由有经验的调香师组成的小组完成的，其人员组成中考虑到性别和年龄的平衡，最后确定的阈值是所有成员测定结果的平均值。因此，不同小组测定的结果会有一定的差异，不同文献报道的阈值有所不同就是这个原因。表1-8列举了几个实例。

表1-8 文献报道的部分吡嗪类化合物的不同阈值

名称	阈值/(mg/L)	报道人（报道时间）
2-甲基吡嗪	105	Koehler et al. (1971)
	60	Guadagni et al. (1972)
2,5-二甲基吡嗪	35	Koehler et al. (1971)
	1.8	Guadagni et al. (1972)
2,6-二甲基吡嗪	54	Koehler et al. (1971)
	1.5	Guadagni et al. (1972)

续表

名称	阈值/(mg/L)	报道人（报道时间）
3,6-二甲基-2-乙基吡嗪	43	Koehler et al. (1971)
	0.0004	Guadagni et al. (1972)
2-乙基吡嗪	22	Koehler et al. (1971)
	6	Guadagni et al. (1972)

　　了解香料的阈值对于调香师非常重要，它可以帮助调香师判断香料香势的强弱，估算出其在香精中的大致用量范围。表1-9列举了部分香料在水中的香气阈值和味道阈值。

表 1-9　部分香料在水中的香气和味道阈值 （20℃）/（μg/kg）

FEMA	名称	香气阈值	味道阈值
2003	乙醛	15～120;15	
2006	乙酸		22000
2008	3-羟基丁酮	800	
2009	苯乙酮	65	
2042	烯丙基硫醚	32.5	
2055	乙酸异戊酯	2	
2056	1-戊醇	4000	
2057	异戊醇	250～300	170
2059	丁酸戊酯	210	1300
2097	大茴香醚	50	
2127	苯甲醛	350～3500	1500
2137	苯甲醇	10000	5500
2159	乙酸龙脑酯	75	
2170	2-丁酮	50000	
2174	乙酸丁酯	66	
2175	乙酸异丁酯	66	
2178	1-丁醇	500	
2179	异丁醇	7000	
2186	丁酸丁酯	100	
2188	异丁酸丁酯	80	
2189	异丁酸异丁酯	30	
2201	己酸丁酯	700	
2211	丙酸丁酯	25～200	
2219	丁醛	9～37.3	

FEMA	名称	香气阈值	味道阈值
2220	2-甲基丙醛	0.1～2.3;0.7	
2221	丁酸	240	6200～6800
2222	2-甲基丙酸	8100	
2249	(一)-香芹酮	50	
2252	β-石竹烯	64	
2303	香叶醛	32	
2303	橙花醛	30	
2309	(一)-香茅醇	40	
2337	4-甲苯酚	55	
2360	γ-癸内酯	11.88	88
2361	δ-癸内酯	100,160	90～160
2362	癸醛	0.1～2	7
2364	癸酸	10000	3500
2366	反-2-癸烯醛	0.3～0.4	230
2370	2,3-丁二酮	2.3～6.5	5.4
2400	γ-十二内酯	7	
2401	δ-十二内酯		1000
2414	乙酸乙酯	5～5000	3000～6600
2415	乙酰乙酸乙酯		520
2418	丙烯酸乙酯	67	
2419	乙醇	100000	52000
2422	苯甲酸乙酯	60	
2427	丁酸乙酯	1	450
2428	异丁酸乙酯	0.1	
2430	肉桂酸乙酯		16
2436	4-乙基愈创木酚	50	
2437	庚酸乙酯	2.2	170
2439	己酸乙酯	1	
2440	乳酸乙酯	14000	
2443	2-甲基丁酸乙酯	0.1～0.3	
2451	棕榈酸乙酯	＞2000	
2452	苯乙酸乙酯	650	
2456	丙酸乙酯	10	
2462	戊酸乙酯	1.5～5	94

续表

FEMA	名称	香气阈值	味道阈值
2464	乙基香兰素	100	
2465	1,8-环氧对蓋烷	12	
2467	丁香酚	6～30	
2475	丁香酚甲醚	820	
2478	金合欢醇	20	
2487	甲酸	450000	83000
2489	糠醛	3000～23000;3000	5000
2491	糠醇		5000
2493	糠硫醇	0.005;0.01	0.04
2507	香叶醇	40～75	
2509	乙酸香叶酯	9	
2513	异丁酸香叶酯	13	
2517	丙酸香叶酯	10	
2525	丙三醇		4400000
2532	愈创木酚	3～21	13
2539	γ-庚内酯	400	
2540	庚醛	3	21
2544	2-庚酮	140～3000	1000
2548	1-庚醇	3	31
2550	异丁酸庚酯	13	
2556	γ-己内酯	1600,13000	
2557	己醛	4.5～5,4.5	16～76
2559	己酸	3000	5400
2560	反-2-己烯醛	17	
2561	顺-3-己烯醛	0.25	
2563	顺-3-己烯醇	70	
2565	乙酸己酯	2	
2567	1-己醇	250,2500	
2568	丁酸己酯	250	
2576	丙酸己酯	8	
2588	覆盆子酮	100	
2593	吲哚	140	
2595	α-紫罗兰酮		0.4
2595	β-紫罗兰酮	0.007	

续表

FEMA	名称	香气阈值	味道阈值
2614	月桂酸	10000	
2615	月桂醛	2	0.9
2633	1,8-萜二烯	10	
2635	芳樟醇	6	
2656	麦芽酚	35000	7100~1300
2667	薄荷酮	170	
2671	2-甲氧基-4-甲基苯酚	90	65
2675	2-甲氧基-4-乙烯基苯酚	3	
2677	4-甲基苯乙酮	0.027	
2691	2-甲基丁醛	1	
2692	异戊醛	0.2~2;0.4	170
2693	丁酸甲酯	60~76	
2694	异丁酸甲酯	7	
2695	2-甲基丁酸		1600
2700	甲基环戊烯醇酮	300	
2705	庚酸甲酯	4	
2707	6-甲基-5-庚烯-2-酮	50	
2708	己酸甲酯	70~84	
2716	甲硫醇	0.02	2
2719	2-甲基丁酸甲酯	0.25	
2720	3-甲硫基丙酸甲酯	180	
2728	辛酸甲酯	200	
2745	水杨酸甲酯	40	
2746	甲硫醚	0.3~1.0;0.33	0.03~12;0.33
2747	3-甲硫基丙醛	0.2	0.05~10
2752	戊酸甲酯	20	
2762	月桂烯	13~15	
2763	肉豆蔻醛		60
2764	肉豆蔻酸	10000	
2770	橙花醇	300	
2781	γ-壬内酯	65	
2782	壬醛	1	6~12
2784	壬酸	3000	
2785	2-壬酮	5~200	

续表

FEMA	名称	香气阈值	味道阈值
2789	壬醇	50	
2796	γ-辛内酯	7,95	400
2797	辛醛	0.7	5～45
2799	辛酸	3000	5300
2800	1-辛醇	110～130	
2802	2-辛酮	50	150～1000
2803	3-辛酮	28	
2805	1-辛烯-3-醇	1	
2806	乙酸辛酯	12	
2808	2-甲基丙酸辛酯	6	
2832	棕榈酸	10000	
2840	ω-十五内酯	1～4	
2842	2-戊酮	70000	
2858	2-苯乙醇	750～1100	
2874	苯乙醛	4	
2878	苯乙酸	10000	
2902	α-蒎烯	6	
2903	β-蒎烯	140	
2908	哌啶	65000	
2911	洋茉莉醛		3.9
2922	丙烯基乙基愈创木酚	400	
2923	丙醛	9.5～37	
2924	丙酸	20000	
2928	1-丙醇	9000	
2934	丁酸丙酯	18～124	
2958	丙酸丙酯	57	
2966	吡啶	2000	
3035	硬脂酸	20000	
3045	α-松油醇	330～350	
3046	异松油烯	200	
3066	百里香酚		50
3092	十一醛	5	
3093	2-十一酮	7	
3098	戊醛	12～42	

续表

FEMA	名称	香气阈值	味道阈值
3101	戊酸	3000	
3102	3-甲基丁酸	120~700	
3107	香兰素	20~200	
3126	2-乙酰基吡嗪	62	
3130	丁胺	50000	
3132	2-异丁基-3-甲氧基吡嗪	0.002~0.016;0.002	
3133	2-异丁基-3-甲基吡嗪	35~130;35	
3134	2-异丁基噻唑	2~3.5	3
3135	反,反-2,4-癸二烯醛	0.07	
3137	2,6-二甲氧基苯酚	1850	1650
3141	α-甜橙醛	0.05	
3149	2-乙基-3,5-二甲基吡嗪	1;15000	
3149	2-乙基-3,6-二甲基吡嗪	0.4~5;43000	
3150	3-乙基-2,6-二甲基吡嗪	1	
3151	2-乙基-1-己醇	270000	
3153	5-乙基-3-羟基-4-甲基-2(5H)-呋喃酮	0.00001	
3154	2-乙基-5-甲基吡嗪	100	
3155	3-乙基-2-甲基吡嗪	130;300	
3163	2-乙酰基呋喃	10000	80000
3165	反-2-庚烯醛	13	80
3166	(＋)-香柏酮(天然)	0.8~1	
3166	(—)-香柏酮(天然)	600	
3172	异丁酸己酯	6~13	
3174	2,5-二甲基-4-羟基-3(2H)-呋喃酮	0.04;30	
3183	2/5/6-甲氧基-3-甲基吡嗪	3~15	
3183	2-甲氧基-3-甲基吡嗪	3~7	
3183	5-甲氧基-2-甲基吡嗪	15	
3188	2-甲基-3-呋喃硫醇	$5×10^{-3}$	$2×10^{-3}$
3189	2-甲基-3-糠硫基吡嗪	<1	
3189	2-甲基-5-糠硫基吡嗪	<1	
3202	2-乙酰基吡咯	170000	
3204	4-甲基-5-羟基乙基噻唑	10800	
3206	2-甲硫基乙醛	16	
3208	2-甲硫基-3-甲基吡嗪	1~4	

FEMA	名称	香气阈值	味道阈值
3208	5-甲硫基-2-甲基吡嗪	4	
3209	5-甲硫基-2-噻吩醛		1
3212	反,反-2,4-壬二烯醛	0.09	
3213	2-壬烯醛	0.08~0.1	6
3213	反-2-壬烯醛	0.08	0.08
3214	δ-辛内酯	400,570	
3215	反-2-辛烯醛	3	90
3218	2-戊烯醛	1500	
3223	苯酚	5900	
3227	丙烯基丙基二硫醚		2.2
3231	吡嗪基甲基硫醚	20	
3233	苯乙烯	730	
3236	氧化玫瑰	0.5	
3237	四甲基吡嗪	1000~10000;10000	
3241	三甲胺	0.37~1.06	
3244	2,3,5-三甲基吡嗪	400~1800;9000	
3245	十一酸	10000	
3251	2-乙酰基吡啶	19	
3256	苯并噻唑	80	
3259	二(2-甲基-3-呋喃基)二硫醚	$2×10^{-5}$	$2×10^{-3}$
3268	3,4-二甲基-1,2-环戊二酮	17~20	
3269	3,5-二甲基-1,2-环戊二酮	1000	
3271	2,3-二甲基吡嗪	2500;2500~35000	
3272	2,5-二甲基吡嗪	1800;800~1800	
3273	2,6-二甲基吡嗪	1500;200~9000	
3274	4,5-二甲基噻唑	450~500	
3275	二甲基三硫醚	0.005~0.01;0.01	3
3280	2-乙基-3-甲氧基吡嗪	0.4~0.425	
3281	2-乙基吡嗪	6000~22000;6000	
3287	甘氨酸		1300000
3289	反-4-庚烯醛	10	
3289	顺-4-庚烯醛	0.8	
3294	δ-十一内酯		150
3302	2-甲氧基吡嗪	400~700;700	

续表

FEMA	名称	香气阈值	味道阈值
3309	2-甲基吡嗪	60～105000;6000	
3317	2-戊基呋喃	6	
3322	盐酸硫胺素		39
3325	2,4,5-三甲基噻唑	50	
3326	丙酮	500000	4500000
3328	2-乙酰基噻唑	10	10
3336	2,3-二乙基-5-甲基吡嗪	0.1	
3343	3-甲硫基丙酸乙酯	7	
3348	庚酸	3000	
3358	2-甲氧基-3-异丙基吡嗪	0.002～10	
3358	2-甲氧基-5-异丙基吡嗪	10	
3362	甲基糠基二硫醚	0.04	
3363	6-甲基-3,5-庚二烯-2-酮	380	
3364	2,5-二甲基-4-甲氧基-3(2H)-呋喃酮	0.03	
3377	反,顺-2,6-壬二烯醛	0.01	
3382	1-戊烯-3-酮	1～1.3	
3383	2-戊基吡啶	0.6	
3386	吡咯	49600	
3393	2-甲基丁酸丁酯	17	
3400	反-3-庚烯-2-酮	56	
3415	3-甲硫基丙醇		500
3417	3-戊烯-2-酮	1.5	
3420	β-大马酮	0.002	0.009
3429	反,反-2,4-己二烯醛	10～60	
3433	2-甲氧基-3-仲丁基吡嗪	0.001	
3470	喹啉	700	
3471	(+)-降龙涎醚	2.6	
3471	(—)-降龙涎醚	0.3	
3471	D,L-降龙涎醚	0.6	
3473	2,2,6-三甲基环己酮	100	
3478	1-丁硫醇	6	0.004
3480	2-甲苯酚	650	2.5
3499	2-甲基丁酸己酯	22	
3515	1-辛烯-3-酮	0.005	0.1

续表

FEMA	名称	香气阈值	味道阈值
3521	1-丙硫醇	3.1	0.06
3523	四氢吡咯	20200	
3525	2,4,5-三甲基-3-噁唑啉	1000	
3530	3-甲苯酚	680	
3536	二甲基二硫醚	0.16～12;7.6	0.06～30
3541	3,5-二甲基-1,2,4-三硫杂环己烷	10	10
3542	香叶基丙酮	60	
3546	5-乙基-2-甲基吡啶	19000	
3549	6-羟基二氢茶螺烷	0.2	
3569	2-乙氧基-3-甲基吡嗪	0.8	
3573	甲基(2-甲基-3-呋喃基)二硫醚	0.01	0.1
3576	甲基丙烯基二硫醚		6.3
3580	顺-6-壬烯醛	0.02	
3584	1-戊烯-3-醇	400	
3616	苯硫醇	13500	
3623	2-乙基-4-羟基-5-甲基-3-呋喃酮	43	
3634	4,5-二甲基-3-羟基-2(5H)-呋喃酮	0.001	
3639	环柠檬醛	5	
3644	乙酸 2-甲基丁酯	5	
3659	（+）-α-二氢大马酮异构体	100	
3659	（一）-α-二氢大马酮异构体	1.5	
3696	6-戊基-α-吡喃酮	150	
3700	1-对蓋烯-8-硫醇	0.0001	
3739	4-乙烯基苯酚	10	
3745	茉莉内酯	2000	
3779	硫化氢	10	
3949	2-甲基-3-甲硫基呋喃	$5×10^{-2}$	$5×10^{-3}$

1.5 食用香精的质量控制和检测

食用香精的质量主要取决于所用原料的质量和配方的合理性。食用香精的配方是食用香精生产厂商的核心机密，任何一个香精厂商都不可能把香精配方告诉其他人或其他机构；任何要求香精厂商提供香精配方的要求都是不合理的。因此食用香精的质量控制和检测有许多不同于其他产品之处。

对生产厂商而言,应严格按照用户选定的香精样品的配方组织生产,所用香料的生产厂家、质量标准及香精生产工艺条件应与所提供的样品尽可能一致,以保证产品的香味与提供的样品尽可能一致。对所用的香料进行评香和理化分析是必需的。应保留常用香料的色谱图或红外光谱图,以便随时进行分析对照。

生产厂和用户对食用香精质量的检测主要依靠评香,产品的评香结果应与样品尽可能一致。由于原料产地、计量误差等因素的影响,食用香精质量有一些微小的波动是正常的。由于食用香精原料大都是有机化合物,颜色上难免有一些变化,颜色上的微小变化一般不会影响到其香味效果。判断食用香精质量的最终标准是其添加到食品或其他产品中的整体香味效果。

对那些能为细菌生长提供媒介的食用香精必须进行灭菌处理和微生物分析。

1.6 食用香精的安全性

人命关天。食用香精的安全性永远是头等重要的问题。保证食用香精的绝对安全是调香师和食用香精生产者义不容辞的责任和义务。食用香精研究者和生产者应该了解和熟悉《国际食品香料香精工业组织的实践法规(Code of Practice IOFI)》和政府有关食用香料生产的法规,严格按照该法规组织生产。本书所涉及的食用香精安全方面的内容仅能作为参考,不能作为法律依据。

影响食用香精安全性的因素主要是原料,其他还有生产工艺和生产环境等方面。食用香精所用的原料都是经过长期的、严格的毒理实验后才批准允许使用的,其中大部分香料是天然食物的香成分,在其使用范围内是绝对安全的。调香师和食用香精生产者必须只使用允许使用的原料,每一种原料的质量必须符合食用香精要求,每一种原料的用量必须在允许的范围内。常用香料的用量是调香师必须熟识的,文献中公布的香料参考用量一般是指其在食品中的用量,而不是指在香精配方中的用量。表1-10列举了部分香料在食品中的参考用量。

表 1-10 部分香料在食品中的参考用量(平均用量/平均最大用量,mg/kg)

FEMA	名 称	焙烤食品	软饮料	肉制品	奶制品	软糖
3825	乙硫醚	1/6	0.2/2	4/44		0.2/2
3876	硫代乙酸甲酯	0.1/5	0.1/5	0.1/5	0.1/5	0.1/5
3898	1-吡咯啉		0.0005/0.0025	0.0001/0.001		
3949	2-甲基-3-甲硫基呋喃	0.02/0.2		0.05/0.5	0.005/0.05	
3964	2-乙酰基-3-甲基吡嗪	1.3/3.4	0.3/0.6	1.3/5	0.3/3	1.0/4
3968	二异丙基三硫醚	5/15	0.5/4	1.2/5	0.8/4	1.4/6.0

续表

FEMA	名　称	焙烤食品	软饮料	肉制品	奶制品	软糖
3979	丙基糠基二硫醚	0.5/1	0.2/0.4	0.4/0.8		0.3/0.6
4003	甲硫基乙酸甲酯	4/8	2/4	2/4		2/4
4004	2-甲硫基乙醇	8/16	3/6	3/6	3/6	3/6
4005	12-甲基十三醛	35/70	0.7/7	3.5/35	0.7/7	
4014	异硫氰酸苯乙酯	8/80	0.15/4	0.75/7.5	0.3/3.0	1.5/15
4021	2,3,5-三硫杂己烷	2/10	0.1/0.8	0.4/5	0.2/1	0.5/3
4023	赤,苏-2,3-丁二醇缩香兰素	200/400	60/120		60/120	120/240

食用香精生产中经常会使用一些香辛料、蔬菜、粮食、油脂、肉类、海鲜等作原料，这些原料的农药残留、兽药残留、微生物、重金属等必须符合食品卫生要求，对这些原料建立溯源制度是必要的。

从事食用香精生产的人员必须身体健康、无传染性疾病，穿戴合适并保持清洁。

食用香精生产的环境必须整齐、清洁、通风，符合食品卫生要求。应有适当的清洁设备和材料，并有相应的清洁规定。在生产区域不允许吃东西、抽烟和不卫生行为。生产工艺必须保证不影响食用香精的安全性能。

食用香精的安全性需要依靠加强立法和业内人员自律两方面来保证。使用允许使用的质量合格的原料、在允许的用量范围内、在生产环境和工艺都符合安全要求的情况下生产的食用香精，其对人体是绝对安全的。

1.7　食用调香师

食用香精的优劣主要取决于所用香料的品质和配方的合理性，而配方是由食用调香师（flavorist）创拟的。因此，调香师对于食用香精的作用是决定性的。

食用调香师的日常工作主要包括三个方面：一是创拟出能满足用户需要的食用香精配方；二是参与市场销售活动，包括对用户进行产品应用技术指导、举办技术讲座等；三是参加学术和技术交流活动。

科学技术的发展和消费水平的提高对调香师提出了更高的要求，食用调香师应该掌握宽广扎实的有机化学、生物化学、食品化学和分析化学知识，熟悉食品加工工艺。食用调香师不仅应该是科学家，还应该具有艺术天赋和创造才能。

需要强调的是，并不是人人都可以成为食品调香师。灵敏的嗅觉和味觉是调香师的先决条件；宽广扎实的专业知识是调香师的基础条件；闻香经验、艺术才能、表达和交流能力、对香味的敏感和好奇、好学善用等都是调香师所必备的素质。

食品调香师必须具有良好的工作条件和环境。调香室必须宽敞、明亮、安静、舒适、通风良好。调香室周围不应有噪声、异味等外来的干扰源。计算机、电子天平、冰箱、非明火加热设备等都是必备的设备。有条件的单位应该经常引进各种新设备。

调香师应该有较为宽松的作息时间。如果调香师工作时间全部待在调香室，势必造成嗅觉疲劳、缺乏灵感、效率低下。香精生产厂应该为调香师和生产人员提供方便的洗浴条件。

需要强调的是，由于各国香料、香精立法有所不同，有关法规的内容也在变化，本书所介绍的全部内容仅供读者参考，决不可作为生产、销售过程的法规性依据。

主要参考文献

［1］　Roy Teranishi, Phillip Issenberg, Irwin Hornstein, etc. Flavor Research. New York: Narcel Dekker, Inc., 1971.

［2］　Thomas E Furia. Handbook of food Additives. Second Edition. Cleveland: CRC Press, Inc., 1972.

［3］　Henry B Heath, M B E B Pharm. Flavor Technology: Profiles, Products, Applications. London: AVI Publishing Company, Inc., 1978.

［4］　Roy Teranishi, Robert A Flath. Flavor Research Recent Advances. New York: Marcel Dekker, Inc., 1981.

［5］　Morton I D, Macleod A J. Food Flavours Part A. Introduction, Amsterdam: Elsevier Scientific Publishing Company, 1982.

［6］　Morton I D, Macleod A J. Food Flavours Part B. The Flavour of Beverages. New York: Elsevier, 1986.

［7］　Thomas E Furia. CRC Handbook of food Additives. 2nd ed. Vol. II. Boca Raton: CRC Press, Inc., 1986.

［8］　朱瑞鸿, 薛群成, 李中臣. 合成食用香料手册. 北京: 轻工业出版社, 1986.

［9］　亨利 B 希思, 加里赖内修斯. 香味化学与工艺学. 黄致喜, 金其璋, 罗寿根, 陈丽华译. 北京: 轻工业出版社, 1991.

［10］　Henk Maarse. Volatile Compounds in Foods and Beverages. Zeist, The Netherlands: TNO-CIVO Food Analysis Institute, 1991.

［11］　刘志皋. 食品添加剂手册. 北京: 中国轻工业出版社, 1996.

［12］　Shahidi F Flavor of Meat, Meat Products and Seafoods. 2nd ed. London: Blackie Academic & Professional, 1998.

［13］　Belitz H D, Grosch W, Food Chemistry. 2nd ed . New York: Springer, 1999.

［14］　王璋, 许时婴, 汤坚. 食品化学. 北京: 中国轻工业出版社, 1999.

［15］　Newberne P, Smith R L, Doull J., et al. GRAS flavoring substances 19. Food technology. 2000, 54（6）: 66-84.

［16］　Smith R L, Doull J, Feron V J, et al. GRAS flavoring substances 20. Food technology. 2001, 55（12）: 34-55

第2章
香味的分类

2.1 分子结构与香味的关系

　　长期以来，分子结构与香味的关系一直是香味化学研究的热点和难点。由于分子结构的复杂性和鉴定方法的局限性，要在有机化合物分子结构与香味之间，确定一种能准确地预测某类或某种化合物香味特征的理论是非常困难的。有的化合物，其顺-反异构体甚至光学异构体的香味就有本质的不同；而有的化合物其光学异构体、顺-反异构体，甚至位置异构体的香味没有本质的区别。表 2-1 所示的化合物其顺-反异构体香味类型完全不同。

表 2-1　顺-反异构体的香味

香味特征	3-己烯醛	4-庚烯醛
顺式异构体 油脂香	⌒⌒⌒CHO	⌒⌒⌒⌒CHO
反式异构体 青香	⌒⌒⌒CHO	⌒⌒⌒⌒CHO

　　迄今为止，分子结构与香味的关系这一重要理论课题的研究进展十分缓慢，只在一些具有特定结构的化合物分子结构与香味关系研究方面取得了一些进展，这些研究成果对调香师在创拟香精配方时选择香料是很有帮助的。

2.1.1 焦糖香味化合物分子结构特征

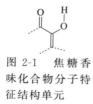

图 2-1　焦糖香味化合物分子特征结构单元

　　焦糖香味化合物的结构特征是其环酮分子中都含有图 2-1 所示的烯醇化的结构单元。

　　这类香料中典型的代表是麦芽酚、乙基麦芽酚、4-羟基-2，5-二甲基-3（2H）-呋喃酮、4-羟基-5-甲基-3（2H）-呋喃酮、4-羟基-2-乙基-5-甲基-3（2H）-呋喃酮和甲基环戊烯醇酮（MCP），部分焦糖香味香料的化学结构及香味特征列于表 2-2。

表 2-2 部分焦糖香味香料的化学结构及香味特征

FEMA	名称	结构式	香味特征
2656	麦芽酚		甜的、焦糖、棉花糖香气;甜的、焦糖、果酱味道
2700	甲基环戊烯醇酮		焦糖、面包、坚果、槭树、圆叶当归香气和味道
3152	3-乙基-2-羟基-2-环戊烯-1-酮		甜的、奶香、水果、焦糖、奶糖香气;甜的、水果、烤香、坚果、牛奶、巧克力味道
3153	5-乙基-3-羟基-4-甲基-2(5H)-呋喃酮		甜的、果香、焦糖样香气;甜的、果香、浆果样味道
3174	4-羟基-2,5-二甲基-3(2H)-呋喃酮		甜的、果香、烤香、焦糖、似麦芽酚香气;甜的、烤香、焦糖、水果、甜酱肉味道
3453	3-乙基-2-羟基-4-甲基环戊-2-烯-1-酮		焦糖样香味
3454	5-乙基-2-羟基-3-甲基环戊-2-烯-1-酮		焦糖样香气;甜的、焦糖味道
3487	乙基麦芽酚		甜的、焦糖、棉花糖香气;甜的、草莓、果酱味道
3623	2-乙基-4-羟基-5-甲基-3(2H)-呋喃酮		甜的、焦糖、水果香气和味道
3634	4,5-二甲基-3-羟基-2,5-二氢呋喃-2-酮		甜的、焦糖、槭树、红糖、棉花糖香气和味道
3635	4-羟基-5-甲基-3-(2H)-呋喃酮		焦糖香味

2.1.2　烤香香味化合物分子结构特征

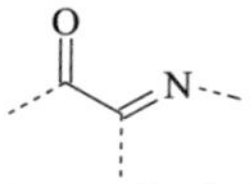

图 2-2　烤香香味化合物分子特征结构单元

烤香香味化合物的结构特征是其具有芳香性的含氮杂环分子中都含有图 2-2 所示的结构单元。

2-乙酰基吡嗪、2-乙酰基-3,5(6)-二甲基吡嗪、2-乙酰基吡啶、2-乙酰基噻唑是这类香料典型的代表。部分烤香香味香料的化学结构及香味特征列于表 2-3。

表 2-3　部分烤香香味香料的化学结构及香味特征

FEMA	名称	结构式	香味特征
3126	2-乙酰基吡嗪	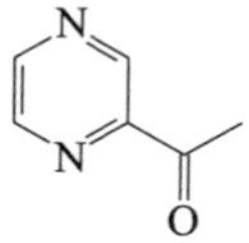	烤香、爆玉米花香气;烤花生、爆玉米花、坚果味道
3250	2-乙酰基-3-乙基吡嗪	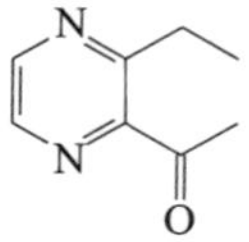	烤香、霉香、坚果、土豆香气和味道
3251	2-乙酰基吡啶	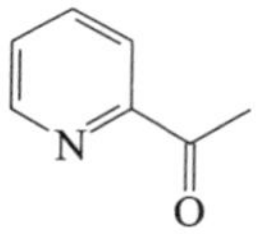	爆玉米花、坚果香气;花生、爆玉米花、坚果、面包烤香味
3327	2-乙酰基-3,5-二甲基吡嗪	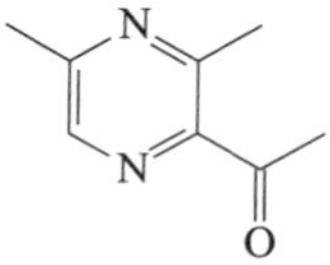	烤香、榛子、焦糖香气和味道
3328	2-乙酰基噻唑	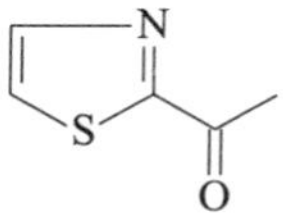	令人愉快的烤面包、烤花生、爆玉米花、巧克力香气;坚果味道

2.1.3　基本肉香味化合物分子结构特征

基本肉香味（basic meat flavor）是指不同种类动物的肉加热后产生的具有共性的"肉的"香味。基本肉香味主要是由含硫化合物提供的，目前允许食用的典型基本肉香味香料都是含硫香料。关于含硫化合物分子结构和基本肉香味的关系，Dimoglo 等人经过研究发现具有图 2-3 结构单元的化合物一般具有基本肉香味。

图中 X 代表 O 或 S；为与 a 碳原子和甲基碳原子共面的基团（如 C═O），或不同于 O 的原子（如 S）。这一发现对于 3-呋喃硫化物系列香料的研究开发和应用起到了非常大的促进作用，该类香料已经发展成为最重要的一类肉香味香料，并且不断有新的品种被批准使用。

在对肉香味含硫化合物香味特征归纳总结的基础上发现，分子中含有图 2-4 特征结构单元的化合物都具有基本肉香味。

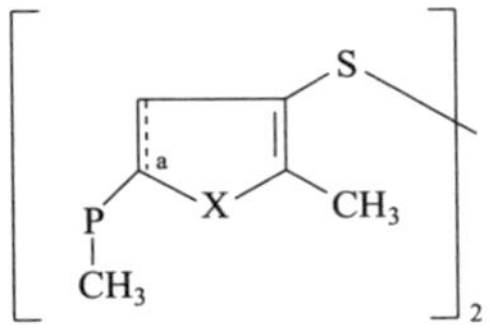

图 2-3　Dimoglo 基本肉
香味化合物结构单元

图 2-4　基本肉香味含硫化
合物分子特征结构单元

图中 X 代表 O 或 S，虚实线表示单键或双键。Dimoglo 等人的发现局限于 3-呋喃硫化物和 3-噻吩硫化物。我们的发现包含了大部分肉香味含硫化合物类型。常见的一些含有图 2-4 特征结构单元的基本肉味香料列举如下。

2.1.3.1　3-呋喃硫化物

2-甲基-3-呋喃硫醇、2-甲基-3-甲硫基呋喃、甲基(2-甲基-3-呋喃基)二硫醚及二(2-甲基-3-呋喃基)二硫醚是国内外公认的关键肉味香料，它们都是烤肉、炖肉的挥发性香成分，对肉类香味的形成起着重要作用。这类肉味香料的品种很多，它们都可以看作是 3-呋喃硫醇的衍生物，其中有 FEMA 号的如表 2-4 所示。

表 2-4　3-呋喃硫化物肉味香料

FEMA	香料名称	结构式	香味特征
3188	2-甲基-3-呋喃硫醇	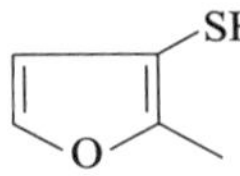	肉香、烤香、烤鸡肉香
3451	2,5-二甲基-3-呋喃硫醇	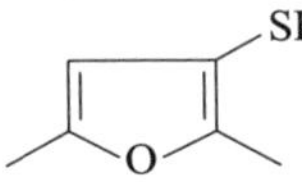	强烈的肉香、烤肉香
3787	2-甲基-3-四氢呋喃硫醇	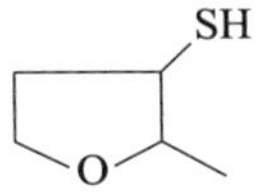	肉香、烤肉香
3949	2-甲基-3-甲硫基呋喃	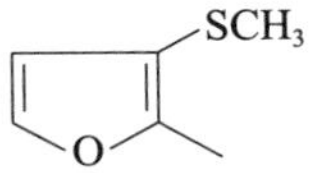	肉香
3673	甲基(2-甲基-3-呋喃基)二硫醚	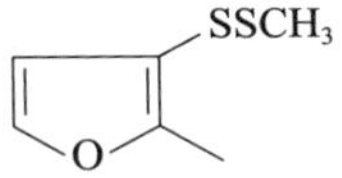	肉香、烤牛肉香
3607	丙基(2-甲基-3-呋喃基)二硫醚	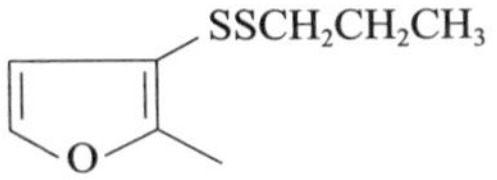	肉香、烤肉香

续表

FEMA	香料名称	结构式	香味特征
3259	二(2-甲基-3-呋喃基)二硫醚	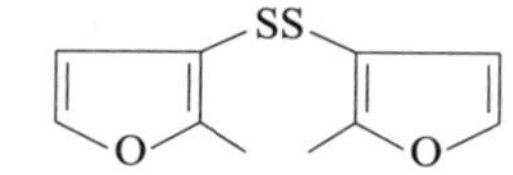	饱满的肉香、炖肉香
3476	二(2,5-二甲基-3-呋喃基)二硫醚	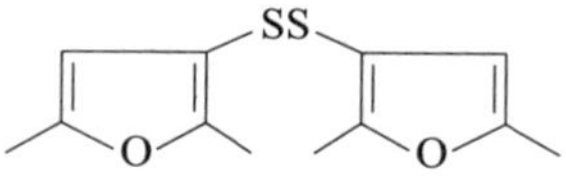	肉香
3260	二(2-甲基-3-呋喃基)四硫醚	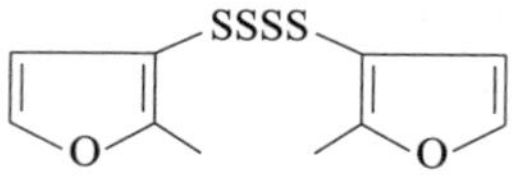	炖牛肉香味
3481	2,5-二甲基-3-糠酰硫基呋喃	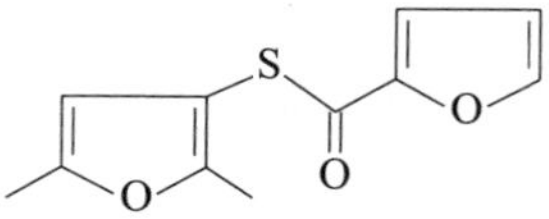	HVP样,肉香
3270	螺[2,4-二硫杂-1-甲基-8-氧杂二环[3.3.0]辛烷-3,3'-(1'-氧杂-2'-甲基)环戊烷]和螺[2,4-二硫杂-6-甲基-7-氧杂二环[3.3.0]辛烷-3,3'-(1'-氧杂-2'-甲基)环戊烷]	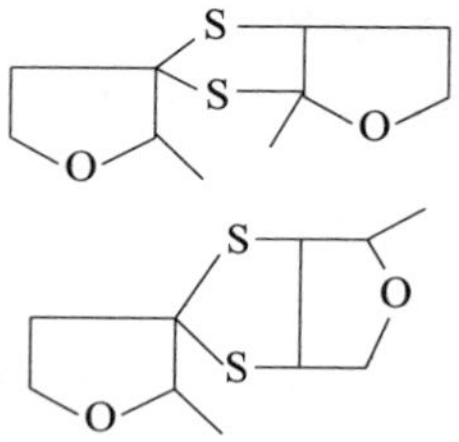	肉香味

2.1.3.2　α,β-二硫化物

2,3-丁二硫醇是此类香料的典型代表，表2-5中列举的是允许使用的其他品种。

表 2-5　α,β-二硫系列肉味香料

FEMA	香料名称	结构式	香味特征
3484	1,2-乙二硫醇	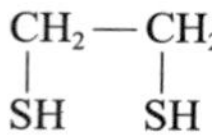 $CH_2—CH_2$ 各带SH	烤肉香味
3477	2,3-丁二硫醇	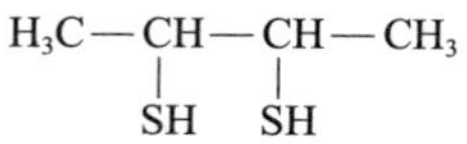 $H_3C—CH—CH—CH_3$ 各带SH	肉香、烤牛肉、猪肉香韵
3509	α-甲基-β-羟基丙基α'-甲基-β'-巯基丙基硫醚	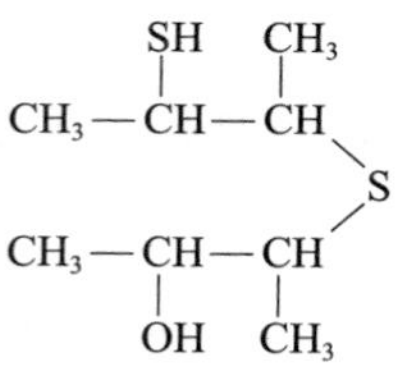	烤香、肉香、肉汤香气；菜肴香味

2.1.3.3　3-巯基-2-丁醇

3-巯基-2-丁醇是应用最早、用量最大的含硫香料之一，尽管它的同系物允许作为食用香料使用的还没见到，作为 α-巯基醇类香料的典型代表，它在肉味香料中的重要地位是不容置疑的。3-巯基-2-丁醇的化学结构及香味特征见表2-6。

表 2-6　3-巯基-2-丁醇

FEMA	香料名称	结构式	香味特征
3502	3-巯基-2-丁醇	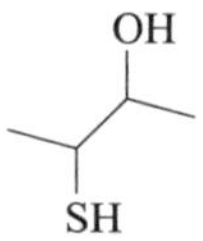	肉香、烤肉香

2.1.3.4　α-巯基酮系列

3-巯基-2-丁酮是此类香料的典型代表，表2-7中列举的是允许使用的品种。

表 2-7　α-巯基酮系列肉味香料

FEMA	香料名称	结构式	香味特征
3856	1-巯基-2-丙酮	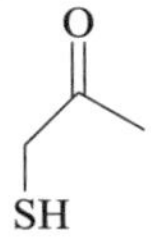	猪肉汤、鸡汤香气
3298	3-巯基-2-丁酮	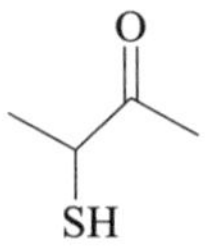	牛肉、烤肉香味
3300	3-巯基-2-戊酮	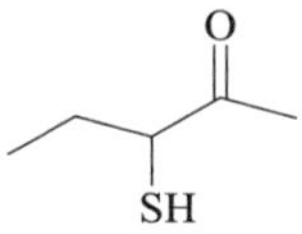	牛肉、烤肉香味
3335	二(3-丁酮基)硫醚	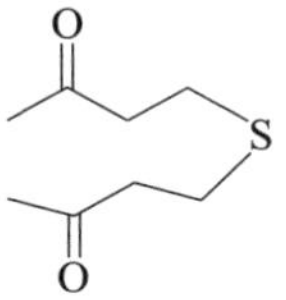	肉香

2.1.3.5　1,4-二噻烷系列

2,5-二甲基-2,5-二羟基-1,4-二噻烷是此类香料的典型代表，表2-8中列举的是允许使用的品种。

表 2-8　1,4-二噻烷系列肉味香料

FEMA	香料名称	结构式	香味特征
3831	1,4-二噻烷		海鲜样、蛤肉和牡蛎、蘑菇和火鸡肉样

FEMA	香料名称	结构式	香味特征
3826	2,5-二羟基-1,4-二噻烷	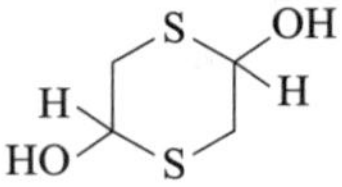	烤肉、烤面包、土豆香、肉汤、鸡和牛肉样
3450	2,5-二甲基-2,5-二羟基-1,4-二噻烷	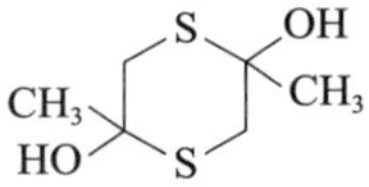	鸡肉、烤香、洋葱样、猪肉汤、鸡汤香气

2.1.3.6 四氢噻吩-3-酮系列

噻吩及其衍生物允许作为食用香料使用的只有几个，四氢噻吩-3-酮是此类香料的典型代表，表2-9中列举的是允许使用的品种。

表 2-9 四氢噻吩-3-酮系列肉味香料

FEMA	香料名称	结构式	香味特征
3266	四氢噻吩-3-酮	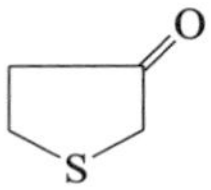	洋葱、大蒜、炖肉和蔬菜香、烤香、肉香
3512	2-甲基四氢噻吩-3-酮	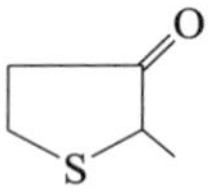	肉香

2.1.3.7 尚未被批准使用肉香味化合物

已经合成但尚未被批准使用的含硫化合物中有一些也含有图2-4特征结构单元并具有很好的肉香味，其中有的通过毒理实验后可能成为新的允许使用的食品香料，其中一部分列于表2-10。

表 2-10 尚未被批准使用的肉香味化合物

化合物名称	结构式	香味特征
2-甲基-3-巯基-4,5-二氢呋喃	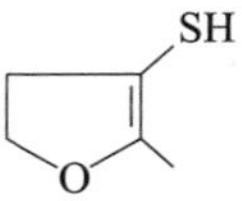	烤肉香
2-甲基-4-巯基呋喃	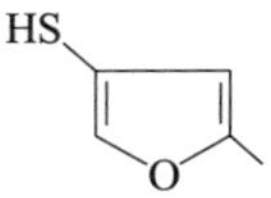	青香、肉香、药草香
4-巯基-5-甲基-3-氧代四氢呋喃	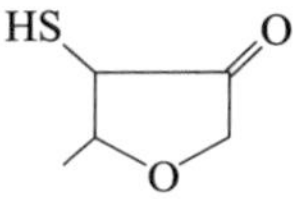	肉香、"美极"风味

续表

化合物名称	结构式	香味特征
4-巯基-3-氧代四氢呋喃		青香、肉香、"美极"风味
4-巯基-5-甲基-3(2H)-呋喃酮		甜的、肉香
2-甲基-3-巯基噻吩		烤肉香
3-巯基-4,5-二氢噻吩		肉香
2-甲基-3-巯基-4-羟基-2,3-二氢噻吩		肉香
2-甲基-3-巯基-2,3-二氢噻吩		甜的、烤肉香
2-甲基-3-巯基四氢噻吩		肉香
2-甲基-4-巯基四氢噻吩		肉香
2-甲基-4-巯基-2,3-二氢噻吩		肉香
2-甲基-4-巯基-4,5-二氢噻吩		烤肉香
4-[2-(1,3-氧硫杂环戊烷基)]正丁醛		浓郁、纯正的烤肉香

续表

化合物名称	结构式	香味特征
2-正庚基-1,3-氧硫杂环戊烷	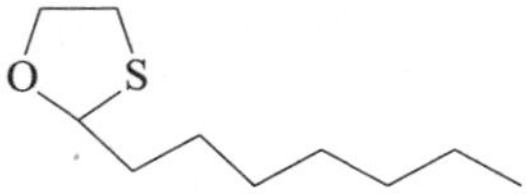	浓郁的芹菜香气、烤鸡香气
2-丙基-1,3-氧硫杂环戊烷	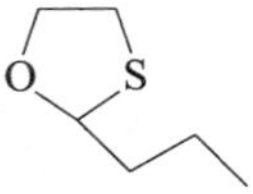	烤肉、干香菇香气
2-甲基-2-乙基-1,3-氧硫杂环戊烷	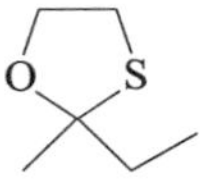	葱香、烤肉香
2-甲基-2-丙基-1,3-氧硫杂环戊烷	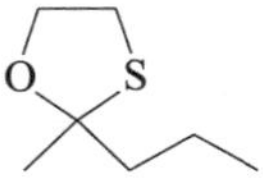	浓郁的葱香、烤肉香
2-甲基-2-正戊基-1,3-氧硫杂环戊烷	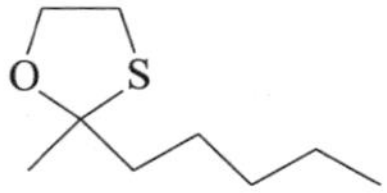	芹菜、烤肉、葱蒜香气

　　需要指出的是含有图 2-4 特征结构单元的化合物一般具有肉香味特征，但具有肉香味特征的化合物并不一定都含有图 2-4 的特征结构单元，表 2-11 列举了几个实例。

表 2-11　不含有图 2-4 特征结构单元的肉香味化合物

化合物名称	结构式	香味特征
甲硫醇	CH_3—SH	肉香
3-甲基-2-丁硫醇	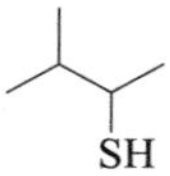	肉香
3,5-二甲基-1,2,4-三硫杂环戊烷	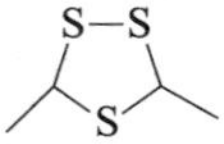	煮牛肉、洋葱、硫化物样
3,6-二甲基-1,2,4,5-四硫杂环己烷	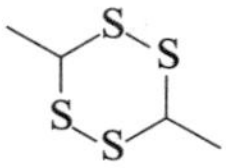	羊肉香
5-甲硫基糠醛	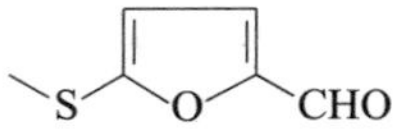	肉香
噻唑	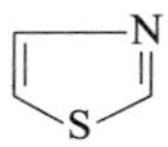	肉香、坚果香

续表

化合物名称	结构式	香味特征
三甲基噻唑	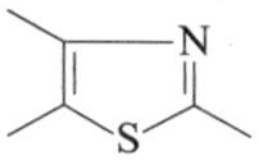	烤肉香
4-甲基-5-羟乙基噻唑	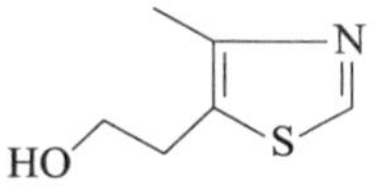	肉香、烤香、坚果香
2,3-二甲基吡嗪	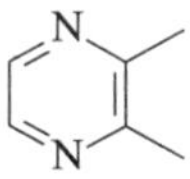	烤肉香
吡嗪甲硫醇	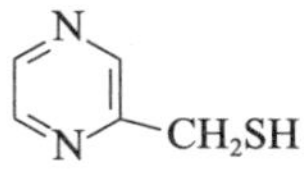	烤肉香
吡嗪乙硫醇	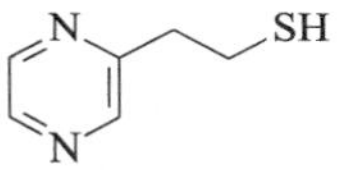	羊羔肉,猪肉
2-乙基苄硫醇	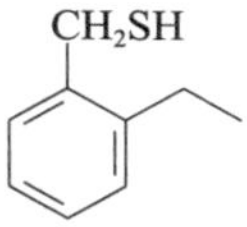	焦香、肉香

2.1.4 烟熏香味化合物的分子结构特征

烟熏香味香料是肉味香精特别是火腿、熏肉等香精的重要香料。研究表明,酚类化合物大都具有烟熏香味。具有代表性的烟熏香味香料有丁香酚、异丁香酚、香芹酚、对甲酚、愈创木酚、4-乙基愈创木酚、对乙基苯酚、2-异丙基苯酚、4-烯丙基-2,6-二甲氧基苯酚、4-甲基-2,6-二甲氧基苯酚等。烟熏香味香料的化学结构及香味特征见表 2-12。

表 2-12 烟熏香味香料的化学结构及香味特征

FEMA	名　称	化学结构式	香味特征
2245	香芹酚	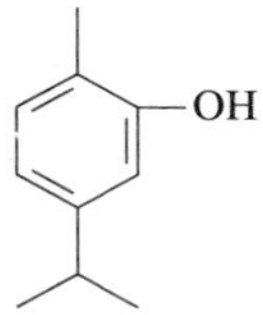	烟熏、药草、辛香、凉香、樟脑、烟草香气;烟熏、辛香、药草、木香、苯酚味道
2337	对甲酚	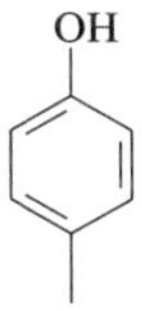	烟熏、药、酚样香气和味道

FEMA	名　称	化学结构式	香味特征
2436	4-乙基愈创木酚		辛香、酚样、熏肉样、香荚兰香气；烟熏、熏肉、辛香、香荚兰味道
2467	丁香酚		辛香、烟熏香、熏肉样香气和味道
2468	异丁香酚		烟熏、甜的、辛香、丁香样香气和味道
2532	愈创木酚		烟熏、辛香、药香、香荚兰、肉香、木香香气；木香、熏猪肉、菜肴、药、烟熏味道
2671	2-甲氧基-4-甲基苯酚		甜的、辛香、药草、苯酚样香气和味道
2675	2-甲氧基-4-乙烯基苯酚		辛香、丁香样香气；非常甜的味道
2922	1-乙氧基-2-羟基-4-丙烯基苯		甜的、酚样、奶油、花香、大茴香样香气；甜的、奶油、大茴香、似香兰素味道
3066	百里香酚		辛香、药草、酚香、樟脑香气；药草、酚香、木香、辛香味道

续表

FEMA	名　　　称	化学结构式	香味特征
3137	2,6-二甲氧基苯酚	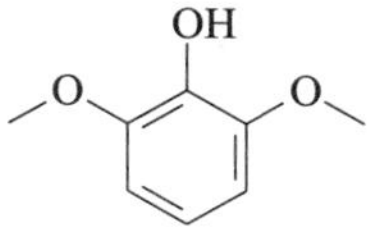	甜的、烟熏、熏肉、药香香气和味道
3156	对乙基苯酚	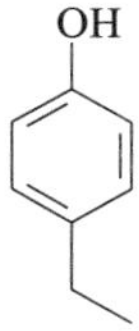	药香、酚香、烟熏、菜肴香气；甜的、酚香、烟熏、熏猪肉、火腿味道
3223	苯酚	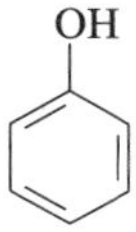	烟熏、酚样、药香香气和味道
3249	2,6-二甲基苯酚	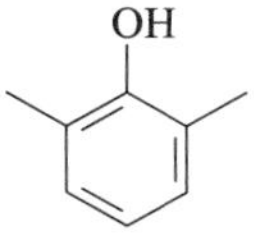	强烈的、烟熏香气；低浓度时烟熏味道

2.1.5　葱蒜香味化合物的分子结构特征

葱蒜香味化合物在分子结构上一般具有丙硫基或烯丙硫基基团。符合这一结构的葱蒜香味香料有：烯丙硫醇、烯丙基硫醚、甲基烯丙基硫醚、丙基烯丙基硫醚、烯丙基二硫醚、甲基烯丙基二硫醚、丙基烯丙基二硫醚、烯丙基三硫醚、甲基烯丙基三硫醚、丙基烯丙基三硫醚、二丙基硫醚、甲基丙基硫醚、二丙基二硫醚、甲基丙基二硫醚、二丙基二硫醚、甲基丙基二硫醚等。葱蒜香味香料的化学结构及香味特征见表 2-13。

表 2-13　葱蒜香味香料的化学结构及香味特征

FEMA	名　　　称	化学结构式	香味特征
2028	二烯丙基二硫醚	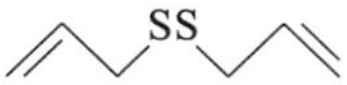	强烈的、洋葱、大蒜、芥末香气；洋葱、大蒜、芥末、肉香味道
2035	烯丙硫醇		尖刺洋葱、韭葱香气和味道
2042	烯丙基硫醚	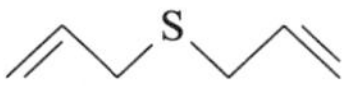	洋葱、大蒜、蔬菜、辣根、小萝卜香气和味道
3127	甲基烯丙基二硫醚		洋葱、大蒜香味
3201	甲基丙基二硫醚		葱蒜、小萝卜、芥菜、番茄、土豆、大蒜香气；甜的、洋葱、大蒜、番茄、土豆、葱蒜、蔬菜味道
3227	丙烯基丙基二硫醚	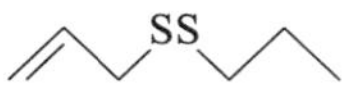	烹熟的洋葱香气和味道

续表

FEMA	名　称	化学结构式	香味特征
3228	二丙基二硫醚		洋葱、大蒜、青葱香气和味道
3253	甲基烯丙基三硫醚		强烈的大蒜、洋葱香气和味道
3265	二烯丙基三硫醚		强烈的大蒜、洋葱香气和味道
3276	二丙基三硫醚		洋葱、葱蒜、青香、热带水果香气和味道
3308	甲基丙基三硫醚		青香、洋葱、大蒜香气和味道
3329	硫代丙酸烯丙酯		洋葱、大蒜、青香香气；洋葱、青香、甜的、蔬菜味道
3521	丙硫醇		强烈的硫化物香气；低浓度时洋葱、甘蓝味道

2.2　香味的分类方法

目前全世界允许使用的食品香料大约有 4000 种，其香味特征各不相同，对这些香料按香味类型正确分类非常重要。了解各种香料的香味类型及每一类香型的特征性香料，也是对食用调香师的基本要求。由于香味的复杂性和调香师对各种食用香料香味理解上的差异，食用香料香味的分类难度很大，方法很多，每种分类方法都有各自的优缺点，在此介绍几种常见分类法供参考。

2.2.1　Lucta 分类法

Lucta 根据主观与客观相统一的原则对日用香料和食用香料的香味进行了分类，其中将食用香料香味分为 25 种，如

水果香（fruity）　　　　　　葱蒜香（alliaceous）

柑橘香（citrus ）　　　　　　烟熏香（smoke）

香草香（vanilla）　　　　　　青香（green）

奶香（dairy）　　　　　　　芳香（aromatic）

辛香（spicy）　　　　　　　药香（medicinal）

野草香（wild-herbaceous）　　蜜糖香（honey-sugar）

大茴香（anisic）　　　　　　香菌-壤香（fungal-earthy）

薄荷香（minty）　　　　　　醛香（aldehydic）

烤香（roasted）　　　　　　松果香（coniferous）

海产品香（marine）   花香（floral）

橙花香（orange flower）   烟草香（tobacco）

动物香（animal）   香茅-马鞭草香（citronella-vervain）

木香（woody）

2.2.2 香味轮分类法

香味轮（flavour wheel）分类法是一种以轮形图的形式对食用香料香味进行分类的方法。图 2-5 是香味轮分类法的轮形图。轮形图的中心，是要调配的香型的"香味矩阵"（flavor matrix）。16 种香味及各香味的典型代表香料化合物环绕在矩阵周围，相邻的香味相似。调香师根据自己对需调配的香精香型的理解将其分解为一些纯粹的"香味"，并给出各香味间的比例，从而确定出一个"香味矩阵"。在各香味中，选择合适的香料化合物，按恰当的量重新组合，即可调配出所需的香型。因此，关于香味组成的准确分析，往往意味着一个好的香精配方的拟定。16 种香味依次如下。

青香（green flavor）：新刈草或绿叶、绿色植物的香味。

水果-酯类香（fruity ester-like）：成熟的香蕉、梨子、瓜果等水果发出的甜香香味。

柑橘香（citrus-like flavor）：柑橘、柠檬、橙子、柚子等柑橘类水果和植物发出的香味，一些萜类化合物也包括在该组。

薄荷香（minty）：薄荷油发出的甜的、清鲜、清凉的香味。

花香（floral）：带有甜香的、青香、水果香、药草香的花香。

辛草香（spicy herbaceous flavor）：辛香料和药草的香味。

木香-烟熏香（woody smoky flavor）：愈创木酚、鸢尾酮、极低浓度的反-2-壬烯醛等香料的温暖的（warm）、木香、甜香、烟熏香香味。

烤香-焦香（roasty burnt flavor）：典型代表是烷基和酰基取代的吡嗪等化合物的香味。

焦糖-坚果香（caramel nutty flavor）：含糖食品加热时产生的香味，以及烤坚果的微苦焦香。

肉汤-HVP 香味（bouillon HVP flavor）：一种扩散的、温暖的、咸味的、辛香的香味，使人联想到肉类抽提物。

肉香（meaty animalic flavor）：一类十分复杂的香味，如烤牛肉香味与烧烤肉或煮肉香味，差别较大。

脂肪-腐臭香味（fatty rancid flavor）：典型代表是丁酸和异丁酸的令人厌恶的酸味。

奶香-黄油香味（dairy butter flavor）：包括从典型的黄油香（丁二酮、乙偶姻、戊二酮）到奶油发酵香（丁位癸内酯、丙位辛内酯）的香味。

蘑菇-壤香香味（mushroom earthy flavor）：以 1-辛烯-3-醇为代表的典型蘑菇香和使人联想到土壤的香味。

芹菜-汤汁香味（celery soupy flavor）：温暖的辛香植物根的香味，使人联想到浓汤香味。

硫化物-葱蒜香味（sulphurous alliaceous flavor）：包括令人不愉快的硫醇味，烯丙基硫醇、二烯丙基二硫等化合物的葱蒜香味，以及令人愉快的杂环化合物的香味。

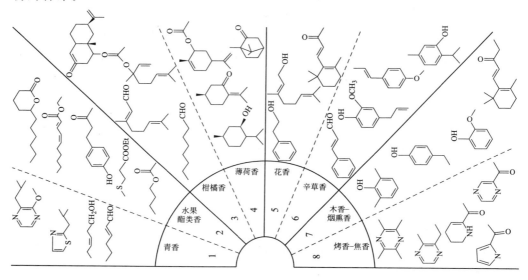

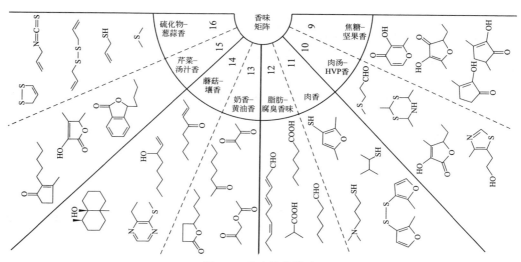

图 2-5　香味轮分类法

2.2.3　日用调香师和食用调香师对香气的分类法

已经公布的日用调香师对香气的分类法比食用调香师的多，在此介绍一种日用调香师、葡萄酒品酒师、品茶师、咖啡品尝师、食用调香师和食品技术人员公认的香气分类法，这种分类方法不但对香气进行了分类，并且将香气按相似度进行了排序，还给出了一些相邻香气相似度的数值。这种分类方法将香气分为 60 类，见表 2-14。

表 2-14　香气序列及其相似度

序号	名称	相似度	相似度
1	苦杏仁(bitter almond)		
2	坚果(nut)		
3	香蕉(banana)	0.40	
4	菠萝(pineapple)		
5	苹果(apple)	0.11	
6	醚样(ethereal)		
7	白兰地(brandy)	0.25	
8	葡萄酒(wine)		0.13
9	葡萄(grape)		
10	柑橘(citrus)		
11	醛样(aldehydic)		
12	蜡样(wax)		
13	脂肪(fat)		
14	黄油(butter)	0.29	
15	奶油(cream)		
16	根(root)	0.13	
17	苔藓(moss)		
18	皮革(leather)		
19	壤香(earth)	0.25	
20	蘑菇(mushroom)		
21	硫黄样(sulfury)		
22	果香(fruity)		
23	花香(floral)	0.26	0.25
24	青香(green)		
25	茶香(tea)		

续表

序号	名称	相似度	相似度
26	金属样(metallic)	0.23	
27	天竺葵(geranium)		
28	茉莉花(jasmine)	0.09	
29	丁香花(lilac)		
30	茴芹(anise)		
31	铃兰(lily of the valley)		
32	橙花(orange blossom)	0.10	
33	含羞草(mimosa)		
34	紫罗兰(violet)		
35	玫瑰(rose)	0.17	
36	蜜香(honey)		
37	龙涎香(ambergris)	0.13	
38	霉味(musty)		
39	动物香(animal)	0.21	
40	麝香(musk)		
41	檀香(sandalwood)		
42	粉香(powder-like)		
43	百合花(lily)		
44	木香(woody)		
45	松林香(piney)		
46	樟脑(camphor)	0.33	
47	薄荷(mint)		
48	干草香(hay)		
49	烟草香(tobacco)	0.31	
50	烟熏香(smoke)		
51	焦油(tar)	0.21	
52	药香(medicinal)		
53	酚香(phenolic)		
54	芳香(aromatic)		
55	药草香(herbal)	0.21	0.10
56	辛香(spicy)		
57	胡椒(pepper)		

序号	名称	相似度	相似度
58	香脂香（balsamic）	0.18	
59	香草香（vanilla）		
60	焦糖香（caramel）		

2.2.4 Clive 分类法

Clive 将香气分为 38 类，并给出了每类香气的代表性物质，见表 2-15。该分类方法包含了食用和日用两类香料的香气。

表 2-15 Clive 香气分类法

序号	香气类型	代表性香气物质
1	酸气息（acidic）	甲酸、乙酸
2	葱蒜香（alliaceous）	二烯丙基二硫醚、异硫氰酸烯丙酯
3	杏仁香（almond）	苯甲醛
4	氨气息（ammoniacal）	氨、环己胺
5	大茴香（aniseed）	大茴香脑
6	芳香（aromatic）	苯甲醇
7	焦香（burnt）	吡啶
8	樟脑香（camphoraceous）	桉叶油素
9	柑橘香（citrus）	柠檬醛
10	可可香（cocoa）	苯乙酸异丁酯
11	孜然香（cumin）	枯茗醛
12	食品香气（edible）	麦芽酚、3-羟基-2-丁酮、2-异丁基噻唑、2-乙酰基吡啶
13	轻飘气息（ethereal）	乙醚
14	粪便气息（fecal）	吲哚、3-甲基吲哚
15	鱼腥味（fishy）	三甲胺
16	果香（fruity）	苯甲酸乙酯、γ-十一内酯
17	青香（green）	苯乙醛二甲缩醛
18	风信子香气（hyacinth）	肉桂醇
19	茉莉花香（jasmine）	顺-茉莉酮
20	百合花香（lily）	羟基香茅醛
21	麦芽香（malty）	异丁醛
22	薄荷香（minty）	l-香芹酮
23	麝香（musky）	6-乙酰基-7-乙基-1,1,4,4-四甲基四氢化萘
24	油气息（oily）	十六烷、十六酸乙酯

续表

序号	香气类型	代表性香气物质
25	橙花（orange blossom）	邻氨基苯甲酸甲酯、β-萘甲醚
26	氧化剂气息（oxidizing）	臭氧
27	酚气息（phenolic）	苯酚、邻甲苯酚
28	腐烂气息（putrid）	二甲基硫醚
29	尖刺气息（pungent）	甲醛
30	玫瑰香（rose）	2-苯乙醇
31	性气息（sexual）	雄甾烯醇
32	精液气息（spermous）	1-吡咯啉
33	辛香（spicy）	肉桂醛
34	汗气息（sweaty）	异戊酸
35	甜香（sweet）	香兰素
36	尿气息（urinous）	雄甾烯酮
37	紫罗兰香（violet）	α-紫罗兰酮
38	木香（woody）	乙酸柏木酯

应该说，将几千种香料的香味分为十几种甚至几十种类型是不够的，这些分类方法还很粗略，有的香型所包含的各种香料香味差别很大，如辛香中的肉桂、八角、花椒、生姜、大蒜、肉豆蔻、白芷等香料都有各自独特的香味特征。

世界各国食品品种成千上万，每一种食品都有其独特的香味特征，都代表着一种香型，任何一种食用香料香味分类方法都不可能与所有的食品香味相对应。实际调香过程中，除了经验以外，一定要充分借鉴食品香味分析方面的研究成果，从中发现其特征性和关键香味化合物。近几年国内新推出的粽子香精、榨菜香精等都是食品香味分析成果和调香相结合的成功范例。

主要参考文献

[1]　Evers W J, et al. Furans substituted at the three position with sulfur. In: Phenolic, sulfur, and nitrogen compounds in food flavors . Washington DC: American Chemical Society, 1976.

[2]　Bernard L Oser, Richard A Ford. Recent progress in the consideration of flavoring ingredients under the food additives amendment, 11. GRAS Substances. Food Technology, 1978, 32（2）: 60-70.

[3]　Bernard L Oser, Richard A Ford. Recent progress in the consideration of flavoring ingredients under the food additives amendment, 12. GRAS Substances. Food Technology, 1979, 33（7）: 65-73.

[4]　黄荣初，王兴凤. 肉类香味的合成香料. 有机化学, 1983,（3）: 175-179.

[5]　Clive J W. Human Primary Odors. Perfumer & Flavorist, 1984, 9（6）: 46.

[6]　Furia T E. CRC Handbook of Food Additives. 2nd Edition. Vol. Ⅱ . Boca Raton, Florida: CRC Press,

Inc. 1986.

[7] Gerard Mosciano, et al. Organoleptic characteristics of flavor materials. Perfumer & Flavorist, 1990, 15 (1) : 19-25.

[8] Hopp R, Mori K. Recent developments in flavor and fragrance chemistry. New York: VCH. 1992.

[9] Cynthia J Mussinan. Sulfur compounds in food. Washington DC: American Chemical Society, 1994.

[10] Mussinan C J, Keelan M E. Sulfur compounds in foods . Washington DC: American Chemical Society, 1994.

[11] Piggott J R, Paterson A. Understanding natural flavor. New York: Blackie Academic & Professional, 1994.

[12] Gerard Mosciano, et al. Organoleptic characteristics of flavor materials. Perfumer & Flavorist, 1994, 19 (4) : 45-47.

[13] Gerard Mosciano, et al. Organoleptic characteristics of flavor materials. Perfumer & Flavorist, 1995, 20 (3) : 63-65.

[14] Ashurst P R, et al. Food Flavorings. Second Edition. Blackie Academic & Professional, 1995.

[15] Gerard Mosciano, et al. Organoleptic characteristics of flavor materials. Perfumer & Flavorist, 1996, 21 (2) : 48-49.

[16] Gerard Mosciano, et al. Organoleptic characteristics of flavor materials. Perfumer & Flavorist, 1996, 21 (3) : 51-54.

[17] Gerard Mosciano, et al. Organoleptic characteristics of flavor materials. Perfumer & Flavorist, 1997, 22 (2) : 69-72.

[18] Gerard Mosciano, et al. Organoleptic characteristics of flavor materials. Perfumer & Flavorist, 1997, 22 (3) : 47-50.

[19] Gerard Mosciano, et al. Organoleptic characteristics of flavor materials. Perfumer & Flavorist, 1998, 23 (5) : 49-52.

[20] David J Rowe. Aroma chemicals for savory flavors. Perfumer & Flavorist, 1998, 23 (4) : 9-16.

[21] Belitz H D, Grosch W. Food Chemistry. Second Edition. New York: Springer, 1999.

[22] Henk Maarse. Volatile compounds in foods and beverages. Zeist, The Netherlands: TNO-CIVO Food Analysis Institute, 1999.

[23] Sun Baoguo, Tian Hongyu, Zheng Fuping, Liu Yuping and Xie Jianchun. Characteristic structural unit of sulfur-containing compounds with a basic meat flavor. Perfumer & Flavorist, 2005, 30 (1) : 36-45.

第 3 章
水果香型食用香精

3.1 绪论

自然界存在各种类型的水果，并遍布世界各地。人们对于水果的偏爱不只是因为营养健康，还因为其令人喜爱的香味。水果香味在食品香味中占有重要地位，市场上的饼干、糕点、糖果、饮料、冰淇淋、奶制品很多是水果香味的。制造食品的水果香味主要来源有三个方面：一是果酱、蜜饯等水果制品作为主要食品配料；二是水果汁；三是人工制造的水果香精。

3.1.1 水果汁

水果汁是一种广泛使用的天然食品香精，可直接用于配制果香型饮料。此外，水果汁也常作为一种天然食品香精直接加在冰糕、奶制品或其他食品中赋予食品水果香味。水果汁中的挥发性香成分主要是酯类、醇类、羰基化合物及酸类（见表 3-1）。

表 3-1　水果汁中常见挥发性香成分

醇类	酯类	酸类	酮类	醛类
甲醇	甲酸戊酯	甲酸	丙酮	甲醛
乙醇	乙酸甲酯	乙酸	2-丁酮	乙醛
丙醇	乙酸乙酯	丙酸	2-戊酮	丙醛
异丙醇	乙酸丁酯	丁酸	甲基苯基酮	正丁醛
丁醇	乙酸戊酯	戊酸		异丁醛
异丁醇	乙酸异戊酯	己酸		异戊醛
戊醇	乙酸己酯	辛酸		己醛
2-甲基丁醇	丙酸乙酯			2-己烯醛

续表

醇类	酯类	酸类	酮类	醛类
己醇	丁酸乙酯			糠醛
	丁酸丁酯			
	丁酸戊酯			
	戊酸乙酯			
	异戊酸甲酯			
	己酸戊酯			
	己酸乙酯			
	辛酸戊酯			

　　水果汁的香味与水果汁的加工生产过程有关，同种水果在不同的工厂加工或在同一工厂采用不同的加工方法得到的果汁的香味成分常常不同。在加工生产水果汁时，水果中原有的部分挥发性香成分会损失掉。尽管采取回收生产过程的果汁气体，然后再按一定比例重新加入果汁中可以适当弥补，但在实际应用中，往往采取以水果汁作为主香成分，再加入其他香料进一步修饰水果汁的方式适当调配水果汁，以便获得与天然香味更接近的效果。

　　饮料用的果味食品香精多数情况下也是用浓缩水果汁适当加入其他香料调配后得到的。若制造天然水果香精，补加的香料应是天然香料，而不能是合成香料，这种天然水果香精消费增长很快。随着人们健康意识的增强及当代营养学家的推荐，市场上出现了各种各样的水果香味食品。一般认为，含有 10% 果汁的水果香型食品要比单纯的水果香精加香食品具有更高的营养价值。

3.1.2　水果香成分、水果香精原料及配方解析

　　水果香精，一般指调香师用各种可食用的香料人为配制的果香型香精。水果香精按一定比例加入食品中可赋予食品水果香味，但食品基体的性质、食品的加工和贮存条件都对加香后的食品香味有影响。如：加热时，食品中的挥发性香成分丢失或发生 Maillard 反应；食品中脂肪性物质易吸收脂溶性香料，从而降低其加香作用；蛋白质组分与醛类化合物反应；较低 pH 值会使酯类化合物水解；氧的存在会氧化脂类及萜类化合物等。天然浓缩水果汁直接作为香料使用是很简单的，但通过加入天然水果浓缩汁使食品既具有刚采摘水果香气，又在食品焙烤过程中稳定，有时是很昂贵、很困难的。因此通过研究天然水果香味化学成分，人为配制出各种各样的模拟天然水果香味的水果香精能更好地满足食品工业日益增长的需求。

3.1.2.1　天然水果香味成分

　　随着 GC-MS、GC-O 等现代分析手段在水果风味化学研究上的应用，各种

天然水果的香成分研究已取得较大的进展。天然水果中的香味物质是伴随水果逐渐成熟这一生物合成或生物代谢过程形成的。不同种类水果或同类不同品种水果中的香味成分不相同。水果香味的形成还与水果的种植条件和成熟期有关。一般水果青色消失成熟后水果香气最浓。在水果成熟后期，乙醇含量的增多还经常伴随着低分子量乙酯含量的升高。水果收获以后，贮存条件包括贮存的温度和压力仍然会影响到水果的进一步熟化，从而影响到水果的香气。天然水果香味成分的分析鉴定结果往往与样品的采集、处理及分离、分析条件有关。

事实上，水果香味是水果中的一些挥发性成分和不挥发性成分协同作用的结果。水果汁中糖的含量及总糖与总酸的比例是评价水果成熟度的基本标准，对水果的味道起重要作用。在柑橘类水果中，蔗糖、果糖和葡萄糖占主要部分，甜橙汁中蔗糖含量多于葡萄糖及果糖。水果中的糖类和酸类化合物构成了水果的甜酸味道，水果香味与水果中的酸甜比例平衡有关。但通常水果中的主要香成分都是挥发性的。水果的香味感觉常用下列词来描述。

多汁感：指因水果中含有较高的自由水含量，伴随着平衡的水果特征的糖酸比例，使人产生的甜酸、汁液多的感觉。

新鲜：指由水果中所含的酸类成分、一些低分子量挥发性香成分，如乙醛、丁酸甲酯及具有青香韵的成分如顺-3-己烯醇的协同作用给予人的清爽感觉。

水果香：泛指类似于低分子量酯类化合物，如乙酸乙酯、丁酸乙酯、乙酸丁酯、乙酸异戊酯、己酸甲酯或己酸乙酯发出的水果香-酯香香气。

青香：指由反-2-己烯醇、反-2-己烯醛、乙酸反-2-己烯酯、己醛产生的新鲜、未成熟的水果香气，并常与水果的高酸度、低糖含量有关。

熟水果香：水果成熟后，香味浓度和各香成分的平衡达到最佳状态，此时水果的糖酸比例很高。异戊酸乙酯、丁酸异戊酯、己酸乙酯、3-甲基-2-丁烯酸乙酯、肉桂酸甲酯都是成熟水果香气的典型成分。成熟水果香气还与水果中存在的痕量具有果香、焦糖香香韵的 2,5-二甲基-4-羟基-3(2H)-呋喃酮、2,5-二甲基-4-甲氧基-3(2H)-呋喃酮及麦芽酚等有关。

甜香-奶油香：指麦芽酚或香兰素样的蜜甜香气息。

花香：一般指给人的非特征性花香香气，甚至具有淡淡的芳香性香气基调。痕量的 α-紫罗兰酮、β-紫罗兰酮、大马酮、香叶醇、苯乙醇都可能具有这样的香气特征。

花香-水果香-甜香：指花香整体香韵而又略有一种令人喜爱的辛香食品香香气，基调类似于芳樟醇、萜烯醇的香气。

辛香：指传统的辛香香料香，如丁香香气、肉桂香气、丁香酚香气、肉桂醛香气、乙酸 3-苯基丙酯香气、肉桂酸乙酯香气。

种子-果核香：指水果种子破裂后的涩的果仁香、木香-杏仁香香气特征，如苯甲醛的苦杏仁香气、大马酮的木香香气和三甲基吡嗪的青香-果仁香。

过熟水果香-发酵香：指在水果过熟早期，水果中某些成分分解并伴随着发酵的香气特征。此时水果中香味的平衡被破坏，水果挥发性香气成分中含有高浓度的乙酯尤其是丁酸乙酯、己酸乙酯、辛酸乙酯、癸酸乙酯，同时还含有痕量的含硫化合物如甲硫醇、硫代乙酸甲酯、硫代丁酸甲酯等。

罐头-保存香味：指水果在灌装灭菌及随后的放置过程中形成的一种香味特征。经过灌装灭菌及放置过程，由水果中的醛类及酯类化合物产生的新鲜、水果香香味丢失，并形成 Maillard 反应产物，如 5-羟甲基糠醛。水果灌装后的陈腐味与硫化氢、甲硫醇化合物的形成有关，而"金属臭味"是因为水果中出现了酯类化合物分解产物顺-1,5-辛二烯-3-酮。

煮熟味：在水果煮制时，多数挥发性成分如酯类、醇类、醛类及烃类化合物在水蒸气蒸馏过程中跑掉，从而失去了原有的新鲜水果香气。最基本的煮熟水果味与酸催化水果中的糖类化合物形成类似于 Maillard 反应产物的焦糖香味物质有关。这些具有焦糖香味的成分为：2,5-二甲基-4-羟基-3（2H)-呋喃酮、2,5-二甲基-4-甲氧基-3(2H)-呋喃酮、5-羟甲基糠醛、2-甲基-3-羟基-4-吡喃酮。

表 3-2　梨果类水果中一些重要挥发性香成分的香气特征

化合物	香气特征
酯类化合物	
己酸甲酯	水果香
乙酸乙酯	水果香、似酯溶剂香
丁酸乙酯	水果香、香蕉香、菠萝香
己酸乙酯	水果香、新鲜甜香
丁酸丙酯	菠萝香、杏子香
乙酸丁酯	刺激性、生梨香
丙酸丁酯	水果香、生梨香
丁酸丁酯	生梨香、菠萝香
戊酸丁酯	苹果香、覆盆子香
己酸丁酯	菠萝香
乙酸戊酯	香蕉精油香、水果菠萝香
乙酸己酯	水果香、花香
2-甲基丁酸乙酯	似苹果香、青香、水果香
醇类化合物	
乙醇	醇香
顺-3-己烯醇	青草香
反-2-己烯醇	青草香

续表

化合物	香气特征
2-甲基-1-丁醇	奶香、似草莓、焦油香
2-苯乙醇	微弱的玫瑰香
1-苯乙醇	焦香-杏仁香
芳樟醇	花香
2-庚醇	强烈水果香、药草香
2-戊醇	醇香、醚香
橙花醇	甜香、似新鲜的玫瑰香
香叶醇	温暖的甜香、水果香
羰基类化合物	
己醛	青草香、脂肪香
顺-3-己烯醛	青草香
反-2-己烯醛	青草香
2-己烯醛	青草香、水果香
β-紫罗兰酮	温暖的木香,似玫瑰香
大马酮	玫瑰香
酸类化合物	
2-甲基丁酸	甜香、草莓香
丙酸	刺激性、酸牛奶香

从表 3-2 可以看出，所有酯类化合物都具有水果香味特征，己醛或 2-己烯醛具有草香和青香。水果中的各个挥发性香成分对人们的嗅觉和味觉产生的刺激是完全不同的，有些组分虽然在水果中只是痕量，但由于其香味阈值低，却是水果香味的重要成分。表 3-3 列出了一些梨果类挥发性香成分的香气阈值，从而可以看出酯类化合物对梨果类水果香味起着非常重要的作用。

表 3-3　梨果类水果中一些重要挥发性香成分及其香气阈值

化合物	香气阈值/(μL/L)
酯化合物	
己酸甲酯	0.087(水中)
乙酸乙酯	5
丁酸乙酯	0.001
戊酸乙酯	0.005
己酸乙酯	0.003(水中)
2-甲基丁酸乙酯	0.0001

续表

化合物	香气阈值/(μL/L)
丙酸丙酯	0.057
乙酸丁酯	0.066
丙酸丁酯	0.025
乙酸戊酯	0.005
乙酸己酯	0.002
醇类化合物	
乙醇	100
1-丙醇	9
1-丁醇	0.5
1-己醇	1.2
1-庚醇	0.5
1-辛醇	0.077(水中)
1-壬醇	0.034(水中)
醛类化合物	
己醛	0.005 0.02(水中)
2-己烯醛	0.017
酮类化合物	
丁酮	37
2-戊酮	11
2-庚酮	5
酸类化合物	
丁酸	6.8(水中)
己酸	3.7(水中)

　　柑橘属水果香味是指橘子、柠檬、甜橙、葡萄柚等柑橘属水果中共同存在的一种香味特征。柑橘类水果中都存在一些萜烯化合物（见表 3-4），其中一个非常重要的萜烯类香成分是柠檬醛（以橙花醛和香叶醛两种异构体混合物的形式存在），而一些简单的中碳链长度脂肪醛类化合物，如壬醛、癸醛、甜橙醛、不饱和十五醛及一些单萜醇的酯（乙酸芳樟酯）可以认为是对主体香气起辅助作用的组分。在柑橘类水果中，一个具有苦味特征的萜类化合物是诺卡酮，主要存在于葡萄柚中。

表 3-4   柑橘属水果中的一些重要萜类挥发性香成分及其香气特征

化合物	香气特征
α-蒎烯	松节油及树脂芳香
γ-松油烯	似柠檬样的香气
β-蒎烯	松节油气味
月桂烯	清淡的香脂气
柠檬烯	令人愉快的柠檬香气
苧烯	柠檬样的香气
γ-萜品油烯	松木气味、甜的柑橘气味
罗勒烯	辛鲜花香、草香
金合欢烯	花香、木香、青香和膏香
葎草烯	淡淡的木香
巴伦西亚橘烯	淡的橘子气味
甜橙醛	新鲜的柑橘水果香
胡薄荷酮	令人愉快的薄荷香气
圆柚酮	独特的柑橘芳香
柠檬醛	类似柠檬的香气

　　不同种类的水果中存在着其本身特有的香成分，影响水果香味的特征性化合物（CIC，character impact compounds）是指水果中含有的能将一种水果香味与其他水果香味区别开来的重要香成分，而水果中存在的其他具有甜香-新鲜香味的非某种水果特有的香味成分可以认为是对于水果香味起辅助作用的组分。

　　在水果的挥发性香成分中占份额比较多的一般是酯类化合物（如乙酸丙酯、乙酸丁酯、乙酸己酯等）和醇类化合物（如丁醇、己醇等）。另外还会含有醛类、酮类、酸类、内酯类、烃类等。一般而言，水果中存在的短碳链不饱和醛类及不饱和醇类化合物如顺-3-己烯醛、反-2-己烯醛、顺-3-己烯醇、反-2-己烯醇等是使水果产生青香香气的重要香成分。而水果中的许多其他组分如酯类、酸类及萜类化合物（如 2-甲基丁酸己酯、α-蒎烯）可以认为是对于水果青香香气起辅助作用的香成分。水果中存在的酯类化合物、内酯化合物、酮类、醚类和缩醛类化合物是构成水果成熟果香香味的化学成分。乙酸异戊酯化合物是构成绝大多数水果的果香-甜香香味的重要成分。

3.1.2.2　水果香精原料

　　香料香精工业的发展得益于香味化学的研究成果。最近几年仪器分析使得天然水果香味成分的研究取得了明显的进步，一些比较重要的水果香味成分的化学结构以及相对比例都已得到确认，不断有新的合成香料或天然香料品种进入市场，调香师们可以更加自如地使用现成的香料配制水果香精模拟天然水果香味，从而促进了天然逼真的高质量水果香精的出现。

　　天然香料在配制水果香精中非常重要。天然香料可赋予香精天然风味。配制水果香精常用的天然萃取物有：大茴香籽油、香柠檬油、苦杏仁油、苦橙油、黑加仑芽油、小豆蔻油、丁香油、芫荽油、枯茗油、莳萝籽油、香叶油、姜油、茉莉浸膏和净油、枫草油、柠檬油、白柠檬油、蜜甘油、埃里树油、柠檬草油、圆柚油、玫瑰草油、山苍子油、肉豆蔻油、洋葱油、鸢尾浸膏、薄荷油、橙叶油、甜橙油、红橘油、小茴香油、橘油、柚皮油、众香果油、众香叶油、康酿克油、波罗尼亚花净油、布枯叶油、肉桂油等。

　　一些单离香料或允许使用的合成香料化合物也常用于配制食用水果香精，各种酯类化合物是水果香精的非常重要原料。在食用水果香精中最常出现的香料根据官能团分类如下。

　　（1）醇类化合物　丁醇、异丁醇、2-甲基丁醇、戊醇、异戊醇、己醇、反-2-己烯醇、顺-3-己烯醇、庚醇、辛醇、2-壬醇、2-癸醇、6-甲基-5-庚烯-2-醇；苯甲醇、苯乙醇、苯丙醇、玫瑰醇、橙花醇、芳樟醇、茴香脑、香叶醇、l-香茅醇、松油醇、沉香醇、肉桂醇、松油烯醇、烯丙醇、环叶基硫醇；顺-2-戊烯醇、顺-3-戊烯醇、顺-2-己烯醇、反-2-己烯醇、顺-3-己烯醇、反-3-己烯醇、顺-和反-3-己烯醇混合物、1-己烯-3-醇、反-2-反-4-己二烯醇、顺-3-庚烯醇、顺-4-庚烯醇、1-辛烯-3-醇、反-2-顺-6-辛二烯醇、1-壬烯-3-醇、反-2-十一碳烯醇、反-2-十二碳烯醇。

　　（2）酯类化合物　甲酸乙酯、甲酸异丁酯、甲酸戊酯、甲酸香叶酯、甲酸肉桂酯；乙酸乙酯、乙酸丙酯、乙酸丁酯、乙酸异丁酯、乙酸戊酯、乙酸异戊酯、乙酸环己酯、乙酸庚酯、乙酸辛酯、乙酸苄酯、乙酸甲基苄酯、乙酸苯乙酯、乙酸玫瑰酯、乙酸二甲基苯甲酯、乙酸糠酯、乙酸沉香酯、乙酸香茅酯、乙酸香叶酯、乙酸芳樟酯、乙酸萜品酯、乙酸萜烯酯、乙酸苏合香酯、乙酸茴香酯、乙酸-1-辛烯-3-酯、乙酸-1-壬烯-3-酯、丙酸-1-辛烯-3-酯；苯乙酸乙酯、苯乙酸异戊酯、乙酰乙酸乙酯；丙酸乙酯、丙酸苄酯、丙酸烯丙酯、丙酸香叶酯、丙烯酸丙酯、丙酸四氢呋喃酯、丙二酸二乙酯；丁酸甲酯、丁酸乙酯、丁酸丙酯、丁酸丁酯、丁酸戊酯、丁酸异戊酯、丁酸环己酯、丁酸-2-辛烯-3-酯、丁酸烯丙酯、丁酸香叶酯、丁酸茴香酯、丁酸苯乙酯、丁酸香茅酯、2-甲基丁酸甲酯、2-甲基丁酸乙酯、2-甲基丁酸丙酯、2-甲基丁酸丁酯、2-甲基丁酸异丁酯、2-甲基丁酸戊酯、2-甲基丁酸异戊酯、2-甲基丁酸己酯、2-甲基丁酸辛酯、异戊酸乙酯、异丁酸甲酯、异丁酸香茅酯、甲基烯丙基丁酸酯、异丁酸苯乙酯、丁二酸二乙酯；戊酸乙酯、戊酸异丙酯、戊酸戊酯、戊酸辛酯、异戊酸乙酯、异戊酸异丙酯、异戊酸烯丙酯、异戊酸戊酯、异戊酸肉桂酯、异戊酸香茅酯、异戊酸香叶酯、异戊酸萜烯酯、2-甲基-3-戊烯酸乙酯；己酸乙酯、己酸烯丙酯、己酸戊烯酯、己二烯基乙酸酯、3-羟基己酸乙酯、顺-2-己烯基乙酸酯、顺-2-己烯基己酸酯、顺-2-己烯基癸酸酯、顺-3-己烯基甲酸酯、顺-3-己烯基乙酸酯、顺-3-己烯基丙酸酯、顺-3-己烯基丁酸酯、顺-3-己烯基戊酸酯、顺-3-己烯基异戊酸酯、顺-3-己烯基-2-甲基丁酸酯、顺-3-己烯基己酸酯、顺-3-己烯基邻氨基苯甲酸酯、顺-3-己烯基水杨酸酯、顺-3-己烯基辛酸酯、顺-4-己烯基丙酮酸酯、顺-3-己烯基苯甲酸酯、顺-3-己烯基肉桂酸酯、顺-3-己烯基苯乙酸酯、顺-3-己烯酸乙酯；反-2-己烯基乙酸酯、反-2-己烯基丙酸酯、反-2-己烯基丁酸酯、反-2-己烯基己酸酯、反-2-己烯酸甲酯、反-2-己烯酸乙酯、顺-2-己烯基癸酸酯、反-2-己烯基乳酸酯、反-2-己烯基辛酸酯、反-3-己烯酸甲酯、反-3-己烯酸乙酯、反-3-己烯基己酸酯、反-3-己烯基乙酸酯、反-3-己烯基辛酸酯；顺-与反-3-己烯基甲酸酯混合物、顺-与反-3-己烯基乙酸酯混合物、顺-与反-3-己烯基异丁酸酯混合物；反-2-反-4-环己基丙酸乙酯、环己基丙酸丙烯酯、环己基丙烯酸丙酯、2-烯丙基环己基丙酸酯、环己基戊酸烯丙酯、环己基己酸烯丙酯；庚酸乙酯、顺-3-庚烯基乙酸酯、庚烯酸丙酯、庚炔羧酸甲酯；辛酸乙酯、反-2-辛烯酸甲酯、反-2-辛烯酸乙酯、反-3-辛烯酸甲酯、反-3-辛烯酸乙酯、反-2-顺-6-辛二烯基乙酸酯、顺-4-辛烯酸甲酯、辛炔羧酸甲酯；壬酸乙酯；反-2-癸烯酸乙酯、反-2-顺-6-壬二烯基乙酸酯、癸酸烯丙酯、反-2-癸烯酸甲酯、癸二酸二乙酯、癸二酸二丙酯；十三酸乙酯、硬脂酸丁酯、2-异丙基-4-苯基-2H-二氢吡喃丙酸肉桂酯、苯氧基乙酸烯丙酯、3-苯氧乙酸烯丙酯、苯甲酸甲酯、苯甲酸乙酯、苯甲酸苄酯、3-甲基硫代丙酸乙酯、3-甲硫基丙酸甲酯、乳酸乙酯、亚硝酸乙酯、月桂酸乙酯、水杨酸甲酯、邻氨基苯甲酸甲酯、邻氨基苯甲酸乙酯、邻氨基苯二甲酸二甲酯、肉桂酸甲酯、肉桂酸乙酯、肉桂酸丙酯、肉桂酸苄酯、肉桂酸苯乙酯、安息香酸乙酯；己内酯、庚内酯、辛内酯、壬内酯、癸内酯、十一内酯、十二内酯。

（3）缩醛类化合物　乙醛乙醇反-3-庚烯醇缩醛、反-2-己烯醛二乙醇缩醛、乙醛顺-3-己烯醇缩醛、反-2-反-4-己二烯醛二乙醇缩醛、顺-4-庚烯醛二乙二醇缩醛、反-2-顺-6-壬二烯醛乙二醇缩醛。

（4）羰基类化合物　乙醛、丁醛、己醛、癸醛、反-2-戊烯醛、反-2-己烯醛、反-2-庚烯醛、反-2-辛烯醛、反-4-辛烯醛、反-2-壬烯醛、反-2-癸烯醛、顺-4-庚烯醛、反-2-反-4-己二烯醛、反-2-反-4-庚二烯醛，反-2-顺-6-辛二烯醛、反-2-顺-6-壬二烯醛、苯甲醛、对甲氧基苯甲醛、柠檬醛；丁二酮、甲基庚烯酮、对羟基苯乙酮、对羟基苄基丙酮、2,4-二甲基-4-庚酮、α-紫罗酮、鸢尾酮、α-紫罗兰酮、β-紫罗兰酮、3-甲硫基-1-(2,6,6-三甲基-1,3-环己二烯)-1-丁酮、苯并脱氢吡喃酮、2,5-二甲基-4-羟基-2,3-二氢呋喃酮、诺卡酮等。

（5）羧酸类化合物 柠檬酸、酒石酸、琥珀酸、乙酸、乳酸、丁二酸、2-甲基丁酸、反-2-己烯酸、顺-3-己烯酸、反-3-己烯酸、反-2-辛烯酸、反-2-癸烯酸、反-3-癸烯酸、顺-4-癸烯酸等。

3.1.2.3　水果香精配方解析

水果香精的组成一般都是保密的。从香料的香型分析，水果香精配方中一般常用到青香香型香料、水果香-酯香型香料、花香-甜香型香料、柠檬萜烯香型香料、坚果香-焦糖香型香料、奶香型香料等。

图 3-1 是一些重要的青香香型香料。其中，反-2-己烯醛、顺-3-己烯醇稳定且容易从市场上得到，是水果香精配方中调配青香香韵的常用香料；2-异丁基噻唑只是在调配特殊的水果（如番茄）的青香香韵时才用到。

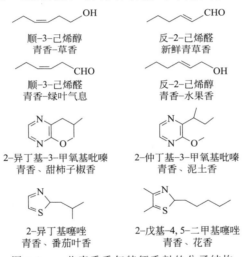

顺-3-己烯醇
青香-草香

反-2-己烯醛
新鲜青草香

顺-3-己烯醛
青香-绿叶气息

反-2-己烯醇
青香-水果香

2-异丁基-3-甲氧基吡嗪
青香、甜柿子椒香

2-仲丁基-3-甲氧基吡嗪
青香、泥土香

2-异丁基噻唑
青香、番茄叶香

2-戊基-4,5-二甲基噻唑
青香、花香

图 3-1　一些青香香气特征香料的分子结构

图 3-2 是一些重要的水果香-酯香型香料。水果香-酯香型香料常用在香蕉、梨子、甜瓜等多种水果香精中，赋予香精成熟的果香。这些化合物主要是酯类、内酯类，另外还包括一些酮类、醚类及缩醛类化合物。在热带水果香精配方中，还应含有 3-甲硫基丙酸甲酯或 3-甲硫基丙酸乙酯这样的化合物，使香精具有奇异的热带水果香韵。乙酸异戊酯在所有水果香精配方中常用到。通常在梨子香精配方中含有 2,4-癸二烯酸乙酯、在菠萝香精配方中含有 3-甲硫基丙酸乙酯，以获得梨子或菠萝的特征性香味。内酯类化合物、芳香醛类化合物、萜类化合物是水果中的非特征香气成分，常用在各种水果香精配方中对于水果香味起辅助作用。

乙酸反-2-顺-4-癸二烯醇酯
水果香、梨香

乙酸异戊酯
水果香、甜香

图 3-2

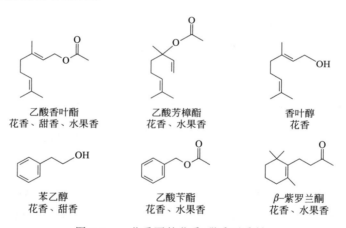

乙醛二乙醇缩醛
水果香、新鲜香

乙酸己酯
水果香、蜜饯冰淇淋香

3-甲基硫丙酸乙酯
水果香、菠萝香

4-对羟基苯基-2-丁酮
水果香、花香

δ-十一内酯
水果香、奶油香

图 3-2　一些重要的水果香-酯香香型香料

　　图 3-3 是一些重要的花香-甜香型香料。花香-甜香型香料具有似鲜花溢出的花香香气特征，可赋予水果香精甜香、青香、水果香及药草香香气特征。有不同化学结构的多种香料属于花香-甜香型，其中包括：苯乙醇、香叶醇、β-紫罗兰酮及乙酸苄酯、乙酸芳樟酯等，这些香料多数来源于植物材料，当添加浓度过高时，调出的香精会有香水味。

乙酸香叶酯
花香、甜香、水果香

乙酸芳樟酯
花香、水果香

香叶醇
花香

苯乙醇
花香、甜香

乙酸苄酯
花香、水果香

β-紫罗兰酮
花香、水果香

图 3-3　一些重要的花香-甜香型香料

　　图 3-4 是一些重要的柠檬萜烯香型香料，其中柠檬醛是最重要的、且容易得到的常用香料。这些柠檬萜烯香型香料在调配柑橘属（甜橙、柠檬、葡萄柚）水果香精中用量较大，但在其他水果香型配方中也有应用。

香叶醛
柠檬醛异构体

橙花醛
柠檬醛异构体

甜橙醛

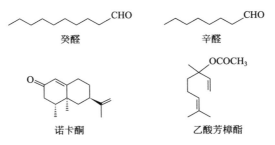

图 3-4　一些重要的柠檬萜烯香香型香料

图 3-5 是一些重要的**坚果香-焦糖香**型香料。坚果香-焦糖香一般描述为含糖食物加热时的焦糖香味及烤坚果时的微苦烧焦气味。除了图 3-5 所示化合物外，香兰素、乙基香兰素、苯甲醛、苯乙酸、肉桂醇、二氢香豆素、三甲基吡嗪等属于这类化合物。另外，图 3-5 所示的麦芽酚、呋喃酮等具有环状烯酮结构的化合物还具有明显的增香作用。

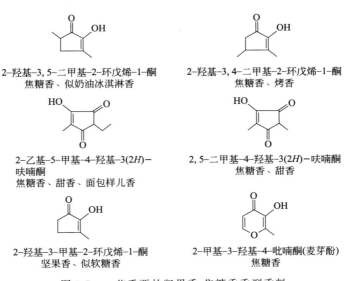

图 3-5　一些重要的坚果香-焦糖香香型香料

图 3-6 是一些重要的**奶香-乳脂香**型香料。这类香料包括具有典型奶香味的香料（如丁二酮、戊二酮）及具有甜的发酵奶油香味的香料（如乙酸丙酮酯、δ-癸内酯、γ-辛内酯）。

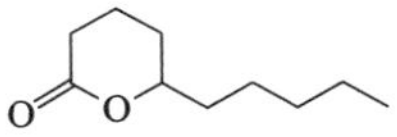

δ-癸内酯
甜香、奶油香、坚果香

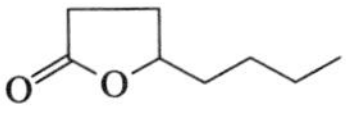

γ-辛内酯
甜香、奶油香

图 3-6

图 3-6　一些重要的奶香-乳脂香香型香料

　　目前在食品工业常用的水果香精包括柑橘类水果（甜橙、柠檬等）香精、苹果香精、香蕉香精、菠萝香精、草莓香精、覆盆子香精等。表 3-5 列出了几种水果香精的基本配方。本章将在讨论水果的挥发性化学香成分研究成果的基础上，介绍几种比较重要的水果香精调配方法。配方实例主要采用那些容易获得的原料，不包括那些使用受到一定限制的特殊的成分。

表 3-5　几种水果香精基本配方

香料	苹果	香蕉	梨子	菠萝
1-丁醇	30	5	30	1
2-甲基丁醇	50	5	50	5
1-己醇	30	5	40	1
乙酸戊酯		50	10	20.5
乙酸异戊酯	5	150	5	5
丁酸乙酯	5	40	10	10
丁酸戊酯	5	30	20	20
乙酸庚酯	5	5	100	5
2-甲基丁酸乙酯	5	10	5	20
己酸烯丙酯	5	5	5	120
乙酸香茅酯	5	5	40	1
己醛	100	1	5	1
反-2-己烯醛	100	10	30	5
苯甲醛	0.1	0.2	0.2	0.1
香兰素	1	30	1	30
丁香酚	0.1	2	0.2	0.1
乙醇	693.8	686.8	638.6	770.8

3.2　苹果香精

3.2.1　苹果的挥发性香成分

苹果原产于欧洲、中亚细亚和我国新疆等夏季干燥地区。目前我国大部分省份都有种植，尤其以辽宁、山东、河北出产最多，质量也最好。目前苹果已有800多个杂交品种，产地遍布全世界。苹果香味的特点是：多汁、味鲜、甜酸、多水的味道，伴随着水果香-酯香-青香的香韵和典型的花香-甜香特征。

到目前为止，至少有90种挥发性成分已从各个品种的苹果中鉴定出来。这些确认的成分根据其化学官能团分为以下几类。

（1）酯类化合物　甲酸甲酯、甲酸乙酯、甲酸丙酯、甲酸丁酯、甲酸异丁酯、甲酸戊酯、甲酸己酯、乙酸甲酯、乙酸乙酯、乙酸丙酯、乙酸-1-甲基丙酯、乙酸-2-甲基丙酯、乙酸丁酯、乙酸-2-甲基丁酯、乙酸戊酯、乙酸异戊酯、乙酸己酯、乙酸庚酯、乙酸辛酯、乙酸反-2-己烯酯、乙酸顺-3-己烯酯、乙酸-2-戊烯酯、乙酸-2-乙基己酯、乙酸反-3-顺-5-辛二烯酯、乙酸顺 3-顺-5-辛二烯酯、乙酸3-羟基辛酯、乙酸-3-羟基-顺-5-辛烯酯、乙酸苄酯、乙酸苯乙酯、丙酸甲酯、丙酸乙酯、丙酸丙酯、丙酸异丁酯、丙酸丁酯、丙酸-2-甲基丁酯、丙酸戊酯、丙酸异戊酯、丙酸己酯、丙酸-2-己烯酯、异丁酸甲酯、异丁酸乙酯、异丁酸丙酯、异丁酸丁酯、异丁酸己酯、丁酸甲酯、丁酸乙酯、丁酸丙酯、丁酸异丙酯、丁酸异丁酯、丁酸丁酯、丁酸-2-甲基丁酯、丁酸异戊酯、丁酸戊酯、丁酸己酯、丁酸-2-己烯酯、丁酸-3-己烯酯、2-甲基丁酸甲酯、2-甲基丁酸乙酯、2-甲基丁酸丙酯、2-甲基丁酸丁酯、2-甲基丁酸-2-甲基丁酯、2-甲基丁酸戊酯、2-甲基丁酸己酯、2-甲基丁酸庚酯、异戊酸甲酯、异戊酸乙酯、异戊酸异戊酯、异戊酸-3-己烯酯、3-羟基丁酸丁酯、反-2-丁烯酸乙酯、戊酸乙酯、戊酸丙酯、戊酸丁酯、戊酸异戊酯、戊酸己酯、己酸甲酯、己酸乙酯、己酸丙酯、己酸丁酯、己酸异丁酯、己酸-2-甲基丁酯、己酸异戊酯、己酸戊酯、己酸己酯、己酸-2-己烯酯、辛酸甲酯、辛酸乙酯、辛酸丁酯、辛酸异戊酯、辛酸戊酯、辛酸己酯、反-2-辛烯酸乙酯、壬酸乙酯、癸酸乙酯、癸酸丁酯、癸酸异戊酯、癸酸戊酯、顺-4-癸烯酸乙酯、反-2-顺-4-癸二烯酸乙酯、十二酸乙酯。

（2）醇类　乙醇、丙醇、丁醇、戊醇、己醇、庚醇、辛醇、壬醇、癸醇、十一醇、十二醇、异丙醇、异丁醇、2-甲基-2-丙醇、2-丁醇、异戊醇、2-甲基-1-丁醇、2-甲基-2-丁醇、3-甲基-2-丁醇、2-戊醇、2-甲基-1-戊醇、2-甲基-2-戊醇、2-己醇、1,3-辛二醇、2-苯乙醇、反-2-己烯-1-醇、顺-3-己烯-1-醇、顺-5-辛烯-1-醇、6-甲基-5-庚烯-2-醇、反-3-顺-5-辛二烯-1-醇、顺-3-顺-5-辛二烯-1-醇、顺-5-辛烯-

1,3-二醇等。

（3）醛类　甲醛、乙醛、丙醛、丁醛、戊醛、己醛、庚醛、辛醛、壬醛、癸醛、十一醛、十二醛、十四醛、异丁醛、异戊醛、2-甲基丁醛、反-2-己烯醛、顺-3-己烯醛、反-3-己烯醛、反-2-庚烯醛、2-甲基丙烯醛、2-甲基-2-丁烯醛、苯甲醛、2,5-二甲基苯甲醛、糠醛等。

（4）酮类　丙酮、丁酮、2-戊酮、3-戊酮、2-庚酮、7-甲基-4-辛酮、2-甲基-2-庚烯-6-酮、6-甲基-5-庚烯-2-酮、3-羟基-2-丁酮、丁二酮、苯乙酮、香叶基丙酮等。

（5）酸类　$C_1 \sim C_{20}$ 饱和直链脂肪酸、$C_{5:1} \sim C_{19:1}$ 不饱和直链脂肪酸、2-甲基丙酸、2-甲基丁酸、异戊酸、反-2-己烯酸、苯甲酸等。

（6）缩醛类　1-乙氧基-1-甲氧基乙烷、1,1-二乙氧基乙烷、1-乙氧基-1-丙氧基乙烷、1,1-二乙氧基丙烷、1-丁氧基-1-乙氧基乙烷、1-乙氧基-1-（2-甲基丁氧基）乙烷、2,4,5-三甲基-1,3-二氧噁烷等。

（7）烃类　乙烷、己烷、庚烷、辛烷、壬烷、癸烷、十一烷、十三烷、十四烷、乙烯、1-庚烯、1-辛烯、α-金合欢烯、苯、甲苯、乙苯、1-甲基萘、2-甲基萘等。

（8）萜类　α-蒎烯、D-柠檬烯、α-法尼烯、樟脑、香叶醇、芳樟醇及其氧化物、α-松油醇、大马酮等。

（9）其他　γ-丁内酯、γ-己内酯、4-甲氧基烯丙基苯、甲基丁香酚、甲基对烯丙基苯酚、苯并噻唑等。

在苹果的挥发性香味成分中，含量最多的是酯类化合物，其中甲酸、乙酸、己酸或辛酸的戊酯占主要份额。酯类化合物是在苹果的成熟过程中逐渐形成的。乙酸酯对于苹果香味影响非常大，随着苹果的储存，乙酸酯的含量将发生变化。

3.2.2　苹果香精常用的香料

研究表明反-2-己烯醛、反-2-己烯醇、己醛、乙酸反-2-己烯酯、丁酸乙酯、2-甲基丁酸乙酯、乙酸己酯、丁酸己酯、1-丁醇、1-己醇、顺-3-己烯醛、顺-3-己烯醇、乙酸-3-己烯酯、β-大马酮、己酸乙酯、2-甲基丁酸丙酯等是天然苹果香味的重要特征性香成分。

2-甲基丁酸乙酯具有强烈的成熟苹果香味；反-2-己烯醛、反-2-己烯醇、乙酸反-2-己烯酯、己醛构成了苹果的新鲜-青香香味；2-甲基丁酸乙酯、乙酸己酯构成了苹果的水果香-酯香香味；乙酸异戊酯、2-甲基丁酸己酯、大马酮、芳樟醇可赋予不同品种苹果的特征香味；苯甲醛构成了苹果的种子香味。

在苹果香精配方中，酯类化合物如乙酸戊酯、丁酸戊酯、戊酸戊酯、丁酸乙酯、异戊酸丁酯、乙酸异丙酯、丁酸甲酯这些成分通常占到50%，此外，乙酸乙酯、戊酸乙酯、异戊酸乙酯、壬酸乙酯、香草醛、柠檬精油、柠檬醛、香茅醛、玫瑰净油、香叶醇、橘子精油、香叶精油、庚酸乙酯、乙醛、癸醛、十四醛、十六醛、乙酸苏合香酯、二甲基苄基甲基乙酸酯、甲酸苄酯、异丁酸苯乙酯、异戊酸肉桂酯、茴油、松香甲酯、苯甲醛常作为辅助剂对苹果香精配方起修饰作用。

苹果香精中常用到的酯类香料包括：甲酸环己酯、甲酸苄酯、甲酸香叶酯、甲酸异戊酯、甲酸香茅酯、甲酸肉桂酯、甲酸乙酯；乙酸丙酯、乙酸异丁酯、乙酸丁酯、乙酸异戊酯、乙酸己酯、乙酸环己酯、乙酸-3-辛酯、乙酸反-2-顺-6-壬二烯酯、乙酰乙酸乙酯、乙酸香叶酯、乙酸橙花酯、乙酸甲基苄酯、乙酸二甲基苯甲酯、乙酸香茅酯；丙酸顺-3-己烯酯、丙酸乙酯、丙酸苄酯、丙二酸二乙酯、3-环己基丙酸烯丙酯、丙酸异戊酯；丁酸异戊酯、丁酸环己酯、丁酸苄酯、丁酸烯丙酯、丁酸甲基烯丙酯、2-甲基丁酸甲酯、异丁酸丁酯、异丁酸苯乙酯、丁酸反-2-己烯酯、异丁酸顺-3-己烯酯；戊酸乙酯、戊酸反-2-己烯酯、戊酸顺 3-己烯酯、戊酸异丙酯、戊酸丁酯、戊酸异丙酯、异戊酸异戊酯、戊酸异丙酯、环己基戊酸烯丙酯、异戊酸苯乙酯、异戊酸乙酯、异戊酸萜烯酯、异戊酸香茅酯、异戊酸香叶酯、异戊酸苄酯、异戊酸烯丙酯、异戊酸肉桂酯、异戊酸-2-甲基丁酯、异戊酸反-2-己烯酯、异戊酸苯乙酯；己酸乙酯、3-羟基己酸甲酯、4-叔丁基环己基乙酸酯、己酸烯丙酯；辛酸己酯、辛酸异戊酯；壬酸乙酯、2-壬烯酸甲酯；十二内酯、γ-癸内酯、苯乙酸乙酯、苯乙酸香叶酯、月桂酸异戊酯、顺-2-反-4-癸二烯酸乙酯、邻氨基苯甲酸顺-3-己烯酯、乳酸乙酯等。

羰基类香料包括：乙醛、正丁醛、反-2-庚烯醛、β-大马酮、甜瓜醛、柠檬醛、反-2-己烯醛、反-3-己烯醛、α-戊基桂醛、2,3,5,5-四甲基己醛、苯甲醛、β-紫罗兰酮、香叶基丙酮、丁酮；香茅醛、己醛、癸醛、十四醛、十六醛、苯甲醛、玫瑰醛、己基肉桂醛、香草醛或乙基香草醛、凤梨醛等。

羧酸类香料包括：甲酸、乙酸、丁酸、异丁酸、己酸、辛酸、草酸等。

醇类香料包括：2,4-壬二烯-1-醇、顺-2-己烯-1-醇、2,4-己二烯-1-醇、异丁醇、戊醇、己醇、庚醇、辛醇、反-2-己烯醇、顺-3-己烯醇、2-甲基-1-丁醇、异戊醇、6-甲基-5-庚烯-2-醇、玫瑰醇、橙花醇、香叶醇、芳樟醇、苯乙醇。

其他香料包括：辛醛二甲基缩醛、羟基香茅醛二甲基缩醛、香叶烯、甲基黑椒酚、丁香酚、甲基丁香酚、香叶素、茴香脑；γ-十一内酯、氢化松香甲酯、玫瑰油、茴香油、香叶精油、柠檬精油、橘子精油、苹果浓缩回收油、甜橙油、朗姆醚、浓缩苹果汁、苹果汁精油、藿香油、丁香精油、凤梨精油、苦杏仁油、柏木叶油、香兰素、麦芽酚等。

3.2.3　苹果香精配方

苹果香精是重要的果香味香型之一，是一种青甜香韵的果香型香精。传统的苹果香精以玫瑰香韵来拟其甜香韵，以乙酸苄酯、芳樟醇等衬托其青香，以异戊酸异戊酯、异戊酸乙酯作为苹果特征果香，并再辅以乙酸乙酯、丁酸异戊酯、乙酸异戊酯、丁酸乙酯和柠檬醛来丰满果香。苹果香精在饮料、糖果、果冻、糕点、口香糖等食品中广泛应用，并具有悠久的历史。由于天然苹果香味成分非常复杂，加之新的苹果品种不断出现，苹果香精的配方种类非常繁多。在实际应用中，试图模仿某些特殊品种苹果的香味有时还是有一定困难的。从表3-6可以看出一些常见苹果香精的基本配方组成。

表 3-6　苹果香精参考配方

组成	比例	组成	比例
乙醛	13.0	异戊酸乙酯	
酸类化合物（甲酸、乙酸、丁酸 *）	4.0	十六醛	12.0
癸醛 *	5.0	壬酸乙酯	
丁酸烯丙酯		苯乙酸乙酯	
环己基戊酸烯丙酯		戊酸乙酯	
异戊酸烯丙酯		香叶醇 *	21.0
乙酸戊酯 *	240.0	香叶油 *	14.0
丁酸戊酯 *	170.0	乙酸香叶酯 *	100.0
戊酸戊酯 *	570.0	异戊酸香叶酯	
茴香精油 *	3.0	异戊酸异丙酯（戊酸异丙酯）	
苯甲醛		柠檬精油 *	24.0
甲酸苄酯 *	1.1	麦芽酚 *	7.0
异戊酸苄酯		乙酸甲酯	
戊酸丁酯		甲基烯丙基丁酸酯	
甲酸肉桂酯		橘子精油 *	11.2
异戊酸肉桂酯 *	35.7	异丁酸苯乙酯 *	28.4
柠檬醛	15.0	玫瑰醇 *	5.0
香茅醛 *	13.0	玫瑰油 *	0.6
香茅醇异戊酸酯		乙酸苏合香酯 *	10.0
乙酸环己酯		异戊酸萜烯酯	

续表

组成	比例	组成	比例
丁酸环己酯		γ-十二内酯*	14.0
乙酸(二甲基苄基)甲酯*	34.0	香草醛*(乙基香草醛)	50.0
乙酸乙酯*	80.0	溶剂	455.0
丁酸乙酯			
甲酸乙酯		合计	2000.0
庚酸乙酯	64.0		

注:＊表示标准配方的组成;( )内表示可选择的替代物。

苹果香精配方1

乙酸乙酯	14
戊酸戊酯	26
乙酰乙酸乙酯	2
乙酸香叶酯	1
丁酸戊酯	24
己醇	4
芳樟醇	2
香兰素	1
乙酸戊酯	4
甲酸甲酯	14
戊醇	2
乙酸己酯	2

评价: 表现为柠檬、橘皮味道, 而基本无苹果香。具有新鲜的青香, 清新愉悦, 甜香欠缺。

苹果香精配方2

乙酸戊酯	4
戊酸甲酯	4
戊酸戊酯	8
丁酸乙酯	4
乙酸乙酯	4
苯甲醛	6

评价: 这是一个烟用香精的示范性配方。杏仁味较重, 分析原因应在于苯甲醛的用量过多。

苹果香精配方3

丁醇	10.80

2-甲基丁醇	18.00
己醇	10.80
丁酸乙酯	1.80
乙酸戊酯	18.00
己醛	1.00
叶醛	36.00
苯甲醛	0.05
2-甲基丁酸乙酯	1.80

评价： 青涩味，青香，果香，但有杂味。强度较大，透发性好。可通过减少醛类的添加量来降低生青感。

苹果香精配方 4

正庚醇	0.50
正己醇	202.90
乙酸戊酯	0.40
乙酸异戊酯	9.90
乙酸丁酯	22.95
乙酸异丁酯	0.30
丙酸丁酯	0.10
乙酸乙酯	0.35
丁酸丁酯	3.45
乙酸己酯	4.40
丁酸戊酯	1.25
乙酸丙酯	1.05
丙酸丙酯	0.15
苯甲醛	0.35
癸醛	0.05
正己醛	42.25
反-2-己烯醛	96.90
己酸	0.30
辛酸	0.90

评价： 新鲜的水果香韵，具备甜香，果香。用量最大的几个香料都表现为青香，但香精却只表现了轻微的青香。

苹果香精配方 5

2-丁醇	0.20
2-甲基丁醇	1.00

己醇	0.20
乙酸戊酯	4.00
乙酸异戊酯	1.00
丁酸乙酯	2.00
丁酸戊酯	4.00
乙酸庚酯	1.00
丁酸 2-甲基乙酯	4.00
己酸烯丙酯	24.00
乙酸香茅酯	0.20
己醛	0.20
反-2-己烯醛	1.00
苯甲醛	0.02
香兰素	6.00
丁香酚	0.20

评价： 将苹果典型的甜香、青香与果香很好地融合在一起，香韵丰富自然，香气协调愉悦，仿真度较高。

3.3　生梨香精

3.3.1　生梨的主要挥发性成分

梨是一种消费量较大的重要水果品种，在整个温热带都有种植，是我国一种重要经济水果，并且有很多的著名品种，如京白梨、鸭梨、砀山梨、雪花梨、香梨、洋梨等。梨不仅可以生吃，还可以做成果泥、罐头，发酵成梨酒。梨具有汁液多的水果味道并伴随着典型的甜香、水果香、酯香香气特征。

尽管生梨中的糖酸平衡、涩苦味道化学成分都将对梨的香味有影响，但其所含的挥发性香成分对梨的香味起主要作用。目前，通过顶空、冷阱、吸附取样方式分析梨的挥发性成分或测定蒸馏、提取、浓缩等得到的梨的精油或浸膏等方法，已从梨中确认出的主要挥发性成分如下。

酯类化合物：甲酸甲酯、乙酸甲酯、丁酸甲酯、异丁酸甲酯、己酸甲酯、2-甲基己酸甲酯、辛酸甲酯、癸酸甲酯、十六酸甲酯、十八酸甲酯、油酸甲酯、4-氧反丁烯酸甲酯、反-2-辛烯酸甲酯、3-羟基辛烯酸甲酯、顺-4-癸烯酸甲酯、反-2-辛烯酸甲酯、顺-8-十四碳烯酸甲酯、顺-5-十四碳烯酸甲酯、十六碳烯酸甲酯、十八酸甲酯、顺-2-反-4-癸二烯酸甲酯、反-2-反-4-癸二烯酸甲酯、反-2-顺-4-癸二烯酸甲酯、反-2-顺-6-十二碳二烯酸甲酯、顺-5-顺-8-十四碳二烯酸甲酯、反-2-反-4-顺-8-十四碳三烯酸甲酯、乙酸乙酯、丙酸乙酯、丁酸乙酯、2-甲基丁酸乙酯、2-丁烯酸乙酯、戊酸乙酯、异戊酸乙酯、己酸乙酯、庚酸乙酯、辛酸乙酯、癸酸乙酯、十二酸乙酯、十四酸乙酯、4-氧代-反-丁烯酸乙酯、3-己烯酸乙酯、反-2-辛烯酸乙酯、3-羟基辛烯酸乙酯、顺-8-十四碳烯酸乙酯、顺-5-十四碳烯酸乙酯、十六碳烯酸乙酯、反-2-反-4-癸二烯酸乙酯、反-2-顺-4-癸二烯酸乙酯、反-2-顺-6-十二碳二烯酸乙酯、顺-5-顺-8-十四碳二烯酸乙酯、十六碳二烯酸乙酯、反-2-反-4-顺-7-癸三烯酸乙酯、反-2-顺-4-顺-7-癸三烯酸乙酯、反-2-顺-6-顺-9-十二碳三烯酸乙酯、反-2-反-4-顺-8-十四碳三烯酸乙酯、苯甲酸乙酯、肉桂酸乙酯、乙酸丙酯、丙酸丙酯、反-2-顺-4-癸二烯酸丙酯、乙酸丁酯、反-2-顺-4-癸二烯酸丁酯、顺-3-己烯酸丁酯、乙酸戊酯、乙酸己酯、反-2-顺-4-癸二烯酸己酯、乙酸庚酯、乙酸辛酯、甲酸异丙酯、乙酸-2-甲基丙酯、甲基丙酸-2-甲基丙酯、乙酸-2-甲基-2-丙酯、乙酸异戊酯、乙酸己酯、乙酸反-2-己烯酯、丁酸顺-3-己烯酯、甲酸辛酯、苯甲酸苄酯、棕榈酸苄酯、3-甲硫基丙酸乙酯等。

醇类化合物：甲醇、乙醇、丙醇、丁醇、2-丁醇、异丁醇、戊醇、己醇、庚醇、2-庚醇、辛醇、芳樟醇、橙花叔醇、α-桉叶醇。

羰基类化合物：乙醛、己醛、丙醛、反-2-己烯醛、辛醛、壬醛、反-2-壬烯醛、2-癸烯醛、2-糠醛、3-糠醛、杨梅醛、苯乙酮、α-紫罗兰酮。

烯烃类化合物：α-蒎烯、β-蒎烯、α-金合欢烯、α-石竹烯、β-石竹烯、月桂烯、d-柠檬烯、罗勒烯、松油烯、萜品油烯、反式石竹烯、β-芹子烯、γ-芹子烯、δ-杜松烯等。

酸类化合物：己酸、庚酸、2-乙基己酸、辛酸、壬酸、十二酸、十四酸等。

3.3.2　生梨香精常用的香料

常用于调配梨子香精的香料如下：乙酸乙酯、乙酸丙酯、乙酸丁酯、乙酸戊酯、乙酸己酯、乙酸庚酯、乙酸-2-乙基丁酯、乙酸苄酯、乙酸异戊酯、乙酸香茅酯、丙酸香叶酯、丁酸乙酯、丁酸戊酯、丁酸苄酯、丁酸-2-甲基乙酯、2-甲基丁酸乙酯、戊酸戊酯、己酸乙酯、己酸烯丙酯、己基苯基碳酸酯、庚酸乙酯、辛酸乙酯、癸酸乙酯、γ-十一内酯、己醛、反-2-己烯醛、苯甲醛、丁二酮、α-紫罗兰酮、丁醇、2-甲基丁醇、1-己醇、丁香酚、甜橙油、橙叶油、香兰素、柠檬油、乙基香兰素、甲基庚基酮、柑橘油、香柠檬油等。

在梨的挥发性成分中，反-2-顺-4-癸二烯酸乙酯、反-2-辛烯酸乙酯、顺-4-癸烯酸乙酯、乙酸己酯是梨特征性香味的重要挥发性香成分。反-2-顺-4-癸二烯酸乙酯、反-2-辛烯酸乙酯、顺-4-癸烯酸乙酯构成了梨子的特征性果香——酯香香气特征，金合欢烯构成了梨的新鲜萜烯类花香头香香韵，酯类化合物尤其是乙酸己酯对于梨的水果香——酯香香气有重要贡献。

如果有纯度很高的乙酸戊酯，梨子香精的配制显得非常简单。乙酸戊酯的商品名为梨油或香蕉油。但是如果想要获得香味更逼真的香精配方，则需要进行更复杂的工作。而且由于梨子品种的不同，其香味也各不相同，这也使得问题更为复杂化。例如，Williams 梨的特征香味通常经过直接发酵和蒸馏用于制备品质优良的甜酒。

3.3.3　生梨香精配方

生梨的香气很淡，只有一些著名品种如洋梨、香梨、砀山梨等香气相对稍浓些。配制生梨香精常以香柠檬油、乙酸异戊酯等作为其特征果香，再配以玫瑰、丁香、鸢尾和香兰素等甜香，乙酸苄酯、芳樟醇等清香，辅以丁酸乙酯、乙酸乙酯、甜橙油、壬酸乙酯等果实、酒香香韵，这样就组成了生梨香精。通过加入一些精油或一些合成香料如乙酸己酯、乙酸丙酯、庚酸乙酯、甲基庚基酮、己酸乙酯、辛酸乙酯、癸酸乙酯等化合物修饰乙酸戊酯的香味可得到梨子香精。表 3-7 所示为梨子香精参考配方。在含有 90％以上乙酸戊酯的梨子香精中加入柠檬和香柠檬精油，有时也加入香草醛、玫瑰提取物和少量覆盆子香料来更好地协调所得配方的香味，为了产生某些特殊的效果，可以加入一些酯，如丙酸香叶酯、戊酸戊酯、乙酸乙酯和丁酸乙酯。一些配方中还需要加入 γ-十一内酯进行进一步修饰。

表 3-7　梨子香精参考配方

组成	比例	组成	比例
乙酸戊酯	1340.0	乙酸异戊酯	
戊酸戊酯	130.0	戊酸异戊酯	
乙酸苄酯(10％乙醇溶液)	25.0	柠檬精油*(柠檬醛)	3.0
丁酸苄酯		乙酸甲酯	
香柠檬精油		庚烯酸甲酯	
乙酸丁酯		鸢尾酯(鸢尾香膏,1％乙醇溶液)	5.0
乙酸乙酯*	80.0	乙酸丙酯	
丁酸乙酯*	13.0	玫瑰净油(香茅醇,1％乙醇溶液)	1.0
癸酸乙酯*	2.0	γ-十一内酯	
庚酸乙酯*	2.0	香草醛	5.0
己酸乙酯*	1.0	溶剂	288.0
辛酸乙酯*	2.0	合计	2000.0
丙酸香叶酯*	100.0		
乙酸己酯*	2.0		
β-紫罗兰酮(1％乙醇溶液*)	1.0		

注：*指配方的标准组成,( )可代替的化合物。

生梨香精配方1

乙酸异戊酯	10.0
庚酸乙酯	1.0
丁酸乙酯	25.0
2-甲基丁酸乙酯	5.0
乙酸乙酯	15.0
丁香酚	0.5
甜橙油	5.0
橙叶油	2.5
香兰素	1.0

生梨香精配方2

香兰素	1.00
己酸乙酯	0.25
癸酸乙酯	0.50
乙酸苄酯	0.25
辛酸乙酯	1.00
γ-十一内酯	1.00
α-紫罗兰酮	2.50
乙酸己酯	12.50
柠檬油	2.50
丁酸乙酯	3.50
乙酸丁酯	10.00
乙酸乙酯	20.00
戊酸戊酯	32.50
乙酸戊酯	320.00
乙醇	92.50

评价： 这两个配方有个共性的特点，如果把配方中用量少的香料和用量多的香料分开调配，得到两个香基，再用两个香基混合后完成配方。同时对两个香基和最终的香精进行感官评价，很多测试者会认为用量少的香料调配的香基，梨的风味像真度更大。这对于不同调香师的配方构建会有一定影响。在不同的加香环境里，香料的选择可以有结构上的不同。

3.4 桃子香精

3.4.1 桃子的主要挥发性成分

桃子原产于我国，目前在国内华东、华北、西北等地栽培较多。桃子品种很多，其中著名的品种也不少，如浙江奉化、江苏无锡、上海奉贤的水蜜桃，山东肥城的大肥桃，还有多用于制作罐头的黄桃，以及蟠桃、油桃等。

桃子香味是人们喜爱的水果型香味之一，桃子香精广泛用于甜酒或糕点的调香。天然桃子水果香味成分的种类及相对比例常随桃子品种不同而变化，如 Red Globe 桃子含有乙醛、苯甲醛、乙醇、反-2-己烯醇、苄醇、异戊酸、己酸、乙酸甲酯、乙酸乙酯、甲酸己酯、乙酸己酯、苯甲酸乙酯、乙酸苄酯、苯甲酸己酯、γ-己内酯、α-庚内酯、δ-辛内酯、γ-壬内酯、δ-癸内酯和 γ-癸内酯等香味成分。

目前，用气相色谱以及其他一些仪器已从桃子萃取物中鉴别到上百种挥发性成分，这些成分如下。

烃类化合物：乙烯、壬烯、癸烯、十六烯、十七烯、十八烯、十九烯、二十烯、二十三烯、1,8-萜二烯、杜松烯、1,3,5-十一碳三烯、1,3,5,8-十一碳四烯、苯乙烯、1,1,6-三甲基-1,2-二氢萘、1,1,6-三甲基-1,2,3,4-四氢萘、D-柠檬烯、罗勒烯。

醇类化合物：甲醇、乙醇、丙醇、丁醇、异丁醇、戊醇、异戊醇、顺-2-戊烯醇、己醇、反-2-己烯醇、顺-3-己烯醇、庚醇、辛醇、1-辛烯-3-醇、2-辛醇、壬醇、癸醇、苯甲醇、苯乙醇、芳樟醇、4-萜品醇（松油醇）、香茅醇、橙花醇、香叶醇、芳樟醇氧化物等。

羰基化合物：乙醛、丁醛、异戊醛、2-糠醛、己醛、反-2-己烯醛、反-2-反-4-己二烯醛、庚醛、顺-2-庚烯醛、辛醛、壬醛、反-2-壬烯醛、癸醛、十一醛、苯甲醛、苯乙醛、肉桂醛、香芹蓋烯醛、1-戊烯-3-酮、2-庚酮、1-辛烯-3-酮、3-壬烯-2-酮、2-十一酮、α-紫罗兰酮、β-紫罗兰酮、香叶基丙酮、6-甲基-5-庚烯-2-酮等。

酯类化合物：甲酸甲酯、乙酸甲酯、异戊酸甲酯、水杨酸甲酯、甲酸乙酯、乙酸乙酯、丙酸乙酯、丁酸乙酯、戊酸乙酯、异戊酸乙酯、己酸乙酯、庚酸乙酯、辛酸乙酯、壬酸乙酯、癸酸乙酯、十二酸乙酯、苯甲酸乙酯、苯乙酸乙酯、肉桂酸乙酯、乙酸丙酯、乙酸丁酯、乙酸戊酯、乙酸-2-甲基丁酯、乙酸异戊酯、甲酸己酯、乙酸己酯、乙酸反-2-己烯酯、乙酸顺-3-己烯酯、丁酸反-2-己烯酯、苯甲酸己酯、乙酸辛酯、乙酸壬酯、乙酸苄酯、甲酸芳樟酯、乙酸芳樟酯、戊酸芳樟酯、辛酸芳樟酯等。

内酯化合物：γ-戊内酯、γ-己内酯、γ-庚内酯、γ-辛内酯、γ-壬内酯、γ-癸内酯、δ-辛内酯、δ-癸内酯、γ-十一内酯、δ-十一内酯、γ-十二内酯、δ-十二内酯，二氢香豆素等。

羧酸类化合物：甲酸、乙酸、丁酸、异戊酸、戊酸、己酸、己烯酸、辛酸、癸酸等。

其他化合物：α-吡喃酮、6-戊基-α-吡喃酮等。

3.4.2　桃子香精常用的香料

调配桃子香精常用的酯类香料包括：甲酸乙酯、甲酸戊酯、甲酸异戊酯、甲酸香叶酯、甲酸香茅酯、乙酸乙酯、乙酸戊酯、乙酸-2-甲基丁酯、乙酸苄酯、乙酸芳樟酯、乙酸萜品酯、乙酸辛酯、丙酸乙酯、丙酸-3-辛酯、丙酸丁酯、丙酸苄酯、丁酸乙酯、丁酸戊酯、丁酸香叶酯、丁酸茴香酯、戊酸乙酯、戊酸戊酯、异戊酸丁酯、异戊酸苯乙酯、庚酸乙酯、辛内酯、苯乙酸乙酯、苯乙酸戊酯、苯乙酸异戊酯、苯乙酸香叶酯、环己基己酸烯丙酯、环己基戊酸烯丙酯、辛酸乙酯、辛炔羧酸甲酯、肉桂酸苄酯、肉桂酸苯乙酯、桂酸甲酯、桂酸乙酯、桂酸丙酯、水杨酸苯酯、十三酸乙酯、邻氨基苯甲酸甲酯、甲基邻氨基苯甲酸甲酯、γ-己内酯、γ-庚内酯、γ-辛内酯、δ-辛内酯、γ-壬内酯、γ-癸内酯、δ-癸内酯、γ-十一内酯、δ-十一内酯等。

其他香料包括：β-紫罗兰酮、异茉莉酮、乙醛、香茅醛、苯甲醛、玫瑰醛、桑葚醛、桃醛、香草醛、乙基香草醛、肉桂醛；苯甲醇、苯乙醇、芳樟醇、戊醇、香叶醇、L-香茅醇、松油醇、苯基烯丙醇；α-甲基丁酸、甲基邻氨基苯甲酸；朗姆醚、己酸醚、己酸醚净油、酸橙橙花油、金合欢净油、香柠檬叶油、肉桂油、香叶油、苦杏仁油、丁香油、多香果油、苦橙油、橙花油、香柠檬油、甜橙油、冷榨柠檬油、橙叶油、橘子油萜、橘子油、缬草油、茴香精油、月桂精油、苦杏仁精油、干邑精油、芫荽精油、柠檬精油、玫瑰净油、啤酒花提取物、春黄菊罗木提取物、番石榴浓缩物、香兰素等。

3.4.3　桃子香精配方

成熟桃子具有汁液非常充足的甜香及新鲜的水果香味。桃子中的浓重水果香香气、酯香香气及典型的桃子香韵来源于其所含的γ-内酯类化合物。γ-内酯具有典型的桃子内酯香气，又称为桃内酯。酯类化合物（含内酯）、醇类化合物及醛类化合物都是桃子香味的重要香成分。桃子中具有果香香气特征的酯类化合物（如乙酸异戊酯）、具有花香香韵的芳樟醇化合物及具有青香香韵的醛类化合物（如反-2-己烯醛）与桃子内酯一起构成了桃子的特征香味。

桃子的香气主要是由果香、青香、甜香和少量酸香组成的，其果香主要是由丙位内酯和丁位内酯，再加上酯类等合成香料和天然精油提供的；青香则常用乙醛、叶醇、乙酸己酯、芳樟醇；甜香则是柠檬、甜橙的果甜协调以桂酸酯类的蜜甜香气组成；而少量的己酸、戊酸用在桃子香精中可很好地丰满桃的香韵，再用乙酸乙酯提扬整体香气。通常在桃子香精中添加少量硫代薄荷酮、2-异丙基-4-甲基噻唑，可笼罩和圆润整体香气，对提高像真度作用很大。

早期的调香师调配的桃子香精最早配方主要为以下几种。

（1）月桂精油、苦杏仁精油、肉桂精油、丁香精油、芫荽精油、苦橙精油、甜橘子精油和苦橘子精油以适当的比例混合而成，用于糖果和糕点的调香。若用于甜酒调香时，可加入肉桂酸乙酯和肉桂酸甲酯。

（2）由 γ-十一内酯与少量乙酸戊酯、丁酸乙酯组成的简单混合物，可用于糖果、糕点的调香，能使食品保持较长时间的香味。

（3）介于上面两种配方之间，由 γ-十一内酯、乙酸戊酯、丁酸戊酯、戊酸戊酯、乙酸乙酯、辛酸乙酯、肉桂酸乙酯、庚酸乙酯、苯乙酸乙酯、乙基香草醛以及斯里兰卡肉桂精油、鼠尾草精油、柠檬精油、多香果精油以及甜橙精油组成。

（4）进一步改善的桃子香精代表配方为，由 γ-十一内酯、乙酸戊酯、丁酸戊酯、甲酸戊酯、己酸乙酯、戊酸乙酯、香草醛、苦杏仁精油、肉桂精油、香叶精油、苦橙精油、缬草精油以及少量的 γ-壬内酯组成。

粗略考察桃子香精早期配方的组成，可以发现这样的规律：在用于甜酒调香的配方中，大量用到柑橘香味；用于烘烤食品的配方中，挥发性酯类化合物用量较低。用一种内酯和微量性的酯类化合物即得到非常实用的配方，各个组分间表现出所需的物理-化学相容而且其香味也能与食品很好地协调。

表 3-8　桃子香精参考配方

组成	比例	组成	比例
乙醛		戊酸乙酯*	
环己基己酸烯丙酯		香叶精油（芳樟醇*）	226.0
环己基戊酸烯丙酯		γ-庚内酯	0.5
乙酸戊酯*	140.0	γ-己内酯	
丁酸戊酯*	40.0	甲酸己酯	
甲酸戊酯*	82.0	β-紫罗兰酮*	10.0
苯乙酸戊酯		柠檬精油*（柠檬醛）	5.0
戊酸戊酯*	75.0	橘子精油*	300.0
茴香精油（茴脑）		肉桂酸甲酯	
丁酸茴香酯		甲基邻氨基苯甲酸甲酯	
月桂精油		辛炔酸甲酯	
苯甲醛*	30.0	苦橙花精油	136.0
乙酸苄酯*	2.0	γ-壬内酯	
丙酸苄酯		γ-辛内酯	
苦杏仁精油*		乙酸辛酯	
肉桂精油（肉桂醛*）		苦橙精油*	
干邑精油（庚酸乙酯）		甜橙精油*	310.0

续表

组成	比例	组成	比例
芫荽精油		肉桂酸苯乙酯	
δ-癸内酯		玫瑰净油*（l-香茅醇，苯乙醇）	13.0
乙酸乙酯*	16.0	朗姆醚*	40.0
丁酸乙酯*	4.5	松油醇（香叶醇）	1.5
己酸乙酯*	86.0	γ-十一内酯*	900.0
辛酸乙酯		香草醛*（乙基香草醛）	440.0
肉桂酸乙酯		溶剂	1103.0
草莓醛		合计	4000.0
苯乙酸乙酯			

注：*表示标准配方的组成；（）内表示可选择的替代物。

在表3-8桃子香精配方中，γ-十一内酯的香味能与桃子香味很好协调。其他的一些组分只能起到辅助作用，尤其是精油和香草醛。直到现在，γ-十一内酯一直作为"桃内酯"用在桃子香精配方中，但也可用天然桃子中发现的内酯化合物混合物代替γ-十一内酯。

桃子香精配方1

香兰素	168.0
乙醇	304.5
肉桂醛	0.9
香叶醇	2.1
苯甲醛	5.2
丁酸戊酯	17.0
乙酸戊酯	17.4
戊酸戊酯	30.0
甲酸戊酯	36.1
戊酸乙酯	88.0
γ-十一内酯	250.0

评价： 轻微的桃醛香气，单一，香气弱。

桃子香精配方2

甜橙油	6.00
冷榨柠檬油	6.00
丁香油	0.26
3-戊醇	0.28
香兰素	0.34

香柠檬油	3.00
丁酸戊酯	6.30
苯甲醛	6.20
丁酸乙酯	12.00
庚酸乙酯	12.00
乙酸戊酯	24.00
γ-十一内酯	24.00

评价： 透发，主体不明。淡淡的果香，带有梅子果肉的香韵。

桃子香精配方 3

肉桂油	0.06
香叶油	0.10
γ-十一内酯	29.00
戊酸乙酯	8.90
苯甲醛	0.44
甲酸戊酯	3.63
丁酸戊酯	1.63
乙酸戊酯	1.60
香兰素	16.83

评价： 酸的带新鲜桃子香气的内酯香韵，略带生梨味，浆果香，有汁液感，透发性好。

桃子香精配方 4

苯甲醛	2.00
香叶醇	0.80
乙酸戊酯	8.00
肉桂醛	0.38
玫瑰醛	84.00
戊酸乙酯	44.50
丁酸戊酯	8.40
戊酸戊酯	15.35
甲酸戊酯	18.55

评价： 轻微的生梨香韵，略带腐烂果味。

桃子香精配方 5

乙酸乙酯	20.4
乙酸戊酯	12.7
丁酸乙酯	28.1
丁酸戊酯	21.6

丁酸香叶酯	0.6
庚酸乙酯	0.9
香柠檬油	0.8
橙叶油	1.2
桃醛	19.7
香兰素	2.0
苯甲醛	1.9

评价： 桃子味，生梨味，甜香，果香，透发性差。

桃子香精配方6

桃醛	30.0
乙酸乙酯	75.4
3-戊醇	30.2
丁酸乙酯	75.0
甲酸乙酯	75.0

评价： 强烈的桃子果香，酸的带新鲜桃子香气的内酯香韵，生梨味，浆果香，透发性好。

桃子香精配方7

戊酸乙酯	22.58
甲酸戊酯	9.08
乙酸戊酯	4.10
丁酸戊酯	4.12
肉桂醛	0.20
香叶油	0.20
香兰素	42.12

评价： 味杂，带有醛类味道，无明显果味，透发性较弱。

桃子香精配方8

桃醛	10.03
乙酸戊酯	3.00
香兰素	2.03
甲酸戊酯	1.12
丁酸乙酯	1.00
肉桂酸苄酯	0.80
庚酸乙酯	1.02
戊酸乙酯	1.08
苯甲醛	0.21

评价： 桃子味，生梨味，酒味，透发性一般。

桃子香精配方 9

桃醛	6.64
苯甲醛	0.35
γ-癸内酯	12.05
2-甲基丁酸	12.66
香兰素	0.45
苯甲醇	1.39
芳樟醇	1.70
内酯香基	4.00
酯香基	18.20

评价： 淡淡的桃子味，果香，甜香。像雪饼、威化饼干，果甜。

桃子香精配方 10

桃醛	50.04
香兰素	10.58
甲酸戊酯	5.00
丁酸乙酯	4.20
肉桂酸苄酯	5.10
乙酸戊酯	15.20
庚酸乙酯	5.10
戊酸乙酯	5.02
苯甲醛	1.04

评价： 生梨味突出，浆汁感明显，略带酒香。

桃子香精配方 11

甲酸戊酯	5.04
丁酸乙酯	5.16
庚酸乙酯	5.06
戊酸乙酯	5.10
肉桂酸苄酯	4.20
γ-十一内酯	50.06
乙酸戊酯	15.10
香兰素	10.08
苯甲醛	1.06

评价： 桃子味，生梨味，略带酒香。

桃子香精配方 12

乙酸乙酯	0.83

橘子油	0.51
丁香油	0.03
桃醛	0.08
乙酸戊酯	0.50
丁酸乙酯	0.35
苯甲醛	0.08
香兰素	0.06
庚酸乙酯	0.03
橙叶油	0.02
香柠檬油	0.01
丁酸香叶酯	0.01

评价： 梅子果肉味，与配方 2 略相似，但尖刺感较强。

桃子香精配方 13

γ-十一内酯	50
乙酸戊酯	15
甲酸戊酯	5
苯甲醛	1
肉桂酸苄酯	4
庚酸乙酯	5
丁酸乙酯	5
戊酸乙酯	5
香兰素	10

评价： 有强烈的桃醛香气，但香韵不够丰富，仿真度较高。

桃子香精配方 14

桃醛	2.31
苯甲醛	0.23
香兰素	0.15
丁香油	0.09
庚酸乙酯	0.08
橙叶油	0.07
丁酸香叶酯	0.03
丁酸乙酯	1.07
乙酸乙酯	2.49
乙酸戊酯	2.19
香柠檬油	0.03

评价: 生梨味，浆果香。

桃子香精配方 15

苯甲醛	3.2
香兰素	4.6
苯甲醇	13.3
芳樟醇	17.0
桃醛	66.4
γ-癸内酯	120.3
2-甲基丁酸	126.0

评价: 桃子味，果香，甜香。

3.5 杏子香精

3.5.1 杏子的挥发性香成分

杏原产于我国，在我国的西北、华北和东北各地分布最广。杏子生的时候香气很淡，成熟以后香气浓郁。香气似桃，并带有脂蜡香气，但缺少桃子的浓甜蜜蜡香。新鲜的成熟杏子具有清、鲜、甜的花香和果香，并有脂蜡香气。杏子品种不同，其香味会发生一定程度的变化，但它们都具有共同的特点：很明显的花香气息，并略有似柠檬香味，尤其是在杏子刚开始成熟时最为显著。

目前已经从杏子的萃取物中检测出近百种挥发性化合物，主要有：甲苯、乙苯、二甲苯、三甲苯、萘、对二乙酰基苯、D-柠檬烯、月桂烯、1,8-萜二烯、蓋烯，莰烯、α-蒎烯、β-蒎烯、γ-萜品烯、罗勒烯、乙酸乙酯、乙酸丙酯、乙酸异丙酯、丙酸乙酯、异丁酸乙酯、乙酸异丁酯、乙酸丁酯、2-甲基丁酸乙酯、丙酸异丁酯、乙酸异戊酯、乙酸戊酯、乙酸 3-甲基-2-丁烯酯、己酸乙酯、乙酸顺-2-己烯酯、乙酸顺-3-己烯酯、乙酸己酯、乙酸庚酯、苯甲酸乙酯、十二酸乙酯、十四酸乙酯、十五酸乙酯、十六酸甲酯、十六酸乙酯、乙酸香叶酯、甲醛、乙醛、丁醛、2-甲基丁醛、异戊醛、戊醛、己醛、反-2-己烯醛、庚醛、2,4-己二烯醛、辛醛、苯甲醛、壬醛、癸醛、香叶醛、对羟基苯甲醛、对甲氧基苯甲醛、5-羟甲基糠醛、γ-丁内酯、γ-己内酯、γ-辛内酯、δ-辛内酯、γ-壬内酯、γ-癸内酯、δ-癸内酯、γ-十一内酯、γ-十二内酯、丙酮、丁酮、2-戊酮、2-己酮、2,5-己二酮、环戊酮、2-庚酮、5-甲基-2-庚酮、2-辛酮、6-甲基-5-庚烯-2-酮、3-壬烯-2-酮、苯乙酮、小茴香酮、樟脑、松蒎酮、异松蒎酮、马鞭草烯酮、β-紫罗兰酮、香叶基丙酮、大马酮、正丁醇、3-甲基-3-丁烯醇、3-甲基-2-丁烯-2-醇、2-戊醇、2-甲基-2-戊醇、1-戊醇、1-己醇、2-己醇、顺-3-己烯醇、反-2-己烯醇、2-乙基己醇、1,5-庚二烯-3,4-二醇、苯甲醇、苯乙醇、香叶醇、芳樟醇、α-松油醇、4-萜品醇、香茅醇、橙花醇、桉叶油素、小茴香醇、对甲基异丙苯-8-醇、麝香草酚、对甲基异丙苯基-9-醇、金合欢醇、乙酸、2-甲基丁酸、己酸、反-玫瑰氧化物、橙花醇氧化物、环氧化二氢芳樟醇Ⅰ～Ⅳ等。

3.5.2　杏子香精常用的香料

　　成熟的杏子是酸甜味道并伴随着新鲜、果香、甜香、花香及奶油香香韵。目前还没有发现哪个单一化合物能代表杏子的香味特征，杏子的香味是多种香成分协同作用的结果，其中γ-及δ-内酯化合物对杏子的基本香味有较大的贡献。曾有报道从浓缩的杏子萃取物中分离出李子干水果味馏分、花香-水果味馏分、玫瑰味馏分，而将这三部分馏分再次混合后又可产生杏子的特征香味。其中从李子干水果味馏分中检测到的化合物有：苯甲醛、3-壬烯-2-酮、反式-玫瑰油氧化物、橙花醇氧化物、对羟基苯甲醛、对甲氧基苯甲醛、1-苯基-4-庚酮（或2-甲基-6-苯基-3-庚酮）、大马酮；从花香-水果味馏分中检测到的化合物有：芳樟醇、α-松油醇、香叶醇、橙花醇；从玫瑰味馏分中检测到的化合物有：环氧化二氢芳樟醇Ⅰ、环氧化二氢芳樟醇Ⅱ、氧化芳樟醇。

　　目前在杏子香精配方中常用的酯类香料有：甲酸戊酯、甲酸香叶酯、甲酸香茅酯、乙酸庚酯、乙酸苄酯、乙酸戊酯、乙酸萜烯酯、乙酸乙酯、乙酸芳樟酯、乙酸香茅酯、乙酸檀香酯、苯乙酸异戊酯、丙酸烯丙酯、丙酸苄酯、丙酸四氢呋喃酯、丙酸麦芽酚酯、丁酸乙酯、丁酸丙酯、丁酸丁酯、丁酸戊酯、丁酸苄酯、丁酸苯乙酯、丁酸烯丙酯、丁酸反-2-己烯酯、异丁酸甲酯、异丁酸香茅酯、异丁酸麦芽酚酯、戊酸乙酯、戊酸戊酯、戊酸反-2-己烯酯、环己基戊酸烯丙酯、异戊酸丁酯、己酸乙酯、己酸烯丙酯、环己基己酸烯丙酯、庚酸乙酯、苯乙酸乙酯、苯乙酸异戊酯、肉桂酸甲酯、肉桂酸乙酯、肉桂酸丙酯、邻氨基苯甲酸甲酯、邻氨基苯甲酸顺-3-己烯酯；γ-壬内酯、δ-辛内酯、γ-辛内酯、γ-癸内酯、δ-癸内酯、δ-十一内酯、γ-十一内酯、γ-十二内酯等。

　　此外，杏子香精配方还用到以下香料：苯乙酮、对甲氧基苯乙酮、2-癸烯-2-酮、α-紫罗兰酮、α-鸢尾酮、苯甲醛、柠檬醛、肉桂醛、戊醇、香叶醇、l-香茅醇、芳樟醇、四氢芳樟醇、玫瑰醇、α-松油醇、茴香脑、丁香酚、3,7-二甲基-6-辛烯酸、酒石酸、金合欢净油、番石榴浓缩物、苦橙油、香柠檬油、甜橙油、红橘油、酒花油、2-庚基呋喃、γ-十一内酯、去萜橙叶油、橙叶油、橙花油、茉莉净油、柠檬精油、杏仁油、橘子精油、肉桂油、玫瑰净油、老鹳草、茉莉精油、香草醛、乙基香草醛、布枯叶油等。

3.5.3　杏子香精配方

一般认为，构成杏子特征性香味的主要香成分为：芳樟醇、苯乙醇、少量的大马酮、δ-癸内酯、反-2-己烯醛、乙酸反-2-己烯酯等。

许多杏子香精的配方起源于紫罗兰、玫瑰、茉莉香精，然后在其中加入一些合适的配方成分。杏子香精配方的发展经历了以下的几个阶段。

（1）由苦杏仁精油、香叶精油、香草精油、庚酸乙酯、乙酸乙酯、戊酸乙酯以及丁酸乙酯混合而成。

（2）将乙酸戊酯、戊酸戊酯以及丁酸戊酯加入到（1）中的配方中。

（3）后来二氢香豆素也成为配方中的主要成分。

（4）在（1）、（2）、（3）的配方基础上，加入 β-紫罗兰酮、鸢尾油、茉莉净油、己酸乙酯和辛酸乙酯构成新的配方。

（5）在后来的配方中，还用到了草莓醛、γ-壬酸乙酯、γ-十一内酯，微量的丁香酚、当归油、橙叶油这些组分。这些组分可以同时全部用于同一配方中，也可以选择性地部分加入到配方中。

尽管以上这些配方取得一定程度的成功，但它们大多数都非常复杂。一个非常简单但又很实用的配方包括如下成分：乙酸戊酯、丁酸戊酯、甲酸戊酯、戊酸戊酯、苯甲醛、肉桂醛、己酸乙酯、戊酸乙酯、香叶醇、α-紫罗兰酮、β-紫罗兰酮、苦橙花油、γ-十一内酯和香草醛。对现在的杏子香精配方进行分析，不仅确认了在杏子香精配方发展过程中所用的所有的组分的作用，而且天然杏子香味中以前已经发现的一些成分的作用也得到确认，并且发现它们在配方中起到非常关键的作用。这些成分包括肉桂酸、苯丙醇、香叶醇、肉桂酸乙酯、乙酸香茅酯、异丁酸香叶酯、丁酸香叶酯、丁酸丙酯、异丁酸甲酯和丙酸丁酯。

一些合成化合物，其香味能和杏子香味很好地协调，这其中值得注意的有：环己基戊酸烯丙酯、环己基己酸烯丙酯、丙酸四氢呋喃酯、丁酸烯丙酯和丙酸烯丙酯。但在使用香精配方中使用这些合成的化合物必须遵守有关规定。

配制杏子香精常以橙花油、茉莉油、玫瑰油、苦橙叶、紫罗兰等或相应的合成香料来体现其花香。再以苦杏仁油、苯甲醛、甜橙油、柠檬油、乙酸乙酯、丁酸乙酯、戊酸乙酯、乙酸戊酯、丁酸戊酯、戊酸戊酯、己酸烯丙酯、庚酸烯丙酯、环己基己酸烯丙酯、肉桂酸乙酯、肉桂酸丙酯、γ-壬内酯、γ-十一内酯等合成香料组合成果香。而脂蜡气可用较高级的脂肪醇（庚醇、辛醇、壬醇、癸醇等）及其酯类以及较高级的脂肪酸的酯类获得。同时适量添加天然康酿克油、己酸乙酯、庚酸乙酯、辛酸乙酯等可增加圆熟感。一些杏子香精参考配方见表3-9。

表 3-9　杏子香精参考配方

组成	比例	组成	比例
丁酸烯丙酯		苯乙酸异戊酯*	0.1
环己基己酸烯丙酯*	0.2	茉莉净油（乙酸苄酯*）	9.5
环己基戊酸烯丙酯		柠檬精油*（柠檬醛）	5.0
丙酸烯丙酯		肉桂酸甲酯	
苦杏仁油*（苯甲醛）	11.5	异丁酸甲酯	
乙酸戊酯*	7.5	苦橙花油*	18.5
丁酸戊酯*	7.5	壬内酯	
甲酸戊酯*	10.0	辛内酯	
戊酸戊酯*	15.0	橘子精油*	10.5
丙酸苄酯		鸢尾脂（α-鸢尾酮）	
肉桂醛	0.5	丁酸苯乙酯	
异丁酸香茅酯		丁酸丙酯	
δ-癸内酯		肉桂酸丙酯*	0.2
γ-十二内酯		玫瑰净油*	3.0
乙酸乙酯*	14.5	丙酸四氢呋喃酯	
丁酸乙酯*	4.5	γ-十一内酯	200.0
己酸乙酯	10.0	香草醛*（乙基香草醛，香草提取物）	8.50
辛酸乙酯			
戊酸乙酯*	50.0	溶剂	527.0
老鹳草油（玫瑰醇，香叶醇，l-香茅醇，芳樟醇*，松油醇）	0.5	合计	1000.0
乙酸庚酯			
β-紫罗兰酮	9.5		

注：＊表示标准配方的组成；（　）内表示可选择的替代物。

杏子香精配方 1

α-紫罗兰酮	150.0
庚酸乙酯	150.0
苯甲醛	600.0
香兰素	435.5
肉桂醛	1.4
香叶醇	2.0
丁酸戊酯	41.6
乙酸戊酯	41.6

戊酸戊酯	93.6
戊酸乙酯	228.8
γ-十一内酯	1250.0

评价： 强度大，甜香，仿真度低。

杏子香精配方 2

己酸烯丙酯	1.0
苦杏仁油	61.0
丁酸戊酯	42.5
甲酸戊酯	47.0
戊酸戊酯	78.5
肉桂酸丙酯	1.0
乙酸乙酯	70.5
丁酸乙酯	22.5
己酸乙酯	50.0
戊酸乙酯	27.0
γ-十一内酯	1000
β-紫罗兰酮	47.5
香草醛	44.5

评价： 强度大，青香，杏子味，仿真度较高。

杏子香精配方 3

乙酸乙酯	8.00
丁酸乙酯	9.50
丁酸丁酯	10.10
茴香脑	0.18
丁香酚	0.15
戊醇	0.63
香兰素	1.25
庚酸乙酯	5.00
γ-十一内酯	5.00

评价： 青香，甜香，类似杏罐头的味道。

杏子香精配方 4

戊酸乙酯	1.00
丁酸戊酯	0.25
戊醇	0.40
丁酸乙酯	2.00

杏仁油	0.20
甘油	0.80
酒石酸	0.20

评价： 刺激气味，愉悦度低。

杏子香精配方 5

苯甲醛	11.5
丁酸戊酯	7.5
甲酸戊酯	10.3
戊酸戊酯	15.0
桂皮油	0.4
乙酸乙酯	14.5
丁酸乙酯	4.7
戊酸乙酯	50.1
己酸乙酯	10.0
α-紫罗兰酮	9.5
香叶油	0.5
柠檬油	4.8
甜橙油	10.0
γ-十一内酯	200.0
香兰素	85.5

评价： 甜香，青香，与配方 1 类似，但透发性略差。

3.6 葡萄香精

3.6.1 葡萄的挥发性香成分

葡萄是一种非常重要的水果，原产于欧洲、亚洲西部和非洲北部。果实以椭圆和圆形居多，黑色、红色、紫色、黄色或绿色。新鲜葡萄果皮与果肉不易分离。我国主产于西北、华北和华中各地，品种颇多，有"龙眼"、"玫瑰香"、"牛奶"、"无核白"等，我国新疆的吐鲁番葡萄更是闻名于世，90%的葡萄用来生产葡萄酒。与其他水果一样，葡萄的香味也主要是由醇类、酯类、羧酸类、萜烯类及羰基类挥发性化合物构成，但在葡萄中这些挥发性香成分的浓度一般很低，而且不同种类的葡萄之间挥发性香成分差别较大，用于葡萄酒生产的主要是香味很一般的葡萄品种。葡萄中含有的主要酸为：异丁酸、己酸、庚酸、辛酸等。从不同种葡萄中常检测到的挥发性成分包括：1-戊醇、1-己醇、反-3-己烯醇、1-辛烯-

3-醇、芳樟醇、香叶醇、苯甲醇、苯乙醇、乙酸己酯、己酸乙酯、庚酸乙酯、辛酸乙酯、癸酸乙酯、十二酸乙酯、异丁酸、己酸、庚酸、辛酸、苯甲醛、癸醛、月桂烯等。其中，苯甲醛是构成葡萄种子香气的重要成分。

烯烃类化合物：月桂烯、4-蒈烯、α-水芹烯、β-水芹烯、D-柠檬烯、γ-松油烯、异松油烯。

醇类化合物：1-戊醇、3,4-二甲基-1-戊醇、异戊烯醇、1-己醇、反-2-己烯醇、顺-3-己烯醇、反-3-己烯醇、1-庚烯-3-醇、6-甲基庚醇、1-辛醇、1-辛烯-3-醇、异辛醇、2-壬烯醇、月桂醇、萜烯醇、薰衣草醇、芳樟醇、香叶醇、苯甲醇、α-松油醇、β-松油醇、γ-松油醇、苯甲醇、苯乙醇、苯氧乙醇、橙花醇、香茅醇、桃金娘烯醇、金合欢醇、枯茗醇、四氢芳樟醇及芳樟醇氧化物。

酯类化合物：乙酸甲酯、顺-2-反-4-癸二烯酸甲酯、反-2-顺-4-癸二烯酸甲酯、苯甲酸2-甲酰胺甲酯、9,12,15-十八碳三烯酸甲酯、乙酸乙酯、丁酸乙酯、2-丁酸乙酯、己酸乙酯、庚酸乙酯、辛酸乙酯、3-辛烯酸乙酯、7-辛烯酸乙酯、癸酸乙酯、十二酸乙酯、3-羟基丁酸乙酯、3-巯基丙酸乙酯、丁酸丙酯、乙酸己酯、乙酸2-乙基苯酯、乙酸4-乙基苯酯、邻氨基苯甲酸酯类等。

酸类化合物：乙酸、异丁酸、己酸、庚酸、辛酸、壬酸、癸酸、十二酸、十四酸、十六酸、香叶酸等。

醛类化合物：2-甲基-4-戊烯醛、己醛、反-2-己烯醛、壬醛、反-2-壬烯醛、癸醛、9-十八碳烯醛、苯甲醛、二甲基苯甲醛、橙花醛、α-柠檬醛、山梨醛等。

酮类化合物：6-甲基-5-庚烯-2-酮、香叶基丙酮、大马酮等。

酚类化合物：2-甲基苯酚、4-乙基-2-甲基苯酚、百里香酚、丁香酚等。

3.6.2 葡萄香精常用的香料

邻氨基苯甲酸酯是调配葡萄香精的主香成分，此外以下香料常以不同比例添加在葡萄香精配方中：甲酸乙酯、甲酸异丁酯、乙酸乙酯、乙酸丙酯、乙酸戊酯、乙酸苯乙酯、乙酸玫瑰酯、丙酸乙酯、丙二酸二乙酯、丙酸苄酯、丁酸戊酯、丁酸乙酯、戊酸乙酯、戊酸辛酯、戊酸戊酯、异戊酸戊酯、己酸乙酯、庚酸乙酯、壬酸乙酯、十三酸乙酯、硬脂酸丁酯、苯甲酸乙酯、水杨酸甲酯、安息香酸乙酯、2-异丙基-4-苯基-2H-二氢吡喃丙酸肉桂酯、肉桂酸乙酯、肉桂醇、戊醇、芳樟醇、氢化松香甲酯、庚醚、乙醛、杨梅醛、苯甲醛、甲硫基丙醛、γ-十一内酯、十六醛、α-紫罗兰酮、甲基萘基酮、苄基丙酮、2,3-庚二酮、无萜酸橙油、朗姆醚、甜橙油、白兰地香油、鼠尾草油、香草精、欧独活酊、冬青油、琥珀酸、柠檬烯、肉豆蔻油、橘子油萜、乙基香兰素、桂皮油、香叶油、甲基紫罗兰酮、橙叶油、丁香油、乙酸、酒石酸、丁二酸、麦芽酚、香兰素等。

3.6.3　葡萄香精配方

葡萄的香气是以邻氨基苯甲酸甲酯和 *N*-甲基邻氨基苯甲酸甲酯为特征香气，辅以酒香、果青香、玫瑰样花香、糖甜香，再配合以酯类果香组成。

葡萄香精配方1

4-苯基-3-丁烯-2-酮	1.75
丙酸苄酯	22.00
己酸乙酯	50.20
邻氨基苯甲酸甲酯	926.00

评价： 发酵的葡萄香气，酵香，酒香，葡萄酒味。

葡萄香精配方2

4-苯基-3-丁烯-2-酮	0.25
丙酸苄酯	3.45
己酸乙酯	7.80
邻氨基苯甲酸甲酯	143.55

评价： 发酵的葡萄香气，酒香，轻微葡萄酒味，较配方1强度弱。

葡萄香精配方3

4-苯基-3-丁烯-2-酮	0.25
丙酸苄酯	0.32
戊酸乙酯	0.15
邻氨基苯甲酸甲酯	143.52

评价： 甜香，果香，浆果香，葡萄香，仿真度高，透发性较差。

葡萄香精配方4

乙酸乙酯	30.00
邻氨基苯甲酸甲酯	28.00
丙酸乙酯	41.00
乙酸乙酯	70.40
酒石酸	30.55
朗姆醚	10.25
庚酸乙酯	2.55
戊酸戊酯	2.55
壬酸乙酯	1.30
乙酸玫瑰酯	1.30
2,3-庚二酮	0.15

评价： 成熟的葡萄味，浆汁感强，可通过减少邻氨基苯甲酸甲酯的用量，增加新鲜果实的

酸甜味。

葡萄香精配方 5

乙酸乙酯	40.0
邻氨基苯甲酸甲酯	25.0
丁酸乙酯	5.0
戊酸戊酯	5.0
甜橙油	2.0
白兰地香油	0.5
酒精	25.0

评价： 葡萄香，甜香，果香，仿真度高，透发性好。

葡萄香精配方 6

乙酸乙酯	4.00
丁酸乙酯	2.50
戊酸乙酯	2.50
乙酸	0.25
己酸乙酯	0.50
乙基麦芽酚	0.01
戊醇	1.00
香草醛	0.50
邻氨基苯甲酸甲酯	12.50
芳樟醇	1.00

评价： 葡萄香，成熟的浆果香，甜香，仿真性好，透发性略差。

葡萄香精配方 7

乙酸乙酯	4.95
邻氨基苯甲酸甲酯	4.50
丁酸戊酯	1.05
安息香酸乙酯	0.60
水杨酸甲酯	0.60
丁酸乙酯	0.60
乙酸戊酯	0.45
杨梅醛	0.03
肉豆蔻油	2.03
香叶油	0.15
丁香油	0.15
甲基紫罗兰酮	0.07

乙基香兰素	0.05
肉桂酸乙酯	0.30
橘子油萜	0.60
橙叶油	0.60

评价： 类似雪碧的香味，仿真度较差。

葡萄香精配方8

柠檬烯	0.32
丁酸乙酯	0.80
乙酸乙酯	4.00
乙酸异戊酯	0.60
2-甲基丁酸乙酯	0.60
麦芽酚	0.50
2-甲基丁醇	4.00
苯乙醇	0.50
叶醇	0.20
邻氨基苯甲酸甲酯	20.20
柠檬醛	0.10
柠檬皮油	0.80

评价： 葡萄香，甜香，果香，浆汁感明显，仿真度高。

葡萄香精配方9

邻氨基苯甲酸甲酯	5.10
丁酸乙酯	0.40
乙酸乙酯	2.00
乙酸异戊酯	0.30
2-甲基丁酸乙酯	0.30
麦芽酚	0.25
2-甲基丁醇	2.00
苯乙醇	0.25
柠檬醛	0.05
柠檬油	0.40

评价： 头香对，淡淡的葡萄味，甜香，轻微香蕉味，略带胺臭味，有杂味。

3.7　草莓香精

草莓是多年生草本植物，在欧洲、北美洲和亚洲都有生长，其中有野生，也有栽培。草莓是普遍受人喜爱的一种浆果，它不仅作为鲜果消费，食品工业也用于制成果酱、果汁等食品。

3.7.1　草莓的挥发性香成分

由于市场的需要，目前草莓已有多种杂交品种。草莓的特点是汁液足，具有芳香、甜香和果香的香气特征。草莓香味广为世界各国人民喜爱，草莓香精一直被用于糖果、饮料工业中，其极大的潜在经济价值促使化学家们去研究草莓香味的成分。由于市场的需要，目前草莓已有许多品种，不同品种的草莓中所含的香成分的种类及含量都有差别。目前已从种植草莓中检测出上百种挥发性成分，从而进一步为草莓香精的配制提供了有利的依据。这些已确认的化合物列举如下。

萜类化合物：1,8-萜二烯、α-蒎烯、β-蒎烯、芳樟醇、橙花叔醇、α-萜品醇、龙脑、异小茴香醇和芳樟醇氧化物等。

醇类化合物：甲醇、乙醇、丙醇、2-丙醇、异丁醇、丁醇、2-丁醇、2-甲基丁醇、异戊醇、2-甲基-2-丁醇、戊醇、2-戊醇、3-戊醇、1-戊烯-3-醇、己醇、2-己醇、3-己醇、反-2-己烯醇、顺-3-己烯醇、1-己烯-3-醇、庚醇、2-庚醇、3-庚醇、辛醇、2-辛醇、3-辛醇、3-辛烯-1-醇、1-辛烯-3-醇、壬醇、2-壬醇、1-壬烯-3-醇、癸醇、2-癸醇、2-十一醇、十二醇、2-十二醇、2-十三醇等。

羰基化合物：乙醛、丙醛、丙烯醛、丁醛、2-丁烯醛、2-戊烯醛、己醛、反-2-己烯醛、顺-3-己烯醛、庚醛、2-庚烯醛、2-辛烯醛、壬醛、癸醛、苯甲醛、丙酮、丁酮、甲基丁酮、丁二酮、2-戊酮、3-戊酮、3-戊烯-2-酮、2-己酮、2-庚酮、2-辛酮、2-壬酮、2-癸酮、2-十一酮、苯乙酮等。

酸类化合物：甲酸、乙酸、丙酸、异丁酸、丁酸、2-甲基丁酸、异戊酸、2-甲基-2-丁烯酸、戊酸、4-甲基戊酸、2-甲基-2-戊烯酸、2-甲基-3-戊烯酸、己酸、2-己烯酸、5-甲基己酸、3-羟基己酸、庚酸、辛酸、2-辛烯酸、3-羟基辛酸、壬酸、3-壬烯酸、癸酸、2-癸烯酸、十一酸、十二酸、十三酸、十四酸、2-十四碳烯酸、十五酸、十六酸、9-十六碳烯酸、十七酸、9-十八碳烯酸、9,12-十八碳二烯酸、9,12,15-十八碳三烯酸、十九酸、二十酸等。

酯类化合物：甲酸甲酯、甲酸乙酯、甲酸丁酯、甲酸异戊酯、甲酸己酯、乙酸甲酯、乙酸乙酯、乙酸丙酯、乙酸异丙酯、乙酸丁酯、乙酸异丁酯、乙酸-2-甲基丁酯、乙酸-3-甲基-2-丁烯酯、乙酸戊酯、乙酸-1-甲基丁酯、乙酸异戊酯、乙酸己酯、乙酸-1-甲基戊酯、乙酸反-2-己烯酯、乙酸顺-3-己烯酯、乙酸-1-己烯-3-酯、乙酸-1-甲基己酯、乙酸-1-庚烯-3-炔酯、乙酸辛酯、乙酸癸酯、丙酸甲酯、丙酸乙酯、丙酸顺-3-己烯酯、丙酸乙基甲基酯、丁酸甲酯、丁酸乙酯、丁酸丙酯、丁酸异丙酯、丁酸丁酯、丁酸-2-甲基丙酯、丁酸丁酯、丁酸异丁酯、丁酸戊酯、丁酸异戊酯、丁酸-3-戊烯酯、丁酸己酯、丁酸反-2-己烯酯、丁酸顺-3-己烯酯、丁酸-1-甲基己酯、丁酸壬酯、丁酸-1-甲基壬酯、丁酸癸酯、2-丁烯酸乙酯、2-甲基丁酸甲酯、2-甲基丁酸乙酯、2-甲基丁酸异丙酯、2-甲基丁酸丁酯、2-甲基丁酸异丁酯、2-甲基丁酸-2-甲基丁酯、2-甲基丁酸异戊酯、2-甲基丁酸辛酯、异戊酸乙酯、异戊酸丁酯、3-羟基丁酸甲酯、3-氧代丁酸乙酯、戊酸甲酯、戊酸乙酯、4-甲基戊酸甲酯、己酸甲酯、己酸乙酯、己酸丁酯、己酸戊酯、己酸异戊酯、己酸-1-甲基丁酯、己酸己酯、己酸-2-己烯酯、己酸反-3-己烯酯、己酸-1-甲基己酯、己酸壬酯、己酸癸酯、反-2-己烯酸乙酯、3-羟基己酸甲酯、3-羟基己酸乙酯、庚酸甲酯、庚酸乙酯、辛酸甲酯、辛酸乙酯、辛酸丙酯、辛酸异丙酯、辛酸丁酯、辛酸异戊酯、辛酸己酯、辛酸顺-3-己烯酯、壬酸甲酯、壬酸异戊酯、癸酸甲酯、癸酸乙酯、十六酸甲酯、十八酸甲酯、9-十八碳烯酸甲酯、9, 12,15-十八碳三烯酸甲酯；γ-己内酯、δ-己内酯、δ-庚内酯、γ-辛内酯、δ-辛内酯、γ-癸内酯、γ-十二内酯等。

缩醛化合物：二甲氧基甲烷、二乙氧基甲烷、1,1-二甲氧基乙烷、1-乙氧基-1-甲氧基乙烷、1-丁氧基-1-甲氧基乙烷、1-甲氧基-1-戊氧基乙烷、1,1-二乙氧基乙烷、1,1-二戊氧基乙烷、1-乙氧基-1-丙氧基乙烷、1-乙氧基-1-戊氧基乙烷、1-乙氧基-1-己氧基乙烷、1-丁氧基-1-乙氧基乙烷、1-乙氧基-1-（3-己烯氧基）乙烷、1,1-二己氧基乙烷等。

呋喃类化合物：糠醛、2,5-二甲基-4-羟基二氢呋喃-3-酮、2,5-二甲基-4-甲氧基二氢呋喃-3-酮、糠酸等。

芳香族化合物：苯甲醇、苯乙醇、4-羟基苯乙醇、肉桂醇、乙酸苄酯、乙酸苯乙酯、水杨酸甲酯、肉桂酸甲酯、肉桂酸乙酯、苯甲酸、4-甲基苯甲酸、水杨酸、苯乙酸、3-苯丙酸、肉桂酸等。

酚类化合物：4-乙烯基苯酚、2-甲氧基4-乙烯基苯酚、丁香酚等。

含硫化合物：甲硫醇、二乙基一硫醚、二乙基二硫醚等。

一般认为反-2-己烯醇、反-2-己烯醛、乙酸反-2-己烯酯、丁酸甲酯、丁酸乙酯、己酸甲酯、己酸乙酯、2,5-二甲基-4-甲氧基-3（2H)-呋喃酮、2,5-二甲基-4-甲氧基二氢呋喃-3-酮、芳樟醇、苯甲醛、水杨酸甲酯、己醛、γ-辛内酯、香兰素、2-氨基苯甲酸甲酯、4-羟基癸内酯、桃金娘烯醇、乙酸香芹酯、丁香酚、2-庚酮、2-壬酮、2-甲基丁酸等为草莓香味的重要挥发性香成分，表3-10中列出了草莓中的部分重要香成分的香味阈值。

表3-10　草莓中一些挥发性香成分的香味阈值

化合物	水中阈值/（mg/kg）
己酸乙酯	0.003
丁酸乙酯	0.001

化合物	水中阈值/(mg/kg)
反-2-己烯醛	0.017
2,5-二甲基-4-甲氧基二氢呋喃-3-酮	0.01
芳樟醇	0.006
苯甲醛	0.035
水杨酸甲酯	0.04
己醛	0.02
γ-辛内酯	0.088
香兰素	0.02
2-氨基苯甲酸甲酯	0.003
桃金娘烯醇	0.007
乙酸香芹酯	0.0015
丁香酚	0.03
2-庚酮	0.14
2-壬酮	0.038

3.7.2　草莓香精常用的香料

芳樟醇可赋予草莓非常愉快的香气特征，但草莓中数量极多的其他醇类化合物对草莓香味的影响很小。草莓中的酯类化合物、醇类化合物（除芳樟醇）及羰基化合物组合在一起，赋予草莓清香-酯香香气，但很难从这些化合物中找出很有影响力的特征性草莓香味成分。除了 2-甲基丁酸以外，草莓中的其他酸类化合物含量一般低于其阈值，也对草莓的香味贡献较小。内酯化合物在某些培育品种中的含量可高达 4.4mg/kg，对草莓香味具有重要的贡献。

草莓的主要特征性香成分为：2,5-二甲基-4-羟基二氢呋喃-3-酮、2,5-二甲基-4-甲氧基二氢呋喃-3-酮、丁酸乙酯、己酸乙酯、反-2-己烯醛、芳樟醇、2-甲基丁酸。2,5-二甲基-4-羟基二氢呋喃-3-酮与 2,5-二甲基-4-甲氧基二氢呋喃-3-酮是构成草莓复杂香味的基本成分。这两个化合物与具有新鲜、果香、酯香香气特征的己酸乙酯一起构成草莓的成熟果香、焦糖香、煮熟香香气特征。反-2-己烯醛与乙酸反-2-己烯酯构成了草莓的新鲜青香香气特征。2-甲基丁酸使得草莓具有清凉的水果酸味，丁酸甲硫酯及 4-羟基癸内酯可增强草莓的过熟味道。芳樟醇使得森加森加拉草莓具有水果香花香香气特征。邻氨基苯甲酸甲酯是野生草莓特有的香成分。

调配草莓香精常用的香料如下。

酯类香料：甲酸香叶酯、甲酸茴香酯、乙酸乙酯、乙酸丁酯、乙酸异戊酯、乙酸己酯、乙酸苄酯、乙酰乙酸乙酯、丙酸乙酯、丙酸-3-辛酯、丁酸乙酯、丁酸异丁酯、丁酸戊酯、丁酸己酯、丁酸苄酯、异丁酸乙酯、异丁酸丁酯、异丁酸苄酯、异戊酸乙酯、戊酸乙酯、己酸乙酯、己酸己酯、庚炔羧酸乙酯、庚酸乙酯、辛酸乙酯、肉桂酸甲酯、肉桂酸乙酯、水杨酸甲酯、杨梅酯、邻氨基苯甲酸异丁酯、γ-癸内酯等。

其他香料：胡椒醛、草莓醛、香叶醇、苯乙醇、橙花醇、玫瑰醇、香兰素、乙基香兰素、4-羟基-2,5-二甲基-3（2H)-呋喃酮、2,6-二甲基-4-庚酮、茴香基丙酮、α-紫罗兰酮、甲基萘基酮、4-甲基苯乙酮、2,5-二甲基-4-羟基-3-(2H)-呋喃酮、甲基丁香酚醚、乙酸、丁酸、草莓酸、浆果酸、2-甲基戊酸；草莓水果汁或提取物、茉莉净油、橙花油、紫罗兰叶净油、玫瑰花油、柠檬精油、薄荷精油、苦橙精油、鸢尾油、鸢尾香膏、朗姆醚、树兰油等。

3.7.3　草莓香精配方

配制草莓香精常以清香韵、甜香韵和酸香韵组成。草莓香精一般都以草莓醛（3-甲基-3-苯基缩水甘油酸乙酯）和杨梅酯（3-苯基缩水甘油酸乙酯）为主香。清香常用庚炔羧酸甲酯、辛炔羧酸甲酯、乙酰乙酸乙酯、乙酸苄酯、苯乙醇、橙花醇、肉桂酸酯类、紫罗兰酮、麦芽酚、乙基麦芽酚、香兰素、乙基香兰素以及2,5-二甲基-4-羟基-3（2H)-呋喃酮等；再用乙酸、丁酸、草莓酸和2-甲基戊酸等作为酸香韵，然后加入酯类等果香来丰满果香韵。

草莓香精配方通常由以下化合物组成：乙酸、茴香脑、乙酸苄酯、丁二酮、草莓醛、β-紫罗兰酮、麦芽酚、邻氨基苯甲酸甲酯、肉桂酸甲酯、2-辛炔羧酸甲酯、水杨酸甲酯、γ-十一内酯及香草醛；或者异丁酸肉桂酯、异戊酸肉桂酯、丁二酮、二丙基酮、庚酸乙酯、乳酸乙酯、草莓醛、戊酸乙酯、乙基香草醛、麦芽酚、甲基戊基酮和γ-十一内酯。表3-11为草莓香精参考配方。

表 3-11　草莓香精参考配方

组成	比例	组成	比例
乙酸戊酯*	34.0	羟基苯基-2-丁酮(10%醇溶液)	5.0
丁酸戊酯*	15.0	α-紫罗兰酮(β-紫罗兰酮*)	6.5
戊酸戊酯*	15.0	邻氨基苯甲酸异丁酯	
茴香醇*	1.5	丁酸异丁酯	
甲酸茴香酯		柠檬精油*（柠檬醛)	1.0
乙酸苄酯* （茉莉净油)	85.0	麦芽酚*	70.0
异丁酸苄酯		4-甲基苯乙酮	
丁酸（乙酸*)	15.0	邻氨基苯甲酸甲酯*	6.5

续表

组成	比例	组成	比例
异丁酸肉桂酯*	7.0	苯甲酸甲酯	
戊酸肉桂酯*	9.5	肉桂酸甲酯*	35.5
干邑精油*	1.5	甲基庚炔基碳酸酯*	0.5
丁二酮*	10.0	甲基萘基酮	
二丙基酮		水杨酸甲酯*	6.5
乙酸乙酯*	50.0	薄荷精油(薄荷醇)	
乙基戊基酮	15.0	苦橙花精油*	0.5
丁酸乙酯*	30.0	橙花油	
肉桂酸乙酯*	52.0	橙花基异丁酸酯	
庚酸乙酯*	2.5	鸢尾脂*(鸢尾香膏)	1.5
乳酸乙酯		苯乙醇	
草莓醛	260.0	玫瑰(玫瑰醇-香茅醇)	
		朗姆醚	
丙酸乙酯*	15.0	γ-十一内酯*	58.5
戊酸乙酯*	60.0	香草醛*(乙基香草醛)	70.0
胡椒醛		溶剂	1060.0
		合计	2000.0

草莓香精配方 1

乙酸戊酯	0.15
丁酸戊酯	0.08
乙酸苄酯	0.40
丁二酮	0.05
乙酸乙酯	0.25
丁酸乙酯	0.15
戊酸乙酯	0.30
柠檬油	0.02
丁酸	0.09
乙基麦芽酚	0.35

评价： 草莓特征香气略嫌不足，偏甜香、清香。

草莓香精配方 2

苯乙醇	0.50
乙酸乙酯	1.30
丁酸乙酯	0.20

戊酸乙酯	0.35
己酸乙酯	1.50
庚酸乙酯	0.40
苯甲酸乙酯	0.12

评价： 草莓特征香气略嫌不足，偏向酒芯糖的香气，需要适当增加草莓的酸气和青香气息。

草莓香精配方 3

乙基麦芽酚	0.30
叶醇	0.10
乳酸	0.50
芳樟醇	0.05
己酸乙酯	0.20
丁酸乙酯	0.04
丁二酮	0.05
2-甲基丁酸	0.05
苯乙醇	0.01
草莓酸	0.30
杨梅醛	0.40
乙酸乙酯	0.20
香兰素	0.05
乙位突厥烯酮	0.01
桃醛	0.05
丙位癸内酯	0.10
呋喃酮	0.10

评价： 具有典型的草莓香气，带有草莓的酸香和甜香，香气柔和、圆润。但甜香偏重，偏向草莓果糖的香气，较新鲜草莓的清灵之气差，可对配方中的甜香进行适当调整。

3.8　菠萝香精

　　菠萝又叫凤梨，多年生常绿草本，性喜温暖。原产巴西，我国主产于台湾、广东、广西、福建等地。由于菠萝所具有的特殊而浓郁的香气，以及它特有的略带刺激的口味，所以长期以来深受人们的喜爱。菠萝香精也是果香型香精中最受消费者喜欢的果香之一。

3.8.1　菠萝的挥发性香成分

　　成熟新鲜的菠萝具有甜、酸、苦的味道和芳香、甜香、水果香、鲜香并伴随着似水果焦糖香的回味。在菠萝的挥发性香成分中，酯类化合物尤其重要。在混合的夏威夷菠萝果肉中鉴定出来的主要酯类香成分有：乙酸乙酯、乙酸异戊酯、丙酸乙酯、丁酸甲酯、丁酸乙酯、异丁酸乙酯、2-甲基丁酸甲酯、2-甲基丁酸乙酯、戊酸乙酯、己酸甲酯、己酸乙酯、庚酸甲酯、顺-4-癸烯酸甲酯、3-甲硫基丙酸甲酯、3-甲硫基丙酸乙酯等。酯类化合物对于菠萝的水果香味具有重要贡献。菠萝中己酸烯丙酯虽含量很低，但对菠萝香味有贡献，是配制菠萝香精的重要组分。

此外，菠萝中含有二或三环的倍半萜烯类化合物如 1-反-3-顺-5-十一碳三烯、1-反-3-反-5-十一碳三烯、1-反-3-反-5-顺-8-十一碳四烯、1-反-3-顺-5-顺-8-十一碳四烯等。这些化合物具有香脂、水果香气，在空气中阈值很低，虽在菠萝中只是痕量，但对菠萝整体香气有一定贡献。这些萜烯类化合物在菠萝加工过程中极易丢失，使菠萝汁不具有新鲜菠萝应有的香味。

2,5-二甲基-4-羟基二氢呋喃-3-酮是菠萝最基本的香味成分，构成了菠萝的成熟水果香、甜香及焦糖香回味。其在水中的嗅觉和味觉的阈值分别为 0.1～0.2mg/L 和 0.03mg/L；在高浓度时是强烈的焦糖香，但在其阈值浓度时为令人愉快的水果香，使人联想到草莓或菠萝的香味。2,5-二甲基-4-甲氧基二氢呋喃-3-酮比较稳定，但香味阈值高，更类似于雪利酒的香味。2,5-二甲基-4-羟基二氢呋喃-3-酮、1-反-3-顺-5-十一碳三烯、2-甲基丁酸甲酯、2-甲基丁酸乙酯、乙酸乙酯、乙酸己酯、丁酸乙酯、2-甲基丙酸乙酯、己酸甲酯、丁酸甲酯、3-甲硫基丙酸乙酯是构成新鲜菠萝香味的重要香成分，己酸甲酯代表了菠萝的新鲜水果香香气特征。3-甲硫基丙酸乙酯赋予菠萝过熟水果的香气特征，1-反-3-顺-5-十一碳三烯赋予菠萝新鲜的刺激性的头香。

另外，菠萝的重要挥发性香成分还有 3-羟基己酸甲酯、3-乙酰氧基己酸甲酯、5-乙酰氧基辛酸甲酯、反-3-己烯酸甲酯、反-3-辛烯酸甲酯、顺-4-辛烯酸甲酯、5-羟基辛酸甲酯、顺-4-癸烯酸甲酯、γ-乙基戊内酯、γ-丙基己内酯等。

除上述化合物外，菠萝中还含有烯烃类化合物如：D-柠檬烯、罗勒烯、古巴烯、榄香烯、依兰烯等，羰基类化合物如：辛醛、壬醛、癸醛、月桂醛、香叶基丙酮等。

3.8.2 菠萝香精常用的香料

菠萝香精常用的香料如下：2,5-二甲基-4-羟基-2,3-二氢呋喃酮、甲酸异戊酯、乙酸乙酯、乙酸丁酯、乙酸戊酯、乙酸异戊酯、乙酸糠酯、乙酸沉香酯、乙酸香茅酯、丙酸香叶酯、丙烯酸丙酯、丙酸乙酯、2-烯丙基环己基丙酸酯、丁酸甲酯、丁酸乙酯、丁酸丁酯、丁酸戊酯、丁酸异戊酯、丁酸苄酯、2-甲基丁酸甲酯、2-甲基丁酸乙酯、丁酸香茅酯、丁酸香叶酯、戊酸乙酯、异戊酸乙酯、异戊酸丁酯、异戊酸苯乙酯、己酸乙酯、己酸烯丙酯、己酸正丁酯、3-羟基己酸甲酯、庚酸乙酯、庚烯酸丙酯、庚酸烯丙酯、壬酸乙酯、癸二酸二乙酯、癸酸烯丙酯、环己基丙酸乙酯、环己基丙烯酸丙酯、环己烯基丙烯酸丙酯、环己基丙酸丙烯酯、苯氧基乙酸烯丙酯、3-苯氧乙酸烯丙酯、3-甲硫基丙酸乙酯、3-甲硫基丙酸甲酯、菠萝醚、乙基香茅醛、柠檬醛、凤梨醛、玫瑰醛、己醛、反-2-己烯醛、苯甲醛、乙醛二乙缩醛、2-戊酮、2,6-二甲基-4-庚酮、4-庚酮、2-十三酮、2-乙酰氧基丁酮、异茉莉酮、丁香酚、叶醇、烯丙醇、苯甲醇、苯丙醇、丁醇、2-甲基丁醇、1-己醇、环叶基硫醇、布枯叶油、橙叶油、甜橙油、橘子油、柑橘油、白康酿克油、吐鲁香脂油、依兰油、柠檬油、乙酸、丁酸、苯乙酸、苯氧基乙酸、α-亚乙基苯乙酸、α-乙烯基苯乙酸、磷酸、硫酸、麦芽酚、香兰素等。

3.8.3 菠萝香精配方

菠萝香精主要由菠萝的特征果香、香草香、焦糖香、酒香等组成。传统菠萝香精以丁酸乙酯、己酸乙酯、己酸烯丙酯来仿制菠萝香味，又以丁酸戊酯、乙酸戊酯、柑橘油等来增强其果香味，再以香兰素、麦芽酚来配制特征的香草、焦糖香味。现在用于菠萝香精的原料包括乙酸己酯、3-甲硫基丙酸甲酯、3-甲硫基丙酸乙酯、反-2-己烯酸甲酯、反-2-己烯酸乙酯、乙酸糠酯、叶醇、己酸丙酯、己酸叶醇酯、3-甲硫基丙醛和内酯类化合物。在菠萝香精配方中丁酸戊酯和丁酸乙酯一般占整个配方的50%以上，丁酸、乙酸戊酯、乙酸乙酯、己酸烯丙酯、辛酸烯丙酯、辛酸乙酯、环己基丙酸烯丙酯以及其他一些合成化合物对于菠萝香味起修饰作用。另外，在菠萝香精配方中还常添加微量的无萜柠檬精油（有时用柠檬醛）、约2%（质量分数）的香草醛、橘子精油以及当归精油等。表3-12为菠萝香料参考配方。

表 3-12 菠萝香精参考配方

组成	比例	组成	比例
乙醛		辛酸乙酯	
乙酸		庚酸乙酯	12.7
己酸烯丙酯*	21.4	己二烯酸乙酯	
辛酸烯丙酯		异戊酸乙酯*	36.0
环己基乙酸烯丙酯		乳酸乙酯	
环己基丁酸烯丙酯		丙酸乙酯	16.0
环己基丙酸烯丙酯*	16.4	甲醛	
庚酸烯丙酯		丁酸己酯	
2-壬烯酸烯丙酯		异丁酸异戊酯	

续表

组成	比例	组成	比例
对烯丙基苯酚		柠檬精油(柠檬醛*)	0.6
苯氧基乙酸烯丙酯*	2.0	乙酸甲酯	
十一碳烯酸烯丙酯		己酸甲基烯丙酯*	2.5
乙酸戊酯*	28.6	丁酸甲酯	
丁酸戊酯*	112.0	己酸甲酯	
辛酸戊酯		辛酸甲酯*	1.0
当归精油		异己酸甲酯	
乙酸冰片酯*	0.1	异戊酸甲酯	
乙酸丁酯*	105.0	3-甲硫基丙酸甲酯*	2.0
异丁酸丁酯		甲基丙基酮	
丁酸*	8.0	十一碳烯酸甲酯	
乙酸肉桂酯*	0.3	戊酸甲酯	
丁酸香茅酯*	4.0	橘子精油*	22.5
干邑精油*(庚酸乙酯)	0.3	异丁酸丙酯	
乙酸癸酯		香草醛*	5.6
癸二酸二乙酯*	20.0	溶剂	162.0
乙酸乙酯*	376.0	合计	1000.0
丙烯酸乙酯			
丁酸乙酯*	45.0		
己酸乙酯			

注：* 表示标准配方的组成；（ ）内表示可选择的替代物。

菠萝香精配方 1

异戊酸乙酯	180
丁酸乙酯	180
庚酸烯丙酯	140
乙酸正丁酯	100
己酸烯丙酯	100
丙酸乙酯	80
庚酸乙酯	60
香兰素	20
乙酸戊酯	20
甜橙油	30
冷榨柠檬油	10

| 菠萝醚 | 10 |

评价： 有菠萝的特征香气，但缺乏酸气，另外酯味重，有酒气，因而显得不新鲜。

菠萝香精配方 2

丁酸乙酯	40.00
乙酸乙酯	12.75
乙酸戊酯	8.00
戊酸乙酯	6.75
庚酸乙酯	3.42
甜橙油	2.15
香兰素	0.25
依兰油	0.10
丁酸	0.08

评价： 酒的酯味过重，掩盖了菠萝气味。

菠萝香精配方 3

乙酸戊酯	2.1
乙酸丁酯	12.0
丁酸乙酯	19.0
丙酸乙酯	8.1
己酸烯丙酯	10.2
庚酸烯丙酯	13.0
异戊酸乙酯	18.0
庚酸乙酯	5.9
甜橙油	3.4
菠萝醚	1.2

评价： 有菠萝的特征香气，仍缺乏酸气，但较配方 1 的酯味轻，没有明显的酒气，因而效果更好。

菠萝香精配方 4

1-丁醇	0.20
2-甲基丁醇	1.00
1-己醇	0.20
乙酸戊酯	4.10
乙酸异戊酯	1.31
丁酸乙酯	2.10
丁酸戊酯	1.30
乙酸庚酯	0.90

丁酸 2-甲基乙酯	4.00
己酸烯丙酯	24.22
己醛	0.20
反-2-己烯醛	1.17
苯甲醛	0.02
香兰素	6.00
丁香酚	0.02

评价： 有较明显的苹果味，无菠萝味。

菠萝香精配方 5

乙酸乙酯	1.5
己酸乙酯	1.0
乙缩醛	0.5
麦芽酚	0.7
香兰素	0.1
2-戊酮	2.0
乙酸	3.0
2,5-二甲基-4-羟基-2,3-二氢呋喃酮	4.0

评价： 酸气较足，但偏草莓，而不是菠萝气味。酸气过渡不自然。

3.9　甜橙香精

甜橙原产于我国西南部。常绿小乔木，果实球形，成熟时由绿转橙黄色，果皮不易剥落，果肉多汁，极甜。我国主要种植于长江流域、长江以南地区和西南地区。美国、巴西、以色列、意大利、阿尔及利亚等都有种植。甜橙具有轻快、新鲜和甜清的香气和香味，是国际上最普遍受人喜欢的果品。现在甜橙种植地区遍布全世界，产量为水果之首，甜橙香精也是世界上最流行的香型，广泛用于饮料、冰冻制品、糖果和医药品之中。

3.9.1　甜橙的主要挥发性成分

在果香型饮料中，甜橙香味是很受欢迎的。在柑橘属水果香味中，甜橙香味最为细腻复杂，因而甜橙的香成分被更多地研究。与柠檬、酸橙不同，目前还没有发现某一个或某两个能代表甜橙特征香味的挥发性组分，甜橙香味应是多种挥发性香成分按一定比例特定组合的结果。表 3-13 列出了在去皮桑吉耐洛甜橙中检测到的主要挥发性成分及其浓度。

d-苧烯具有弱的柠檬香味，其在水中的香味阈值为 0.21mg/L，主要存在于甜橙皮中，在甜橙皮油中，d-苧烯含量占95％。在加工的橙汁中，d-苧烯的最佳含量为135-180mg/L，更高含量的 d-苧烯将使甜橙汁有一种不愉快的香味。甜橙汁中含有的糖类、酸类及果胶类化合物等非挥发性成分将使甜橙汁中的 d-苧烯香味阈值升高。在190mg/L 时，d-苧烯对于甜橙香味将有重要贡献。另外，d-苧烯还可能是甜橙汁中的某些重要油溶性痕量甜橙香成分的运载体。

月桂烯在橙皮油及甜橙汁中的含量仅次于 d-苧烯。月桂烯在水中的香味阈值为 0.042mg/L，但月桂烯的存在有时会使加工后的甜橙汁有不愉快的香味。当月桂烯含量低于 10mg/L 时，会感觉到有一种"甜香酯-药草香"，而含量较高时又会有一种"刺激味和苦味"。

α-蒎烯是构成愉快甜橙香味的重要萜烯组分之一。α-蒎烯在水中的香味阈值为 1.0mg/L。甜橙汁中 α-蒎烯的含量也与甜橙汁中甜橙皮油的含量有关。一般在甜橙汁中 α-蒎烯的含量高于其在水中的阈值。

巴伦西亚橘烯是倍半萜化合物，大量存在于甜橙汁中，且在甜橙汁精油中的含量比甜橙皮精油中高。它有淡淡的柠檬香，对于甜橙香味也有贡献。乙醛是新鲜甜橙汁中的主要挥发性醛类化合物，在新鲜甜橙汁中含量是 3～7mg/L。其在水中的香味阈值为 0.022mg/L。当乙醛的含量为 3mg/L 时，乙醛将对甜橙汁的香味具有重要贡献。在甜橙加工过程中，乙醛容易损失，因此一般在冷冻的甜橙汁中补加乙醛，以再现甜橙汁原有的新鲜味。

表 3-13　去皮桑吉耐洛甜橙的挥发性香成分及其浓度

化合物	含量/(μg/L)	化合物	含量/(μg/L)
α-蒎烯	178	辛酸丁酯	36
β-蒎烯	8	乙酸芳樟酯	12
月桂烯	690	乙酸薄荷酯	6
d-苧烯	70000	乙酸香茅酯	12
γ-萜品烯	30	乙酸橙花酯	20
对伞花烃	17	乙酸香叶酯	15
萜品油烯	10	3-羟基丁酸乙酯	650
别-罗勒烯	85	3-羟基己酸甲酯	100
β-石竹烯	64	3-羟基己酸乙酯	700
金合欢烯	48	3-羟基辛酸乙酯	30
α-葎草烯	30	芳樟醇	215
巴伦西亚橘烯	5000	4-萜品醇	47
δ-杜松烯	31	α-萜品醇	55
芹子二烯	150	橙花叔醇	10
己醛	20	香叶醇	11

续表

化合物	含量/(μg/L)	化合物	含量/(μg/L)
辛醛	25	香茅醇	21
壬醛	15	橙花醇	20
癸醛	77	对蓋烯-9-醇	22
柠檬醛	58	顺-芳樟醇氧化物	10
β-紫罗兰酮	25	反-芳樟醇氧化物	50
紫苏醛	30	异戊醇	569
丁酸乙酯	900	1-己醇	30
2-甲基丁酸乙酯	22	顺-3-己烯醇	54
丁酸丁酯	13	1-辛醇	17
己酸乙酯	52	2-苯乙醇	20
辛酸乙酯	27		

　　一般认为，d-苧烯、月桂烯、α-蒎烯、巴伦西亚橘烯、乙醛、反-2-戊烯醛、辛醛、壬醛、癸醛、柠檬醛、甜橙醛、乙酸乙酯、丙酸乙酯、丁酸甲酯、丁酸乙酯、2-甲基丁酸甲酯、3-羟基己酸乙酯、乙醇、反-2-己烯醇、顺-3-己烯醇、芳樟醇、α-松油醇是甜橙香味的重要香成分。表 3-14 列出了在口感柔和的甜橙汁中一些重要香成分的适宜含量。

表 3-14　甜橙汁中一些重要香成分的适宜含量

成分	含量/(mg/L)
乙醛	3
柠檬醛	0.78
丁酸乙酯	0.4
d-苧烯	190
壬醛	0.01
癸醛	0.06
α-蒎烯	1.6

3.9.2　甜橙香精常用的香料

　　在天然橙汁中，柠檬醛以香叶醛和橙花醛（两种异构体香叶醛与橙花醛比例大约为 6∶4）的混合物形式存在。柠檬醛在甜橙汁中的含量高于其在水中的阈值。在 0.78mg/L 时，柠檬醛对于甜橙汁的香味起重要作用。在配制的甜橙香精中，柠檬醛的含量一般大约 40mg/L。

　　甜橙香精可用甜橙汁或甜橙精油补加其他香料配制而成。甜橙香精配方中最好应包括下列组合之一：

    （1）柠檬醛、丁酸乙酯、d-1,8-萜二烯；

    （2）丁酸乙酯、d-1,8-萜二烯、壬醛；

    （3）丁酸乙酯、d-1,8-萜二烯、α-蒎烯；

    （4）乙醛、柠檬醛、丁酸乙酯、d-1,8-萜二烯；

    （5）乙醛、丁酸乙酯、d-1,8-萜二烯、辛醛；

    （6）柠檬醛、丁酸乙酯、d-1,8-萜二烯、α-蒎烯；

    （7）乙醛、柠檬醛、丁酸乙酯、d-1,8-萜二烯、辛醛。

可用于调配甜橙香精的香料有甲基异丙基苯、双戊烯（松油精）、玫瑰醇、反-2-己烯醛、二甲基辛醇、甲酸乙酯、乙酸乙酯、乙酸戊酯、乙酸2-甲基丁酯、丁酸乙酯、异丁酸乙基香兰素酯、戊酸乙酯、己酸烯丙酯、安息香酸乙酯、2,4-二甲基-4-庚酮、芳樟醇、松油醇、柠檬醛、十二醛、柠檬萜烯、酸橙萜、酸橙油、甜橙油、红橘油、橙皮油、柠檬提取物、血橙提取物、柑橘提取物、甜橙提取物、冬青油、酒石酸。

3.9.3　甜橙香精配方

配制甜橙香精常用的甜橙油，是用冷磨或冷压方法从甜橙果皮中取得的。另外也有用甜橙果汁精油来生产甜橙香精的。甜橙果汁精油是在浓缩果汁时，从蒸除的水中回收得到的香味成分，较果皮精油用于香精香味更好。

调配甜橙香精可以冷压甜橙油或橙汁精油为主原料，采用低浓度的乙醇萃取除萜工艺制得。

甜橙香精配方1

阿拉伯胶	52.0
甜橙油	92.0
红橘油	9.4
乙醇	100.0
蒸馏水	适量

评价： 新鲜的，柑橘香，果香，甜香，仿真度高，强度较弱。

甜橙香精配方2

戊酸乙酯	5
柠檬醛	2
乙酸乙酯	5
丁酸乙酯	1
乙酸戊酯	1
安息香酸乙酯	1

甲酸乙酯	1
甘油	10
橙皮油	10
冬青油	1
酒石酸	1

评价： 甜香，果香，无甜橙特征香，透发性好。

3.10　柠檬香精

柠檬原产于马来西亚，果实长圆形或卵圆形，表皮淡黄色，表面粗糙，先端呈乳头状突起。我国以四川、台湾为主产区，广东、广西、福建、云南有种植。国外以意大利、美国、墨西哥为柠檬的主要产区。我国的栽培品种一般是尤力克、里斯本和北京柠檬等。

3.10.1　柠檬的挥发性香成分

在柠檬中，柠檬皮和柠檬汁是产生柠檬香味的两个主要部分。柠檬汁的香味与柠檬皮油不同，柠檬皮油带有明显的柠檬皮香韵，柠檬汁中含有大量的柠檬酸，有强烈的酸味及汁液的新鲜香味。研究柠檬皮精油与柠檬汁的挥发性成分发现，柠檬皮油 α-蒎烯与 β-蒎烯的含量较高，而14％以上的柠檬汁中含有图3-7所示的乙醇醚、倍半萜醇等柠檬皮油中尚未检测到的化合物。另外，在柠檬皮油中含有可观份额的茉莉酮酸甲酯（见图3-7），在很熟的柠檬中这种茉莉酮酸甲酯的香味更加强烈。

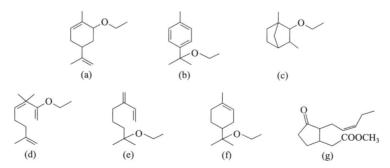

图 3-7　一些重要的柠檬香成分

（a）香芹基乙基醚；（b）对-8-伞花基乙基醚；（c）小茴香基乙基醚；（d）芳樟基乙基醚；
（e）月桂基甲基醚；（f）α-松油基乙基醚；（g）茉莉酮基甲基醚

从去皮柠檬汁中检测到的主要挥发性香成分如下。

碳氢化合物：1,8-萜二烯、β-蒎烯、月桂烯、α-蒎烯、γ-萜品烯等。

醛类化合物：香叶醛、橙花醛、辛醛、壬醛等。

酯类化合物：乙酸香叶酯、乙酸橙花酯、乙酸香茅酯、乙酸 α-萜品酯等。

单萜醇类化合物：4-萜品醇、α-萜品醇、反香芹烯醇、芳樟醇等。

倍半萜烯醇：α-红没药醇、石竹烯醇、喇叭茶醇、橙花叔醇、1,3-二甲基-3-(4-甲基-3-戊烯基)-2-降冰片烷醇、2,3-二甲基-3-（4-甲基-3-戊烯基）-2-降冰片烷醇等。

醚类化合物：α-萜品醇甲（乙）醇醚、β-萜品醇甲（乙）醇醚、4-萜品醇乙醇醚、冰片醇甲（乙）醇醚、异冰片醇甲（乙）醇醚、月桂醇甲醇醚、小茴香醇甲醇醚、对-8-伞花醇乙醇醚、香叶醇乙醇醚、芳樟醇乙醇醚、桧萜醇乙醇醚、对-1-蓋烯-3-醇乙醇醚、香芹醇乙醇醚、1,8-二甲氧基对蓋烷等。

酸类化合物：2-甲基丁酸、己酸、庚酸、辛酸、癸酸、香叶酸、十四酸、十六酸等。

其他：甲硫醇、二甲基一硫醚、二甲基二硫醚等。

上述去皮柠檬汁中检测到的多数挥发性成分在柠檬皮油中也被鉴定出来。无论是柠檬皮还是柠檬汁，形成柠檬香味的最重要的组分都是柠檬醛，柠檬醛是以两个结构异构体香叶醛和橙花醛的混合物形式存在于柠檬中。在柠檬皮油中，异构体香叶醛占 60%，另外一个异构体橙花醛占 40%；而在柠檬汁中香叶醛占 95%，橙花醛只占 5%。

柠檬皮精油用在多种食品中，赋予食品柠檬香味。在柠檬皮精油中，除了主要香成分柠檬醛外，还存在其他组分对于柠檬的香味起修饰作用。一般，在高质量的柠檬皮精油中，柠檬醛含量大约为 0.2%，另外还应含有香叶醇、乙酸香叶酯、丁酸香茅酯、丁酸香叶酯、乙酸橙花酯、丙酸橙花酯、香柠檬烯等高沸点组分以及 β-萜品烯、γ-蒎烯、α-侧柏烯、α-水芹烯、β-水芹烯、β-香叶烯、α-小茴香烯、D-柠檬烯、α-罗勒烯、β-罗勒烯、α-萜品烯、γ-萜品烯、异松油烯、α-甜柠檬烯、β-甜没药烯、3-蒈烯等。

3.10.2　柠檬香精常用的香料

柠檬香味中有重要贡献的一些挥发性香成分包括：橙花醛、香叶醛、β-蒎烯、γ-萜品烯、香叶醇、乙酸香叶酯、乙酸橙花酯、香柠檬烯、石竹烯、红没药醇、乙醇香芹醇醚、乙醇 8-对伞花醇醚、乙醇小茴香醇醚、乙醇芳樟醇醚、乙醇月桂醇醚、乙醇 α-萜品醇醚、茉莉酮酸甲酯。柠檬醛是赋予柠檬特征性新鲜香味的重要成分。香叶醇、乙酸香叶酯、乙酸橙花酯与乙醇芳樟醇醚、乙醇月桂醇醚一起构成了淡淡的柠檬汁液的特征性香味；在冷榨柠檬皮油中萜类化合物含量很高，柠檬醛、γ-松油烯及 α-蒎烯构成了柠檬皮油的主体香气。

柠檬香精一般以柠檬精油作主香成分，再按一定的比例添加其他成分加以修饰配制。

调配柠檬香精的常用香料包括：伞花烃、双戊烯、柠檬萜烯、橙萜烯、松油醇、芳樟醇、香叶醇、沉香醇、肉桂醇、松油烯醇、二氢香豆素、二氢月桂烯醇、乙醛、甲基辛基乙醛、辛醛、壬醛、癸醛、十一烯醛、十二醛、月桂醛、胡椒醛、柠檬醛、柠檬醛乙二醇缩醛、甲基庚烯酮、柠檬酸、酒石酸、琥珀酸、乙酸、己酸、辛酸、异戊酸、邻氨基苯甲酸、乙酸乙酯、乙酸芳樟酯、乙酸苄酯、乙酸香叶酯、乙酸松油酯、乙酸沉香酯、乙酸苏合香酯、戊酸乙酯、戊酸戊酯、氨基苯甲酸甲酯、硬脂酸丁酯、γ-十一内酯、冷榨柠檬油、橙皮油、橘皮油、白柠檬精油、香柠檬油、甜橙油、无萜柠檬油、桂皮油、肉豆蔻油、乙基香兰素、香兰素、肉玫瑰木油、芫荽油、苯并脱氢吡喃酮、黑香豆酊、薰衣草油、黄杉油、玫瑰木油、桉树油、香茅油、枫茅油。

3.10.3 柠檬香精配方

配制柠檬香精主要用柠檬油。柠檬油通常是冷磨柠檬全果所得的精油。分析柠檬油的组分，它主要有：苧烯、月桂烯、松油烯、α-蒎烯、β-蒎烯、α-松油醇、芳樟醇、橙花醇、辛醇、辛醛、壬醛、癸醛、十一醛、香茅醛、柠檬醛、乙酸辛酯、乙酸癸酯、乙酸香茅酯、乙酸香叶酯、乙酸橙花酯、乙酸芳樟酯等。其中苧烯等萜烯类化合物约占到 90% 以上，它们的水溶性很差，所以在水溶性的柠檬香精中必须除去它们。

下面是一些柠檬香精的配方及其评价意见。

柠檬香精配方 1

D-苧烯	4.0
香柠檬油	3.5
芳樟醇	0.5
柠檬醛	2.0

评价： 香气浓郁而持久，典型的柠檬果肉香气；但香气单一，且偏青香，可用作柠檬香精的主体香气，通过适当增加其他香韵的香料来丰富其香气。

柠檬香精配方 2

柠檬醛（5%）	2.00
柠檬腈（5%）	0.50
芳樟醇	1.00
乙酸乙酯	0.20
甲位松油醇	0.03
乙醛	0.05
十一醛	0.03

香叶醇	0.10
柠檬油	1.00

评价： 香气浓郁而持久，柠檬特征香气明显，具有甜样果香，底香带有辛香杂香。

3.11 香蕉香精

3.11.1 香蕉的挥发性香成分

香蕉是直接食用的水果中最重要的一种。香蕉大约有 200 个种类，这些香蕉的口味及用途都不一样，有成熟后可以直接生吃的甜香蕉，而有些味涩淀粉含量大的香蕉则需要煮熟吃。用香蕉可制成香蕉片、香蕉粉、香蕉糊、香蕉汁及香蕉香料、香蕉酒、香蕉醋等。

与其他水果如苹果、梨比较，香蕉是典型的"呼吸高峰期"水果。在香蕉生长和收获期间，香蕉的香味并没有形成。在香蕉的旺盛呼吸高峰过后，香蕉才逐渐熟化，香蕉的颜色从青绿变到黄。香蕉的颜色变黑是由于香蕉中所含的山梨酸氧化。切片的或熟透的香蕉在室温放置将逐渐失去山梨酸，但与皮一起加工的香蕉能保持山梨酸很久。

在香蕉成熟过程中，香蕉中的大分子物质如多糖、脂类含量降低，并同时形成酯及醇等香味成分。不同品种的香蕉以及香蕉成熟过程中不同阶段的香味成分的种类及含量都会有所不同，但常见的一些成分一般都存在。在 $5\sim25℃$ 时，香蕉的挥发性香成分将按温度呈指数变化，但更高的温度将使产生的挥发性香成分含量降低并生成发酵产物。

一般香蕉精油中只含有很少量的挥发性香蕉香味成分。天然的香蕉香精可采用下面方法制成。

天然香蕉香精配方

香蕉	2500
水	166
95%乙醇	191
果胶酶	3
过滤助剂	50

加工过程：①2500 份香蕉去皮得到 1500 份去皮香蕉；②将去皮香蕉 1500 份、水 166 份及 3 份果胶酶机械搅拌至泥状，再放置一天使果胶溶解；③将 191 份 95%乙醇加入并混合均匀；④50 份过滤助剂加入，滤出香蕉汁 a；⑤分离后的固体部分再加水 204 份常压蒸馏得到香蕉馏分，34 份香蕉初馏分加酒精稀释（乙醇占 60%）成香蕉汁；⑥95.0 份 a 与 5 份 b 混合，得到乙醇含量为 15%的香

蕉香料。

对大米七香蕉进行的研究中，发现以下一些风味化合物：乙酸戊酯、1-丁醇、2-丁醇、乙酸正丁酯、乙醇、乙酸乙酯、1-己醇、反-2-己烯醛、1-己基乙酸酯、乙酸正己酯、乙酸异戊酯、异戊醇、丁酸异戊酯、乙酸异丁酯、2-戊酮、2-戊基乙酸酯、2-戊基丁酸酯、1-丙醇。其中值得注意的是那些醇类化合物。它们能产生一种木香、似霉菌的味道，与天然香蕉香味的典型的青香味类似。

目前，已从香蕉中鉴定出大约150种挥发性成分，其中对香蕉香味有贡献的主要挥发性香成分有：2-甲基戊醇、丁醇、4-松油烯醇、α-萜品醇、戊醇、2-戊醇、2-己醇、顺-4-庚烯-2-醇、反-4-庚烯-2-醇、反-4-己烯醇、反-2-己烯醇、己醇、2-庚醇、顺-4-辛烯醇、顺-5-辛烯醇、顺-3-辛烯醇、异戊醇、小茴香醇、乙醛、异戊醛、己醛、反-2-己烯醛、2-戊酮、2-己酮、3-庚烯-2-酮、顺-4-庚烯-2-酮、反-4-庚烯-2-酮、3-羟基-2-丁酮、乙酸乙酯、乙酸丙酯、乙酸丁酯、乙酸异戊酯、乙酸-2-戊酯、乙酸己酯、乙酸顺-3-己烯酯、乙酸顺-4-己烯酯、乙酸顺-4-辛烯酯、乙酸顺-5-辛烯酯、乙酸癸酯、3-甲氧基乙酸丁酯、二乙酸 2,3-丁二酯、丁酸甲酯、丁酸乙酯、丁酸丁酯、丁酸异丁酯、丁酸异戊酯、丁酸己酯、异丁酸乙酯、异丁酸-1-甲基丁酯、异丁酸异丁酯、异丁酸异戊酯、2-羟基-3-甲基丁酸乙酯、巴豆酸乙酯、戊酸异戊酯、异戊酸异戊酯、异戊酸己酯、3-羟基己酸乙酯、肉桂酸乙酯、月桂烯、龙脑、丁香酚等。表 3-15 是一些赋予香蕉"油脂香-青香"香韵的痕量成分。

表 3-15　香蕉中"油脂香-青香"香韵的痕量成分

化合物	平均浓度/(μg/L)	香味特征
反-4-庚烯-2-酮	150	油脂香、甜香
顺-4-庚烯-2-酮	200	青香、油脂香
顺-4-辛烯-1-醇	300	果香、油脂香
顺-5-辛烯-1-醇	50	弱的油脂香
乙酸顺-4-己烯酯	200	强烈青气
乙酸顺-4-辛烯酯	250	强烈青气
乙酸顺-5-辛烯酯	50	强烈青气

3.11.2　香蕉香精常用的香料

一般认为，乙酸甲酯、乙酸乙酯、乙酸丁酯、乙酸异丁酯、乙酸戊酯、乙酸异戊酯、乙酸己酯、丙酸戊酯、丁酸戊酯、丁酸异戊酯、异戊酸戊酯、乙醇、丙醇、丁醇、戊醇、2-戊醇、异戊醇、己醇、己酸、2-戊酮、己醛、反-2-壬烯醛、反-2-顺-6-壬二烯醛、丁香酚、黄樟素等是构成特征性香蕉香味的主要成分。其中乙酸异戊酯代表了香蕉的新鲜、酯香、水果甜香特征，令人想起溶剂乙酸异戊酯的香味。另外，香蕉味从涩、酸味道长成甜的酯香香味也主要与乙酸异戊酯有关。丁香酚构成了成熟及过熟香蕉的辛香香气。香蕉中的各种挥发性酯类化合物如丁酸异戊酯、异戊酸异戊酯、乙酸-4-庚烯-2-酯是对香蕉的整体果香香味起辅助作用的成分。

在香蕉香精调配中常用的香料如下。

酯类香料：乙酸乙酯、乙酸丙酯、乙酸丁酯、乙酸异丁酯、乙酸-2-乙基丁酯、乙酸戊酯、乙酸异戊酯、乙酸己酯、乙酸庚酯、乙酸苄酯、乙酸香茅酯、丙酸苄酯、丙酸环己酯、丁酸乙酯、丁酸戊酯、丁酸异戊酯、丁酸环己酯、丁酸苄酯、2-甲基丁酸甲酯、2-甲基丁酸乙酯、异丁酸丁酯、戊酸戊酯、异戊酸异戊酯、异戊酸环己酯、己酸乙酯、己酸烯丙酯、己酸戊酯、庚酸乙酯、二氢香豆素、癸二酸二丙酯、壬酸乙酯、乙酸庚酯、顺-2-反-4-癸二烯酸酯。

其他：乙醛、丁醛、2-甲基丁醛、己醛、反-2-己烯醛、苯甲醛、胡椒醛、玫瑰醛、4-甲基-2-戊酮、2,4-二甲基-4-庚酮、香叶基丙酮、4-庚酮、甲基庚酮、甲基戊基酮、氧杂萘邻酮、1-丁醇、2-甲基丁醇、异丙基苄基甲醇、1-己醇、沉香醇、芳樟醇、丁香酚、桂叶油、甜橙油、丁香油、橙叶油、香草精油、紫罗兰油、香兰素等。

3.11.3 香蕉香精配方

调香师成功地配制香蕉香精已经有相当长的时间了，在香蕉天然香味中的乙酸戊酯、乙酸异戊酯以及丁酸戊酯，在香蕉香精配方中非常重要，几乎能复制出香蕉的天然香味。这些酯产生的特殊香味还可通过加入青香、木香以及更易挥发的水果香味（丁酸戊酯本身也具有水果香味）来进一步修饰。

对早期大约 3000 种用于糖果的香蕉香精配方的分析表明，大约 50% 的配方由乙酸戊酯和丁酸戊酯以 2∶3 的比例组成。其他的一些酯，如辛酸乙酯、庚酸乙酯用量较低，在配方中柠檬精油与香草醛的含量不超过 10%。在不含精油的配方中，上述的比例上升到最大值：丁酸戊酯 44%，乙酸戊酯 43%，丁酸乙酯 8%，丙酸香叶酯 1% 和香草醛 4%。一些调香师建议在含有大约 50% 乙酸戊酯的配方中加入约 10% 乙醛，以及约 10% 的具有强的花香、玫瑰-紫罗兰香型香料、二氢香豆素、香草和胡椒醛等。

很明显香蕉香精配方很简单，只含有为数不多的组分。尽管在市场上有纯度更高的酯类化合物销售后，香蕉香精配方有了很明显的改善，但实际上基本的组成并没有完全改变。香蕉香精常以乙酸异戊酯、丁酸异戊酯、乙酸乙酯等拟作香蕉的主香气，以甜橙、柠檬等柑橘类精油增强其天然新鲜感，以丁香油、香兰素等作为其留香的甜香，同时适量使用丁酸乙酯、乙酸丁酯等以丰满果香韵。

对于主要由乙酸戊酯、乙酸异戊酯、丁酸异戊酯组成香蕉香精的配方（见表 3-16），可采用在配方中加入丁酸苄酯、乙酸 2-乙基丁酯、甲基庚酮、异丙基苄基甲醇、甲基戊基酮、庚酸乙酯、戊酸乙酯、乙酸己酯、丁酸环己酯、异戊酸环己酯、丙酸环己酯等进行修饰。

表 3-16　香蕉香精参考配方

组成	比例	组成	比例
乙醛 *	0.75	己醛 *	0.5
己醇	300.5	乙酸己酯	
乙酸戊酯 *	206.0	乙酸异戊酯 *	70.0
丁酸戊酯 *	18.0	异戊醇 *	0.50
戊酸戊酯 *		丁酸异戊酯 *	40.0
丁酸苄酯	6.6	乙酸异丁酯	
丙酸苄酯 *	1.0	异丙基苄基甲醇	
乙酸丁酯 *		柠檬精油 *	1.30
丁酸丁酯		甲基戊基酮	
异戊酸环己酯		甲基庚烯酮 *	1.0
丙酸环己酯 *	2.0	橘子精油 *	0.30
乙酸乙酯		玫瑰精油（芳樟醇 *，玫瑰醇，香叶醇，香茅醇）	12.0
2-乙基丁基乙酸酯			
丁酸乙酯 *	30.0	香草醛 *	9.0
己酸乙酯 *	7.20	紫罗兰精油 *（α-紫罗兰酮、α-鸢尾酮、β-甲基紫罗兰酮）	0.25
辛酸乙酯			
庚酸乙酯		溶剂	277.9
戊酸乙酯			
丙酸香叶酯 *	6.0	合计	1000.00
胡椒醛	7.20		

注：* 表示标准配方的组成；（ ）内表示可选择的替代物。

香蕉香精配方 1

丙酸苄酯	0.11
己酸乙酯	0.12
胡椒醛	0.12
香兰素	0.12

二氢香豆素	0.12
芳樟醇	0.20
戊酸戊酯	0.30
丁酸戊酯	0.60
乙醛	0.60
乙酸戊酯	2.67

评价： 淡淡的香蕉味，甜味，果味，酒精味。

香蕉香精配方 2

乙酸异戊酯	1.50
桂叶油	0.03
乙酸异丁酯	0.35
甜橙油（冷磨法）	0.20
丁酸异戊酯	0.13
香兰素	0.08
丁酸乙酯	0.13
乙酸苄酯	0.05
丙酸苄酯	0.05

评价： 香蕉味，果香，甜香，带有类似酒味的杂味。

香蕉香精配方 3

乙酸乙酯	0.20
芳樟醇	0.28
乙酸异戊酯	4.00
丁香酚	0.12
丁酸乙酯	0.20
丁醛	0.40
丁酸戊酯	0.48
胡椒醛	0.02
戊酸戊酯	0.26
香兰素	0.12

评价： 新鲜的，青香，甜香不足，青香蕉味。

香蕉香精配方 4

丁香油	0.09
橙叶油	0.03
乙酸乙酯	0.75
甜橙油	0.30

乙酸戊酯	3.30
丁酸乙酯	0.60
丁酸戊酯	0.90
香兰素	0.03

评价: 香蕉味, 甜香, 略有杂味。

香蕉香精配方 5

2-甲基丁醇	1.0
1-己醇	1.0
乙酸戊酯	10.0
乙酸异戊酯	30.0
丁酸乙酯	8.0
丁酸戊酯	6.8
乙酸庚酯	1.0
己酸烯丙酯	1.0
乙酸香茅酯	1.0
己醛	0.2
反-2-己烯醛	2.0
香兰素	6.0
丁香酚	0.5

评价: 轻微的香蕉味, 仿真度较低。

香蕉香精配方 6

桂叶油	0.4
乙酸香茅酯	0.2
己醛	0.2
香兰素	0.1
乙酸戊酯	0.2
乙酸异戊酯	2.0
乙酸异丁酯	1.0
反-2-己烯醛	0.2
乙酸苄酯	0.1
丙酸苄酯	0.2
丁酸异戊酯	0.2
乙酸庚酯	0.1
丁香酚	0.1

评价: 配方 1～5 来源于以往的文献, 而配方 6 则是在重复配方 1～5 的过程中, 根据对香

蕉的理解和个人对所用香料的喜好，从中选取了一部分香料，重新拟定的配方。刚调完时，香蕉皮的青气明显，有未成熟的香蕉味。待香精熟化后，香蕉肉的感觉明显上升，不再有明显的青气，香气透发。

3.12 芒果香精

3.12.1 芒果的挥发性香成分

世界上大约有 50 个国家种植芒果，芒果也属于市场上比较重要的一种水果。但局限于天然芒果香味中化学成分的研究，芒果香精产量比其他如香蕉香精、菠萝香精小得多。

青芒果是涩酸苦味的，但成熟的芒果具有一种特别令人喜爱的香味。不同品种芒果的香味有时差别较大。阿方索（Alphonso）和兰格拉（Langra）品种芒果的精油都具有似青芒果香、酯香、似焦糖香及泥土香的香气特征。另外，Langra芒果还具有似樟脑香、似桃子香及木香香韵，Alphonso 芒果具有似杏仁香、似椰子香的香韵。一般而言，芒果具有甜香、水果香、奶油香、花香-桃罐头香的总体香气特征及一种或多或少的强烈的萜烯香、青香、树脂香头香香韵。

不同种类芒果可通过萜烯香气特征来区分。如印度的 Alphonso 芒果具有较弱的新鲜甜柠檬青香萜烯香气，并具有丰满的桃子的整体味道；菲律宾的 Carabao 芒果具有新鲜、青香、药草香、似香芹香的萜烯头香香韵并伴随着一种浓郁的奇异的甜杏子香；斯里兰卡和马来西亚的芒果具有青香、含树脂的松树针叶萜烯香头香特征。按萜烯香气特征，芒果基本上可分为三种。

罗勒烯型：顺-罗勒烯与 β-石竹烯构成芒果的甜香、柠檬香、木香萜烯香香韵，如 Alphonso 芒果。

蒈烯型：δ-3-蒈烯与 β-石竹烯构成芒果的青香、木香、药草香、似香芹的萜烯香香韵，如 Carabao 芒果；

萜品烯型：α-萜品烯与 β-芹子烯构成芒果的青香、似含树脂的松树针叶萜烯香香韵，如马来群岛的芒果。

目前已从芒果中鉴定出许多挥发性成分，这些挥发性成分主要包括如下化合物。

烃类化合物：环戊烷、环己烷、甲基环己烷、二甲基环己烷、乙基环己烷、辛烷、十四烷、十六烷、十八烷、苯、甲苯、对二甲苯、间二甲苯、二甲基苯乙烯、甲基丙烯基苯、α-蒎烯、β-蒎烯、月桂烯、α-石竹烯、β-石竹烯、α-葎草烯、α-芹子烯、柠檬烯、罗勒烯、松油烯、2-蒈烯、3-蒈烯、萜品油烯、β-芹子烯、大根香叶烯、二环大根香叶烯、γ-杜松烯、δ-杜松烯、伞花烃等。

酯和内酯类化合物：丁酸甲酯、丙酮酸甲酯、辛酸甲酯、乙酸乙酯、2-甲基丙酸乙酯、丁酸乙酯、丁烯酸乙酯、异戊酸乙酯、3-羟基丁酸乙酯、己酸乙酯、3-羟基己酸乙酯、辛酸乙酯、癸酸乙酯、十一酸乙酯、十二酸乙酯、十四酸乙酯、十六酸乙酯、乙酸丁酯、丁酸丁酯、3-羟基丁酸丁酯、3-羟基丁酸-2-甲基丙酯、己酸丁酯、乙酸-2-甲基丙酯、丁酸-2-甲基丙酯、乙酸异戊酯、丁酸异戊酯、乙酸己酯、乙酸顺-3-己烯酯、乙酸反-3-己烯酯、丙酸顺-3-己烯酯、丁酸顺-3-己烯酯、3-羟基丁酸顺-3-己烯酯、乙酸-2-苯乙烯酯、丁烯酸-2-苯乙烯酯、丁酸顺-3-己烯酯、反-2-丁烯酸顺-3-己烯酯、戊烯酸顺-3-己烯酯、反-2-己烯酸顺-3-己烯酯、1-甲基丁内酯、4-戊内酯、4-己内酯、4-庚内酯、丙位辛内酯、4-辛内酯、5-辛内酯、4-壬内酯、4-癸内酯、5-癸内酯等。

醇类化合物：乙醇、异丁醇、丁醇、2-丁醇、3-甲基-2-丁醇、3-甲基-2-丁烯醇、2-甲基-3-丁烯醇、2-甲基-3-丁烯-2-醇、戊醇、2-戊醇、3-戊烯-2-醇、己醇、3-己醇、顺-3-己烯醇、反-3-己烯醇、反-2-己烯醇、壬醇、十六醇、苯乙醇、糠醇、α-萜品醇、β-萜品醇、芳樟醇、4-萜品醇、顺香芹醇、反香芹醇、香叶醇、对-伞花烃-8-醇、蓝桉醇、荜澄茄油烯醇、α-杜松醇、β-杜松醇、顺芳樟醇氧化物、反芳樟醇氧化物、11-芹子烯-4-醇、4-乙烯基苯酚等。

酸类化合物：乙酸、丁酸、2-甲基丁酸、戊酸、己酸、辛酸等。

醛、酮化合物：乙醛、丁醛、2-甲基丁醛、己醛、顺-2-己烯醛、反-2-己烯醛、壬醛、反-2-壬烯醛、反-2-顺-6-壬二烯醛、糠醛、5-甲基糠醛、苯甲醛、苯乙醛、β-环柠檬醛、丙酮、3-戊酮、2-庚酮、辛酮、2-十三酮、2-乙酰基呋喃、2,5-二甲基二氢呋喃-3-酮、2,5-二甲基-4-甲氧基-2-氢呋喃-3-酮、苯乙酮、4-甲基苯乙酮、β-紫罗兰酮、大马酮、羟基丙酮、3-羟基丁酮、3,5,5-三甲基-环己-2-烯酮等。

其他成分：葎草烯环氧化合物Ⅰ和Ⅱ、石竹烯环氧化合物、三氯乙烯、三氯丙烷、二甲基甲酰胺、二亚甲基甘油单乙醇醚、N-甲基吡咯烷酮、吡啶、甲硫基苯甲醛、苯并噻唑等。

在芒果中，单萜烯类化合物占挥发性成分的主要部分，并在芒果的香气中起重要作用。3-蒈烯是委内瑞拉芒果的重要香成分。月桂烯，具有新鲜的青草香气特征，是阿方索和巴拉迪芒果的重要香成分。苧烯是柠檬油的主要成分，大量存在于巴拉迪芒果中，但在阿方索芒果中含量较少。α-萜品烯，具有花香、甜香、松树香气，在菲律宾阿方索芒果中含量也相当可观。顺-3-己烯醇、反-2-己烯醛、反-2-己烯醇具有新鲜、青香香气，与萜烯化合物一起构成芒果头香香气特征。γ-与δ-内酯化合物如4-癸内酯、5-癸内酯、4-十二内酯、5-十二内酯、顺-7-癸烯-5-癸内酯赋予芒果甜香、奶香、奶油香、桃香和杏子香的香气特征。2,5-二甲基二氢呋喃-3-酮、2,5-二甲基-4-甲氧基-2-氢呋喃-3-酮构成了芒果的甜香、奶香、水果香基本香气。一些酯类化合物由乙醇、丁醇、顺-3-己烯醇与乙酸、丁酸、2-

丁酸、3-羟基丁酸及己酸形成的酯类化合物构成了芒果的整体水果香气特征。醇类化合物，如 3-甲基-2-丁烯醇、香茅醇、橙花醇、脱氢芳樟醇、芳樟醇、苯乙醇赋予芒果新鲜的花香头香香气特征。

3.12.2 芒果香精常用的香料

可用于配制芒果香精的香料有：2-庚基呋喃、苯乙醇、芳樟醇、松油醇、糠醛、5-甲基糠醛、2-乙酰基呋喃、丁二酮、β-紫罗兰酮、乙酸、丙酸、乙酸乙酯、乙酸丁酯、乙酸戊酯、丁酸乙酯、丁酸丁酯、丁酸戊酯、癸酸乙酯、乙酰乙酸乙酯、苯甲酸甲酯、苯甲酸乙酯、γ-戊内酯、γ-己内酯、δ-辛内酯、γ-辛内酯、γ-壬内酯、γ-癸内酯、δ-癸内酯、γ-十一内酯、春黄菊罗木提取物、布枯叶提取物、1-对蓋烯-8-硫醇、二甲基硫醚、玫瑰提取物、呋喃酮、麦芽酚、乙基麦芽酚、香兰素、乙基香兰素、柠檬油、丁香油、肉豆蔻油、橙叶油等。

3.12.3 芒果香精配方

芒果香精配方 1

甲酸香茅酯	30
乙酸丁酯	40
丁酸戊酯	10
丁酸丁酯	60
乙酰乙酸乙酯	120
γ-壬内酯	30
γ-十一内酯	10
γ-癸内酯	20
乙基香兰素	8
芳樟醇	20
β-紫罗兰酮	20
橙叶油	5
2-甲基丁酸	10
麦芽酚	8
苯甲酸乙酯	5

评价： 较明显的鱼肝油胶囊风味，紫罗兰酮偏多。

3.13 荔枝香精

荔枝是著名的岭南佳果，属亚热带珍贵水果。它原产我国南部，有 2000 多年的栽培历史。我国荔枝主要产于广东、福建。荔枝的品种很多,有几十种,其中有的品种是早熟的,也有的是稍晚熟的。在广东"三月红"是最早熟的品种;"白玉"的味道甜中带酸,很受人喜欢;其中最常见、量最大的则是早熟品种"黑叶"和迟熟品种"糯米糍"。著名的"拉绿"则在雪白、莹润的肉质上有一条绿线,据说是早先进贡品种中最好的一种。水果荔枝的大小与李子差不多,荔枝皮像一个红色的有斑纹的蛋壳。它的汁液充足,具有甜香、芳香、玫瑰香、水果香香味特征。

3.13.1　荔枝的挥发性香成分

荔枝中的香成分有:月桂烯、苧烯、α-蒎烯、α-姜烯、α-金合欢烯、α-姜黄烯、罗勒烯、γ-松油烯、莰烯、γ-榄香烯、3-甲基-2-丁烯醇、异戊醇、1-己醇、1-庚醇、1-辛烯-3-醇、芳樟醇、香叶醇、香茅醇、苏合香醇、苯甲醇、2-苯乙醇、对异丙基苯甲醇、金合欢醇、补身醇、3-甲基-2-丁烯醛、己醛、反-2-己烯醛、糠醛、香叶醛、橙花醛、苯甲醛、丁酸、3-甲基-2-丁烯酸、异戊酸、己酸、辛酸、3-羟基-2-丁酮、香草基丙酮、己酸乙酯、乙酸松油酯、苯酚等挥发性香成分。

一般 2-苯乙醇、香茅醇、橙花醇、芳樟醇、玫瑰氧化物、乙酸异戊酯、2-甲基-2-丁烯醇、1-乙氧基-3-甲基-2-丁烯、3-羟基-2-丁酮、顺罗勒烯、薄荷醇等被认为是荔枝的主要特征性香成分。2-苯乙醇、香茅醇、橙花醇、芳樟醇构成了荔枝的花香、玫瑰香基调,玫瑰氧化物赋予荔枝一种奇异的花香、玫瑰香头香香韵。乙酸异戊酯、2-甲基-2-丁烯醇、1-乙氧基-3-甲基-2-丁烯及薄荷脑使荔枝具有新鲜的水果香香气特征。3-羟基-2-丁酮具有强烈的奶香-乳脂香香气,顺罗勒烯具有温暖的药草香。

3.13.2　荔枝香精常用的香料

可用于调配荔枝香精的常用香料包括:甲酸苄酯、乙酸松油酯、乙酸苄酯、乙酸异戊酯、乙酸葛缕酯、乙酸二氢葛缕酯、乙酸芳樟酯、肉桂酸甲酯、肉桂酸乙酯、丁酸乙酯、丁酸丁酯、异丁酸乙酯、异丁酸苯乙酯、异丁酸橙花酯、辛炔羧酸甲酯;香叶醇、香茅醇、苏合香醇、金合欢醇、橙花醇、芳樟醇、顺式芳樟醇氧化物、玫瑰醚、玫瑰醇、苯甲醇、苯乙醇、对异丙基苯甲醇、2-甲基-2-丁烯醇、α-松油醇;3-羟基-2-丁酮、α-紫罗兰酮、2,5-二甲基-4-羟基-3-(2H)-呋喃酮、柠檬醛、橙花醛、薄荷酮、乙酰基噻唑、乙酰基吡嗪、二甲基硫醚、二甲基二硫醚、己酸、辛酸、玫瑰氧化物、1-乙氧基-3-甲基-2-丁烯、顺罗勒烯、香叶油、玫瑰花油、紫罗兰酮、麦芽酚、茉莉净油、柠檬油等。

3.13.3 荔枝香精配方

荔枝香精常以甜香、青香和果香和修饰香气组成，其甜香韵以玫瑰甜和焦糖甜香为主，常可用香叶油、玫瑰醇、香叶醇、苯乙醇、橙花醇、异丁酸苯乙酯、异丁酸橙花酯、玫瑰花油等玫瑰甜香和麦芽醇、乙基麦芽酚等焦糖香，再配以紫罗兰酮、肉桂酸甲酯、肉桂酸乙酯等以组成荔枝甜香。青香常用甲酸苄酯、乙酸苄酯、芳樟醇、乙酸芳樟酯、茉莉净油等茉莉青香。果香常用柠檬油、柠檬醛、丁酸乙酯、丁酸丁酯、异丁酸乙酯来配制，再用薄荷酮、乙酸葛缕酯、乙酸二氢葛缕酯等凉木香加以修饰，用2-乙酰基噻唑、2-乙酰基吡嗪等炸玉米香气以及二甲基硫醚、二甲基二硫醚等作特征头香。

荔枝香精配方1

橙花醇	0.30
玫瑰醚	0.06
乙基麦芽酚	0.88
乙酸苄酯	0.20
芳樟醇	0.08
苯甲醇	3.17
柠檬油	0.08

评价： 甜香，奶香，焦糖香，轻微果香，荔枝香，杂味重，仿真度低。

荔枝香精配方2

丁酸丁酯	0.2
丁酸乙酯	0.2
乙酸苄酯	0.2
苯甲醇	0.2
乙基麦芽酚	1.2
乙酸异戊酯	0.4
香叶油	0.2
苯乙醇	1.0
甲基紫罗兰酮	0.2
柠檬油	1.6

评价： 轻微酒味，浆果香，无荔枝特征风味。

荔枝香精配方3

香叶油	0.01
玫瑰醇	0.10
香叶醇	0.03

乙酸香叶酯	0.03
异丁酸苯乙酯	0.01
玫瑰醚	0.06
麦芽酚	0.25
乙基麦芽酚	0.75
乙酸苄酯	0.20
芳樟醇	0.08
乙酸芳樟酯	0.03
薄荷酮	0.02
苯甲醇	3.17

评价： 甜香，花生香，有杂味，仿真度差。

3.14　樱桃香精

3.14.1　樱桃的挥发性香成分

樱桃原产于亚洲和欧洲，我国现在栽培的品种主要是：中国樱桃、甜樱桃、酸樱桃、毛樱桃等。目前大约有 600 种甜樱桃与酸樱桃的杂交品种。樱桃的香味除了受樱桃的成熟程度影响外，尤其与樱桃品种有关。Morello 和 Montmorency 是常见的樱桃品种，Morello 比 Montmorency 颜色深，味更酸、香味更浓，并且苯甲醛含量更高。Morello 樱桃香味与 Marasca 樱桃香味明显不同。樱桃具有小巧玲珑的外形、悦目的色彩和清甜愉快的果香。因此无论在国内外，樱桃都是一种广泛受到欢迎的果品。常用于一些糕点、鸡尾酒点缀，也直接将樱桃用于制作饮料或酿酒。

目前，从樱桃萃取油中已鉴别出大约几十种挥发性成分，其中包括烃类、醛类、酮类、酯类、羧酸类、内酯类、酚类及其他类化合物。这些挥发性成分如下。

烃类：2-甲基-1,3-丁二烯、月桂烯、苧烯、反罗勒烯、顺罗勒烯、丁香烯、β-石竹烯、α-桉叶烯、β-桉叶烯、异香橙烯、甜没药烯等。

醇类化合物：甲醇、乙醇、丙醇、异丁醇、2-甲基-1,2-丙二醇、丙三醇、丁醇、异戊醇、戊醇、3-戊醇、己醇、顺-3-己烯醇、反-2-己烯醇、2-庚醇、壬醇、香叶醇、芳樟醇、苯甲醇、苯乙醇、顺罗勒醇、反罗勒醇、α-萜品醇、1-松油烯-4-醇、对-1-蓋烯-9-醇、桉叶醇、月桂烯醇等。

醛类化合物：乙醛、丙醛、异丁醛、己醛、反-2-己烯醛、顺-4-庚烯醛、反-2-辛烯醛、壬醛、反-2-顺-6-壬二烯醛、反-2-壬烯醛、癸醛、苯甲醛、苯乙醛等。

酮类化合物：丙酮、2-戊酮、2-庚酮、6-甲基-5-庚烯-2-酮、2-辛酮、香芹酮、4-甲基苯乙酮、α-紫罗兰酮、β-紫罗兰酮、大马酮、香叶基丙酮等。

酯类化合物：甲酸乙酯、甲酸己酯、乙酸甲酯、乙酸乙酯、乙酸丁酯、乙酸戊酯、乙酸己酯、乙酸苄酯、乙酸叶醇酯、丙烯酸乙酯、丁酸乙酯、2-甲基丁酸乙酯、异戊酸乙酯、戊酸乙酯、己酸乙酯、辛酸乙酯、癸酸乙酯、苯甲酸甲酯、苯甲酸乙酯、苯甲酸丙酯、苯甲酸异丁酯、苯甲酸异戊酯、水杨酸甲酯等。

酸类化合物：甲酸、乙酸、丁酸、异戊酸、己酸、辛酸、癸酸、苯甲酸、2-羟基苯甲酸等。

内酯化合物：γ-辛内酯、γ-癸内酯等。

酚类化合物：对烯丙基苯酚、丁香酚、愈创木酚等。

其他化合物：乙缩醛、2-糠醛等。

3.14.2　樱桃香精常用的香料

樱桃的味道是酸、甜且微涩。樱桃具有新鲜、水果香、青香、花香及微弱的辛香香气特征，而且当挤碎后又具有强烈的似苯甲醛香味特征的苦杏仁香。顺-3-己烯醇、己醛、反-2-己烯醛、苯乙醛、反-2-顺-6-壬二烯醛、芳樟醇、香叶醇、大马酮、丁香酚、异戊酸是构成樱桃特征香味的主要成分。反-2-己烯醛、己醛、顺-3-己烯醇构成了樱桃的新鲜、青香香气特征；反-2-顺-6-壬二烯醛和苯甲醛构成了樱桃浓郁的青香-脂香香气特征；芳樟醇、香叶醇、大马酮构成了樱桃的花香香气特征；异戊酸构成了樱桃的水果香香气特征，丁香酚构成了樱桃的辛香香气特征；由于樱桃中含有单宁酸，樱桃具有涩的味道。

调配樱桃香精常用的酯类香料包括：甲酸乙酯、甲酸戊酯、甲酸环己酯、乙酸乙酯、乙酸戊酯、乙酸异戊酯、乙酸茴香酯、乙酸-2-甲基丁酯、乙酸苄酯、乙酸对甲苯酯、丙酸肉桂酯、乳酸乙酯、丁酸乙酯、丁酸戊酯、丁酸异戊酯、丁酸香叶酯、异丁酸丁酯、异戊酸乙酯、异戊酸-2-甲基丁酯、异戊酸肉桂酯、异戊酸烯丙酯、水杨酸甲酯、肉桂酸乙酯、庚酸乙酯、庚炔羧酸甲酯、苯甲酸甲酯、苯甲酸乙酯、苯甲酸苄酯、苯乙酸乙酯、邻氨基苯甲酸甲酯、邻氨基苯甲酸顺3-己烯酯、安息香酸乙酯、γ-十一内酯、肉桂酸环己酯等。

其他常用香料包括：大茴香醛、苯甲醛、苯甲醛丙三醇缩醛、对甲氧基苯甲醛、邻甲基苯甲醛、间甲基苯甲醛及对甲基苯甲醛、胡椒醛、肉桂醛、桑葚醛、草莓醛、玫瑰醛、甲基苯甲醛、对苯二甲醛、对丙基苯甲醚、甲基丁香酚醚、对甲基-茴香醚、氧杂萘邻酮、茴香基丙酮、甲氧基苯基丁酮、突厥酮、2-羟基苯乙酮、丁二酮、丁香酚、叶醇、芳樟醇、茴香醇、玫瑰醇、柠檬烯、糠醛、安息香酸、酒石酸、丁酸、香兰素、鸢尾浸膏、橙叶油、丁香油、柠檬油、甜橙油、苦杏仁油、香叶油、肉桂精油、康酿克油、八角茴香油、西印度樱桃粉、金合欢净油、李子提取物等。

3.14.3　樱桃香精配方

　　樱桃香精主要用于饮料、酒、糕点的加香。樱桃的香气是由特征果香为主，辅以甜、辛香，再用果香以丰满整体香气，一些天然精油类原料起圆润与修饰作用。特征果香常用的是苯甲醛、甲基苯甲醛和它们的甘油缩醛、苦杏仁油等，辅以香兰素、丁香油、大茴香醛等甜、辛香气，常用甜橙油、柠檬油、橙花油、玫瑰油、康酿克油等修饰、圆润整体而得到樱桃香精。有许多模仿 Morello 酸樱桃的香精用于糕点及饮料；浓缩的 Morello 樱桃汁还用于糖浆、饮料以及其他一些食品中。而模仿 Marasca 香味的香精几乎没有，Marasca 樱桃的蒸馏物由于其独特的香味，常直接用于甜酒的调香。

　　模仿 Morello 酸樱桃的香精（见表 3-17）主要由苯甲醛、苦杏仁精油以及其他一些辅助成分组成，辅助成分的选择及其用量是由香精的最终用途决定的。用于糖果调香的香精可能含有许多酯类化合物，用于非酒精饮料的配方可使用一些精油。例如在含有 20%～35% 苯甲醛配方中，通常加入与苯甲醛同样质量的乙酸乙酯，或乙酸戊酯、戊酸戊酯、乙酸茴香酯、苯甲酸乙酯、丁酸乙酯等其他酯类化合物。香草醛也被用于配方中（2%～5%），微量的胡椒醛、肉桂醛、丁香酚、玫瑰醇、香茅醇、戊酸乙酯以及 β-紫罗兰酮、α-紫罗兰酮也表现出很好的香味，它们也可以用肉桂油、丁香油、康酿克精油、玫瑰净油和鸢尾精油来代替。在一些配方中还用到了肉豆蔻精油、芫荽精油和柠檬精油，有时也用到 γ-十一内酯。一些具有与樱桃非常类似香味的合成化合物，如肉桂酸环己酯、甲酸环己酯，邻甲基苯甲醛、间甲基苯甲醛及对甲基苯甲醛，以及异戊酸烯丙酯，也可用在酸樱桃香精的配方中。

表 3-17　酸樱桃香精参考配方

组成	比例	组成	比例
异戊酸烯丙酯*		胡椒醛	
乙酸戊酯*	103.0	β-紫罗兰酮*	4.0
丁酸戊酯*	1.0	α-紫罗兰酮	
戊酸戊酯		茉莉净油（乙酸苄酯）	1.0
乙酸茴香酯		柠檬精油*（柠檬醛）	10.0
苦杏仁油*（苯甲醛）	380.0	肉豆蔻油	
肉桂油*（肉桂醛）	1.6	苦橙花油*	1.8
丁香油*（丁香酚）	0.8	橘子油*	6.0
康酿克油*		鸢尾脂（α-鸢尾酮）	2.4

续表

组成	比例	组成	比例
芫荽精油	0.5	鸢尾香膏*	16.4
肉桂酸环己酯		玫瑰醛*	1.4
甲酸环己酯		朗姆醚*	90.0
乙酸乙酯*	38.5	苯甲醛	10.0
苯甲酸乙酯		γ-十一内酯	
丁酸乙酯*	6.8	香草醛*	55.0
庚酸乙酯	7.4	溶剂	259.8
香叶油（玫瑰醇,香茅醇）	2.6	合计	1000.0

注：* 表示标准配方的组成；（ ） 内表示可选择的替代物。

樱桃香精配方 1

乙酸异戊酯	0.60
丁酸异戊酯	0.50
丁酸乙酯	1.50
苯甲酸甲酯	0.02
叶醇	0.004
丁香酚	0.70
茴香醛	0.50
苯甲醛	2.00
芳樟醇	0.02
丁香油	0.005
糠醛	0.005
柠檬油	0.30
甲位突厥酮	0.005
香兰素	0.005
乙基麦芽酚	0.005

评价： 具有新鲜樱桃的特征香气， 酸、 甜气息协调、 圆和， 香气逼真， 具有天然樱桃的气息； 但苦味、 辛香突出， 应对此做适当调整。

樱桃香精配方 2

苯甲醛	2.50
乙酸乙酯	2.00
庚酸烯丙酯	0.05
庚酸乙酯	0.30
丁酸异戊酯	0.50

乙醛	0.10
甜橙醛	0.30
异戊酸乙酯	2.00
丁位十二内酯	0.50
乙酸丁酯	0.65
丁酸异戊酯	0.10

评价： 此配方突出了苯甲醛的樱桃核气息，整体香气较为柔和、圆润；但缺少樱桃的酸感，与新鲜水果的香气仍有差距，可适当增加其酸香和青香气息。

3.15　覆盆子香精

覆盆子是一种浆果，在欧洲、北美洲和亚洲有很多野生和栽培品种。它的果实有红色、黑色、紫色等多色，香味清甜柔和。在我国，品种也有很多，以野生为主，仅东北有少量种植，主要作药用植物。在欧美国家，它是较受人喜欢的果品之一。覆盆子果汁可直接食用，也可发酵制作覆盆子酒；浓缩果汁用于制备糖浆、糖果和巧克力填充物。浓缩果汁馏出物可用于露酒或甜酒的加香。

3.15.1　覆盆子的主要挥发性香成分

野生的及种植的 *Rubus idaeus* L 覆盆子是 *Rubus* 属覆盆子最有经济价值的品种。此外，黑莓与覆盆子的杂交品种在中部及南部欧洲及美洲大量种植，而其他一些与 *Rubus idaeus* 有亲缘关系的品种如黄色、橙子状，浆液是蓝色或黑色的黑莓，经济价值很小。

与种植覆盆子相比，野生覆盆子的香味更加强烈宜人。野生覆盆子的香气对于温度及贮存条件非常敏感，即使是深度冷冻条件也会破坏新鲜野生覆盆子的香韵。在野生覆盆子中已检测出更多的香成分包括 2,5-二甲基-4-羟基-2H-3-呋喃酮、2,5-二甲基-4-甲氧基-2H-3-呋喃酮。对比研究发现，种植覆盆子中的 α-紫罗兰酮及 β-紫罗兰酮的含量是野生覆盆子的 1.5～2 倍。而其他香成分包括两个内酯化合物的前体物质：5-羟基辛酸乙酯和 5-羟基癸酸乙酯，在野生覆盆子中含量更高。

从种植覆盆子中已鉴别到的主要挥发性成分如下。

酸类化合物：甲酸、乙酸、丙酸、异丁酸、丁酸、异戊酸、戊酸、己酸、庚酸、辛酸、壬酸、癸酸、2-己烯酸、3-己烯酸等。

醇类化合物：甲醇、乙醇、丙醇、丁醇、2-丁醇、反-2-丁烯醇、异丁醇、3-甲基-2-丁烯醇、3-甲基-3-丁烯醇、戊醇、反-2-戊烯醇、己醇、顺-3-己烯醇、庚醇、2-庚醇、辛醇、顺-2-辛烯醇、壬醇等。

羰基化合物：乙醛、丙醛、丙烯醛、3-甲基-2-丁烯醛、异丁醛、2-戊烯醛、己醛、反-2-己烯醛、顺-3-己烯醛、丙酮、丁二酮、2-戊酮、3-羟基丁酮、壬酮、2-庚酮等。

脂肪酸酯类化合物：乙酸甲酯、乙酸乙酯、乙酸丁酯、乙酸戊酯、乙酸异戊酯、乙酸己酯、乙酸顺-3-己烯酯、己酸乙酯、辛酸乙酯、5-羟基辛酸乙酯、5-羟基癸酸乙酯等。

萜类化合物：α-紫罗兰酮、β-紫罗兰酮、薄荷酮、香叶醛、薄荷醇、芳樟醇、4-松油醇、α-松油醇、橙花醇、莰烯、大马酮、桃金娘烯醇等。

芳香系化合物：苯甲醛、4-甲氧基苯甲醛、苯乙醛、苯乙醇、苯乙酮、4-(4-羟苯基)-2-丁酮、水杨酸乙酯、苯甲酸甲酯、二氢香豆素、苯甲酸、3-苯丙酸等。

杂环化合物：糠醛、5-甲基糠醛、γ-己内酯、γ-辛内酯、δ-己内酯、δ-辛内酯、δ-癸内酯、δ-十一内酯、γ-2-己烯内酯等。

从野生覆盆子中鉴别到的主要挥发性成分如下。

酸类化合物：乙酸、丙酸、丁酸、异丁酸、3-甲基-2-丁烯酸、3-甲基-3-丁烯酸、己酸、辛酸、癸酸、十四酸、十六酸等。

醇类化合物：乙醇、异丁醇、2-甲基丁醇、戊醇、3-甲基-2-丁烯醇、己醇、顺-3-己烯醇、反-3-己烯醇等。

脂肪酸酯类化合物：甲酸-3-甲基-2-丁烯酯、甲酸顺-3-己烯酯、乙酸乙酯、乙酸-3-甲基 2-丁烯酯、乙酸顺-3-己烯酯、5-羟基辛酸乙酯、5-羟基癸酸乙酯等。

羰基化合物：己醛、反-2-己烯醛、6-甲基-5-庚烯-2-酮、3-羟基丁酮、胡椒酮等。

萜类化合物：α-蒎烯、月桂烯、α-松油烯、α-水芹烯、桧萜、反石竹烯、葎草烯、α-榄香烯、芳樟醇、芳樟醇氧化物、4-松油醇、α-松油醇、香叶醇、橙花醇、薄荷醇、顺桧萜醇、α-紫罗兰酮、β-紫罗兰酮等。

芳香系化合物：二甲苯、对伞花烃、苯甲醛、丁香酚、乙酸苄酯、苯甲醇、苯乙醇、2-甲氧基-4-乙烯基苯酚、2-甲氧基-5-乙烯基苯酚、3,4-二甲氧基苯甲醛、4-乙烯基苯酚、反肉桂醇、苯甲酸、香兰素、4-(4-羟基苯基)-2-丁酮等。

杂环化合物：2,5-二甲基-4-羟基-2H-3-呋喃酮、2,5-二甲基-4-甲氧基-2H-3-呋喃酮、5-甲基-4-羟基-2H-3-呋喃酮、γ-己内酯、δ-己内酯、γ-辛内酯、δ-辛内酯、δ-癸内酯、δ-十二内酯等。

3.15.2　覆盆子香精常用的香料

通常种植的覆盆子有很好的外形及颜色，但只是水多味酸。芳香覆盆子则具有可口的新鲜、水果香、清香、花香、似紫罗兰香气及种子香及木香香味。成熟的覆盆子味道甜、汁很多。一般认为，α-紫罗兰酮和β-紫罗兰酮、覆盆子酮［4-

（对羟基苯基)-2-丁酮或 1-(4-羟基苯基)-3-丁酮]、顺-3-己烯醛、2,5-二甲基-4-羟基-3(2H)-呋喃酮是构成覆盆子特征性香味的主要挥发性成分。α-紫罗兰酮和 β-紫罗兰酮赋予了覆盆子典型的紫罗兰样的花香、芳香及木香香气特征；覆盆子酮 [1-(4-羟基苯基)-3-丁酮] 使覆盆子具有水果香-甜香的主体香气；顺-3-己烯醛赋予覆盆子新鲜、青香香韵；2,5-二甲基-4-羟基-3(2H)-呋喃酮使覆盆子具有一种似煮水果酱主体香气的过熟果香。

　　覆盆子香味非常受欢迎，覆盆子香精广泛用在果汁、软饮料、冰淇淋等食物中。覆盆子酮 [4-(对羟基苯基)-2-丁酮或 1-(4-羟基苯基)-3-丁酮] 具有强烈的覆盆子香味，常可单独直接加入食品中，以赋予食品覆盆子香味（见表 3-18）。

表 3-18　覆盆子酮在覆盆子及覆盆子食品中的含量/(mg/100g)

品种	含量
培育种覆盆子	0.02～0.37
野生覆盆子	0.02
种植覆盆子	0.02
果酱	0.008～0.07
饼干	0.01～0.17
糖果	0.06～1.94
果汁	0.14
糖浆	0.16～0.25
软糖	11.70～62

　　覆盆子香精常用的香料如下。

　　酯类香料：甲酸乙酯、乙酸乙酯、乙酸异丁酯、乙酸戊酯、乙酸异戊酯、乙酸异龙脑酯、乙酸萜烯酯、乙酰乙酸乙酯、丙酸 3-辛酯、丁酸乙酯、丁二酸二乙酯、戊酸乙酯、异戊酸乙酯、2-甲基-3-戊烯酸乙酯、庚炔羧酸甲酯、庚酸乙酯、月桂酸乙酯、苯甲酸乙酯、苯乙酸乙酯、水杨酸甲酯、水杨酸苄酯、肉桂酸异丁酯、邻氨基苯二甲酸二甲酯、邻氨基苯甲酸甲酯、亚硝酸乙酯等。

　　其他香料：叶醇、茴香脑、玫瑰醇、对羟基苯乙酮、覆盆子酮、α-紫罗兰酮、β-紫罗兰酮、丁二酮、3-甲硫基-1-(2,6,6-三甲基-1,3-环己二烯)-1-丁酮、茴香基丙酮、甲基 β-萘基酮、大马酮、对羟基苄基丙酮；乙醛、杨梅醛、柠檬醛、胡椒醛、草莓醛、香草醛、桃醛、十二醛、十六醛、苯甲醛甘油缩醛、γ-壬内酯、二甲基一硫醚、乙酸、2-甲基-2-丁酸、丁二酸、麦芽酚、鸢尾香膏、芹菜籽油、卡藜油、肉桂油、保加利亚玫瑰油、依兰油、檀香油、创树木油、香柠檬油、丁香油、姜汁油、茉莉油、鸢尾油、玫瑰油、Boronia 精油、印蒿油等。

3.15.3　覆盆子香精配方

覆盆子香气具有似紫罗兰、茉莉和玫瑰韵调的柔和青甜果香。调配覆盆子香精通常都以紫罗兰酮和草莓醛为基础，饰以茉莉、玫瑰等花香，同时适当添加己醇、叶醇及其酯类，可增强果实的青鲜香感。加覆盆子酮，可赋予香精真实的覆盆子果香，结合使用鸢尾凝脂更可以增强天然感。

早期的覆盆子香精配方中，由于可用的原料很少，调香师们一般用鸢尾脂作为理想的基本配方原料，并与玫瑰香型、茉莉香型一起使用，在这一基础上，再加入大量的乙酸戊酯、丁酸戊酯以及少量香草醛。为了使香味更逼真，配方中还加入十六醛及 β-紫罗兰酮。

目前，覆盆子香精（见表 3-19）一般以紫罗兰香味为基础，在调配过程中注意酯的用量，以适当的比例辅以玫瑰香型、茉莉香型等花香香料及己醇、叶醇等新鲜、青香香料配制而成。若再添加覆盆子酮及鸢尾脂可赋予香精真实的果香及天然感。

表 3-19　覆盆子香精参考配方

组成	比例	组成	比例
乙醛		丁酸己酯	
丙酮		4-(对羟基苯基)-2-丁酮	16.0
酸类化合物		β-紫罗兰酮*(α-紫罗兰酮)	210.0
乙酸戊酯*	500.0	肉桂酸异丁酯	
丁酸戊酯*	15.0	茉莉油(10%乙醇溶液*)	7.0
茴香醇*	0.5	柠檬精油(柠檬醛*)	13.0
水杨酸苄酯		麦芽酚*	3.0
丁二酮(乙酰基甲基甲醇)		丁酸甲酯	
邻氨基苯二甲酸二甲酯*	1.0	己酸乙酯	
乙酸乙酯*	60.0	二甲基二硫醚*	1.0
丁酸乙酯*	74.0	甲基 β-萘基酮	
十六醛	20.0	鸢尾脂(鸢尾香膏*,α-鸢尾酮)	60.5
琥珀酸乙酯		玫瑰油*(玫瑰醇)	10.0
戊酸乙酯		乙酸萜烯酯	
香叶醇*	13.0	γ-十一内酯	10.0
己醛		香兰素*(乙基香草醛)	86.0
顺-3-己烯醇		溶剂	900.0
乙酸 2-己烯酯		合计	2000.0
丁酸 2-己烯酯			

注：*表示标准配方的组成；（　）内表示可选择的替代物。

覆盆子香精配方 1

γ-壬内酯	0.60
α-紫罗兰酮	0.40
乙酸异丁酯	6.00
乙酸戊酯	4.00
香兰素	4.00
乙酸乙酯	2.00
甲酸乙酯	1.00
丁二酸	1.00
乙醛	1.40
苯甲酸乙酯	0.20
丁酸乙酯	1.00
庚酸乙酯	1.00
水杨酸甲酯	0.20
丁香油	0.20

评价： 酯类的果甜感和香兰素的粉甜感交织，缺乏水果的青香和浆汁感，酸气较单薄。

覆盆子香精配方 2

乙酸乙酯	30.00
乙酸戊酯	250.0
丁酸乙酯	37.00
丁酸戊酯	7.50
邻氨基苯甲酸甲酯	0.50
香叶醇	6.50
覆盆子酮	8.00
α-紫罗兰酮	105.00
柠檬油	6.50
麦芽酚	1.50
二甲基一硫醚	0.50
玫瑰醇	5.00
γ-十一内酯	5.00
香兰素	43.00
茴脑	0.250

评价： 紫罗兰酮的用量过多，掩盖了水果的主体香气。

3.16　黑醋栗香精

黑醋栗为黑色肉质浆果，具有可口的微酸味道。野生于一些欧洲国家，法国则栽培较多。我国北方现在也有种植，用其果实制成的黑醋栗果汁、糖浆、饮料深受世界各地人民的欢迎。同样以黑醋栗香精制成的糖果，也在世界上流行，是世界上销售量最大的糖果品种之一。

黑醋栗香精主要以花香、清香和特征的果香香气组成。花香以甜润清鲜的花香为主，常用紫罗兰酮、茉莉、橙花等。清香则常用橙叶油、叶醇、芳樟醇、乙酸芳樟酯、乙酸苄酯、乙酸己酯等。果香则常以甜橙等柑橘油为主，再配以乙酸戊酯、丁酸乙酯、乙酸乙酯、丁酸戊酯等。除此以外，在香精配方中加入硫代薄荷酮、橙花醇及其酯类、鸢尾凝脂等，这些化合物的加入对提高像真度很有帮助。另外，加入少量的黑醋栗浸膏和净油，可增加天然感。

黑醋栗香精配方

乙酸戊酯	92.0
丁酸戊酯	48.0
乙酸苄酯	1.4
肉桂油	20.0
丁酸乙酯	20.0
β-紫罗兰酮	1.2
乙酸异丁酯	40.0
柠檬油	22.3
丙酸甲酯	62.5
薄荷油	10.0
甜橙油	32.0
香兰素	20.0

评价： 有类似泡泡糖的香气，具有良好的酯甜气，缺乏酸味。

3.17　椰子香精

椰子是一种重要的经济植物，遍植于热带地区，如菲律宾、马来西亚、新加坡都种植有椰子，而菲律宾则生产世界上60%的椰子。我国的海南省、西沙群岛、雷州半岛、云南西南部、台湾南部都有种植。椰子是我国南方海岸防护林的优良树种。椰子果肉呈白色，供食品店用或榨油，内部的水液可作天然饮料。椰子香精常以 γ-壬内酯（也称椰子醛）作为主体香料，再以香兰素、乙基香兰素增加香草甜香，又以庚酸乙酯、己酸、辛醇赋以油脂气和酒香。

　　椰子中的香成分有：丁醇、异丁醇、戊醇、戊烯醇、异戊醇、2-甲基丁醇、己醇、环己醇、2-乙基己醇、庚醇、2-庚醇、辛醇、1-辛烯-3-醇、反 2-壬烯醇、苯甲醇、丁位戊内酯、丙位辛内酯、丁位辛内酯、丁位十二内酯、乙偶姻、丁二酮、2,3-戊二酮、乙酸乙酯、乙酸丁酯、辛酸乙酯、十一酸乙酯、十二酸乙酯、十四酸乙酯、十六酸甲酯、十六酸乙酯、油酸乙酯、2-丁烯醛、3-甲基-2-丁烯醛、异戊醛、2-甲基丁醛、辛醛、壬醛、反-2-癸烯醛、癸醛、苯甲醛、苯乙醛、肉桂醛、苯乙酮、十二酸、十三酸、十四酸、油酸、吡咯、2-甲基四氢呋喃-3-酮、2-甲基吡嗪、糠醛、3-甲硫基丙醛、2,6-二甲基吡嗪、2-乙酰基吡咯啉、2-吡啶甲醛、2-戊基呋喃、2-乙酰基噻唑、2-甲基苯酚等。

椰子香精配方1

椰子醛	330.0
香兰素	60.0
乙基香兰素	60.0
己酸	30.0
庚酸乙酯	30.0
辛醇	7.5

评价： 偏粉甜，少醛类的青气。缺少苯甲醛的厚重感，渗涎感不足。

椰子香精配方2

椰子醛	3.00
γ-己内酯	0.50
丁香油	0.30
苯甲醛	0.25
檀香油	0.10
乙基香兰素	0.50
甜橙油萜	0.25
乙酸乙酯	0.10

评价： 丁香油的酸甜熏气过重，显得浊而不清。

椰子香精配方3

丁二酮	0.20
柠檬油	0.50
丁酸	0.01
甲基环戊烯醇酮	1.20
麦芽酚	1.00
洋茉莉醛	2.00

椰子醛	20.0
香兰素	5.00

评价： 甲基环戊烯醇酮的用量导致焦苦气味偏重，酸和醛的用量偏少。

3.18 山楂香精

山楂是我国特产，是我国北方的栽培果品，其资源丰富，特别是辽宁、河北、河南、山东等地出产量较大。山楂中的香气成分有：甲酸叶醇酯、乙酸丁酯、乙酸2-甲基丁醇酯、乙酸顺-2-戊烯醇酯、乙酸己酯、乙酸叶醇酯、乙酸顺-2-己烯酯、乙酸反-2-己烯酯、乙酸糠酯、乙酸苯甲酯、乙酸苯乙酯、异戊酸叶醇酯、丁酸己酯、2-甲基丁酸己酯、异丁酸叶醇酯、反-2-甲基-2-丁烯酸叶醇酯、异戊酸叶醇酯、己酸甲酯、辛酸乙酯、辛酸己酯、癸酸甲酯、当归内酯、香茅烯、α-萜品烯、β-月桂烯、D-柠檬烯、γ-松油烯、γ-萜品烯、萜品油烯、2-甲基丁醇、3-甲基-2-丁烯醇、己醇、顺-3-己烯醇、芳樟醇、α-松油醇、β-松油醇、紫苏醇、己醛、2-甲基-2-丁烯醛、3-己烯醛、反-2-己烯醛、壬醛、糠醛、5-甲基糠醛、α-紫罗兰酮、丁香酚、2-甲基丁酸等。

山楂香气是由酸香、甜香和青香组成。酸香是由2-甲基丁酸、2-甲基戊酸、草莓酸、浆果酸、乙酸、己酸等组成；甜香由玫瑰油、香叶油、玫瑰醇、香叶醇、β-突厥烯酮、丁香油、秘鲁浸膏、鸢尾浸膏等组成；再修饰以青香，用叶醇、乙酸叶醇酯、反-2-己烯醇、乙酸反-2-己烯酯、芳樟醇氧化物等。最后整体用天然的山楂提取物加以圆润，组成山楂香精。

山楂香精配方

香叶醇	0.2
玫瑰醇	0.5
玫瑰花油	0.5
2-甲基丁酸	1.5
草莓酸	0.3
乙酸	0.2
鸢尾凝脂	0.8
丁香油	1.2
叶醇	0.1
芳樟醇氧化物	0.2
丁酸乙酯	2.5
2-甲基丁酸乙酯	4.0
柠檬油	1.0

评价： 熏气重， 较明显的松木味。 类似于油漆的气味。

3.19　甜瓜香精

甜瓜，又叫香瓜，品种很多，不同品种的瓜呈球形、卵形、椭圆形或扁圆形，皮色有黄色、白色、绿色或杂有各种斑纹，果肉绿色、白色、赤红色或橙黄色，肉质脆或绵软，味香而甜，我国各地普遍栽培。华北、西北产的香甜味浓，潮湿地区产的水分多，味淡，是夏季优良果品之一。甜瓜的一个变种——哈密瓜，则是出产于新疆的著名甜瓜，是深得人们喜爱的珍品。

3.19.1　甜瓜的主要挥发性香成分

随着分析技术的发展，在甜瓜中发现了多种特征香味成分。

（1）醇类：乙醇、异丙醇、丁醇、异丁醇、2-甲基丁醇、戊醇、己醇、顺-3-己烯醇、叶醇、辛醇、1-辛烯-3-醇、壬醇、2-壬烯醇、顺-3-壬烯醇、顺-6-壬烯醇、壬二烯醇、顺,顺-3,6-壬二烯醇、反,顺-2,6-壬二烯醇、癸醇、月桂醇、苯甲醇、桉叶油醇等。

（2）醛酮类：乙醛、戊醛、己醛、庚醛、壬醛、2-壬烯醛、反-2-壬烯醛、顺-6-壬烯醛、反,顺-2,6-壬二烯醛、苯甲醛、乙偶姻、6-甲基-5-庚烯-2-酮、香叶基丙酮、β-紫罗兰酮等。

（3）酯类：甲酸己酯、甲酸辛酯、乙酸甲酯、乙酸乙酯、乙酸丙酯、乙酸异丙酯、乙酸丁酯、乙酸 2-丁酯、乙酸异丁酯、乙酸异戊酯、乙酸 2-甲基丁酯、乙酸戊酯、乙酸异戊酯、乙酸己酯、乙酸 2-乙基己酯、乙酸顺-3-己烯酯、乙酸庚酯、乙酸辛酯、乙酸壬酯、乙酸 3-壬烯酯、乙酸顺-3-顺-6-壬二烯酯、乙酸癸酯、乙酸苄酯、乙酸苯乙酯、乙酸苯丙酯、丙酸甲酯、丙酸乙酯、丙酸异丙酯、丙酸丁酯、丙酸异丁酯、丙酸异戊酯、2-甲基丙酸丁酯、丁酸甲酯、丁酸乙酯、丁酸丙酯、丁酸异丙酯、丁酸丁酯、丁酸异丁酯、丁酸异戊酯、丁酸辛酯、2-甲基丁酸丁酯、异丁酸甲酯、异丁酸乙酯、异丁酸异丙酯、异丁酸丁酯、异丁酸异丁酯、2-甲基丁酸甲酯、2-甲基丁酸乙酯、2-甲基丁酸丙酯、2-甲基丁酸丁酯、2-甲基丁酸异丁酯、2-甲基丁酸-2-甲基丁酯、戊酸甲酯、戊酸乙酯、异戊酸乙酯、己酸甲酯、己酸乙酯、己酸辛酯、3-己烯酸乙酯、辛酸乙酯、辛酸己酯、癸酸乙酯、十二酸乙酯、十二烯酸乙酯、十四酸乙酯、十五酸甲酯、十六碳二烯酸甲酯、十六碳二烯酸乙酯、十六碳-9-烯酸甲酯、十六碳-9-烯酸乙酯、十六酸甲酯、十六酸乙酯、油酸甲酯、油酸乙酯、亚油酸甲酯、亚油酸乙酯、亚麻酸甲酯、亚麻酸乙酯等。

（4）酸类化合物：乙酸、辛酸、壬酸等。

（5）其他化合物：苧烯、金合欢烯、2-甲基呋喃、2-戊基呋喃、甲硫醇、甲硫基乙酸乙酯、3-甲硫基丙酸乙酯、硫代乙酸甲酯、异戊酸甲硫酯、β-紫罗兰酮、二甲基一硫醚、二甲基二硫醚、二甲基三硫醚等。

这些成分用于甜瓜香精，可大大提高香精的像真度。

3.19.2　甜瓜香精常用的香料

甜瓜香精可用的原料如下。

（1）醇类：己醇、3-壬烯醇、2,6-壬二烯醇。

（2）醛类：2-壬烯醛、壬醛、2,6-壬二烯醛、苯甲醛、苯乙醛、十六醛、甜瓜醛、α-戊基肉桂醛。

（3）酯类：甲酸乙酯、乙酸乙酯、乙酸丁酯、乙酸异戊酯、乙酸己酯、乙酸辛酯、乙酸癸酯、乙酸苄酯、乙酸叶醇酯、乙酸苯乙酯、丙酸乙酯、丁酸乙酯、丁酸丁酯、丁酸戊酯、戊酸乙酯、戊酸戊酯、2-甲基丁酸乙酯、2-甲基丁酸丁酯、辛酸乙酯、肉桂酸甲酯、肉桂酸苄酯、庚炔羧酸甲酯、辛炔羧酸甲酯、甲酸苄酯。

（4）其他：β-紫罗兰酮、二甲基硫醚、香兰素、麦芽酚、柠檬油、丁香油。

甜瓜的香气由青香、甜香和果香组成。果香常用甲酸乙酯、乙酸丁酯、丁酸乙酯、戊酸乙酯、戊酸戊酯、苯甲醛、十六醛、柠檬油等组成；甜香常以香兰素、麦芽酚、肉桂酸甲酯、肉桂酸苄酯、紫罗兰酮、丁香油等配制；而青香常用庚炔羧酸甲酯、辛炔羧酸甲酯、乙酸苄酯、甲酸苄酯、苯乙醛等组合而成。

3.19.3　甜瓜香精配方

甜瓜香精配方 1

肉桂酸甲酯	1
肉桂酸苄酯	1
大茴香醛	1
邻氨基苯甲酸甲酯	2
十六醛	2
甲酸乙酯	20
戊酸戊酯	30
丁酸戊酯	30
香兰素	5
苯乙醛	2
苯甲酸苄酯	10
壬酸乙酯	15
柠檬油	10

戊酸乙酯	40

甜瓜香精配方 2

乙酸戊酯	20
乙酸乙酯	10
香兰素	5
丁酸乙酯	4
甲酸苄酯	3
水杨酸苄酯	3
戊酸乙酯	3
辛炔羧酸甲酯	3
丁酸戊酯	2
乙酸苄酯	2
月桂酸乙酯	2
乙酸丙酯	1
苯甲醛	1
二甲基庚醛	0.5
紫罗兰酮	0.5
苄醇	34
丁香油	2
苯甲酸乙酯	2
麦芽酚	2

评价：　配方 2 明显好于配方 1，在甜香和清香方面都具备更好的像真度。

甜瓜香精配方 3

乙酸戊酯	20
乙酸乙酯	10
香兰素	5
丁酸乙酯	4.8
甲酸苄酯	3
水杨酸苄酯	3
戊酸乙酯	3
辛炔羧酸甲酯	3
丁酸戊酯	2
乙酸苄酯	2
月桂酸乙酯	2
乙酸丙酯	1

苯甲醛	1
二甲基庚醛	0.5
紫罗兰酮	0.5
丁香油	2
苯甲酸乙酯	2
麦芽酚	2

评价： 偏清爽的甜香，无果香，透发性好。

甜瓜香精配方 4

辛炔羧酸甲酯	3.0
乙酸苄酯	2.0
香兰素	5.0
紫罗兰酮	0.5
丁香油	2.0
苯甲酸乙酯	2.0
麦芽酚	2.0
苯甲醛	1.0
丁酸戊酯	2.0
月桂酸乙酯	2.0
戊酸乙酯	3.0
乙酸乙酯	11.0
丁酸乙酯	4.0
乙酸戊酯	20.0

评价： 甜香，果香，淡淡的黄瓜青香，与配方 3 相似。

甜瓜香精配方 5

苯甲酸苄酯	1.0
苯乙醛	0.2
甲酸乙酯	2.0
十六醛	0.2
肉桂酸甲酯	0.1
柠檬油	1.0
香兰素	0.5
邻氨基苯甲酸甲酯	0.2
大茴香醛	0.1
壬酸乙酯	1.5
丁酸戊酯	3.0

戊酸戊酯	3.0
戊酸乙酯	4.0

评价： 甜香，生青味，胶皮味，杂味重。

甜瓜香精配方 6

乙酸乙酯	150
甲酸乙酯	100
丁酸乙酯	150
戊酸乙酯	400
壬酸乙酯	50
γ-十一内酯	1
癸二酸二乙酯	100
柠檬油	30
香兰素	10

评价： 淡淡的甜香，类似苹果的香气。

甜瓜香精配方 7

甲酸乙酯	2.0
苯乙醛	0.2
戊酸乙酯	4.0
对甲氧基苯甲醛	0.1
丁酸戊酯	3.0
壬酸乙酯	1.5
十六醛	0.2
戊酸戊酯	3.0
柠檬油（冷压）	1.0
肉桂酸甲酯	0.1
苯甲酸苄酯	1.0
邻氨基苯甲酸甲酯	0.2

评价： 甜香，葡萄香，酒香，有瓜果香。

甜瓜香精配方 8

乙酸乙酯	1.0
乙酸戊酯	0.9
香豆素	0.1
无萜柠檬油	0.1
戊酸戊酯	1.5
丁酸戊酯	0.5

评价： 甜香，无成熟的瓜果香。

甜瓜香精配方 9

甲酸异戊酯	2.0
丁酸异戊酯	3.0
异戊酸异戊酯	3.0
香草醛	1.4
戊酸乙酯	4.0

评价： 甜香，瓜果香，略带青香，仿真度高。

甜瓜香精配方 10

乙酸乙酯	0.40
乙酸异戊酯	1.00
乙酸己酯	0.10
乙酸苯乙酯	0.05
乙酸肉桂酯	0.10
丁酸乙酯	0.40
2-甲基丁酸乙酯	0.10
己酸乙酯	0.15
乙酸叶醇酯	0.05
1%2,6-壬二烯醛	0.20
麦芽酚	0.10

评价： 有黄瓜的青香，杂味较重。

甜瓜香精配方 11

乙酸乙酯	3.00
乙酸丙酯	4.00
乙酸异戊酯	2.50
乙酸己酯	1.00
乙酸叶醇酯	0.50
己酸甲酯	0.40
己酸乙酯	0.40
异丁酸异丁酯	0.70
2-甲基丁酸乙酯	0.50
丙酸异丁酯	0.30
乙酸丙酯	0.50
2,6-壬二烯醇	0.10
2,6-壬二烯醛	0.05

| β-紫罗兰酮 | 0.15 |

评价： 花香，甜香，熟透的瓜香，透发性好。

3.20　杨梅香精

杨梅为杨梅科杨梅的果实。成熟时香气以酸甜为主，配制香精可以草莓样的酸甜香气为主体，辅以奶香、酒香和特殊的水果香气。杨梅中香成分有：己醛、2-己烯醛、庚醛、2-庚烯醛、辛醛、反-2-辛烯醛、壬醛、2-壬烯醛、癸醛、丁醇、顺 3-己烯醇、己醇、辛醇、1-辛烯-3-醇、芳樟醇、2-莰醇、4-萜烯醇、α-萜品醇、桃金娘烯醇、乙酸乙酯、己酸甲酯、3-己烯酸甲酯、苯甲酸甲酯、苯乙酸甲酯、2-壬烯酸甲酯、3-壬烯酸甲酯、肉桂酸甲酯、壬酸乙酯、癸酸乙酯、月桂酸乙酯、棕榈酸乙酯、α-蒎烯、莰烯、β-蒎烯、β-月桂烯、柠檬烯、反-β-罗勒烯、顺-β-罗勒烯、4-蒈烯、β-榄香烯、异丁香烯、石竹烯、香橙烯、α-金合欢烯、6-甲基-5-庚烯-2-酮、香芹酮、石竹烯氧化物等。

杨梅香精配方 1

乙酸乙酯	10
丁酸乙酯	20
异戊酸乙酯	30
3-羟基-2-丁酮	10
异戊酸异戊酯	180
苯甲醛	40
苯乙酸乙酯	10
椰子醛	10
草莓醛	50
香豆素	15
洋茉莉醛	5
乙基香兰素	100
草莓香基	50

草莓香基

丁二酮	5
异戊酸乙酯	30
乳酸乙酯	300
庚酸乙酯	50
水杨酸甲酯	7
庚炔羧酸甲酯	7

异戊酸肉桂酯	6
麦芽酚	35
草莓醛	180
椰子醛	20
乙基香兰素	20

评价： 草莓香基的风味像真度较高，但杨梅香精中的花香过重。草莓香基中，增加复合的酸气会有很大的改善。

3.21　西瓜香精

西瓜是夏季深受人们欢迎的瓜果，味甜，清凉可口。西瓜可生食，又可制作为糖水罐头、西瓜酱和西瓜汁。

西瓜的香味成分还未全部鉴定出，已知的香味成分有 30 余种，如下所示。

（1）醇类：甲醇、乙醇、丁醇、戊醇、己醇、3-己烯醇、2-辛醇、壬醇、反-2-壬烯醇、顺-6-壬烯醇、3-壬烯醇、2,6-壬二烯醇、3,6-壬二烯醇、苄醇。

（2）醛类：乙醛、异戊醛、己醛、反-2-己烯醛、反-2-辛烯醛、壬醛、反-2-壬烯醛、顺-6-壬烯醛、2,6-壬二烯醛、反-2-癸烯醛、3,6-壬二烯醛、柠檬醛。

（3）酯类：乙酸异丙酯、戊酸甲酯、癸酸乙酯、乙酸苄酯、苯甲酸乙酯。

（4）酮类：丙酮、β-紫罗兰酮。

西瓜香精中可用的原料如下。

（1）醇类：己醇、3-己烯醇、反-2-己烯醇、顺-6-壬烯醇、3,6-壬二烯醇、苄醇。

（2）醛类：乙醛、异戊醛、己醛、辛醛、癸醛、反-2-己烯醛、2,6-壬二烯醛、柠檬醛、甲氧基香茅醛、α-戊基肉桂醛、甜瓜醛。

（3）酯类：乙酸丁酯、己酸乙酯、癸酸乙酯、乙酸苄酯、苯甲酸乙酯。

（4）其他原料：乙基麦芽酚、β-紫罗兰酮。

西瓜香精配方

2,6-壬二烯醇	0.20
2,6-壬二烯醛	0.50
乙酸丁酯	2.00
己酸乙酯	0.20
麦芽酚	0.10
乙醛	0.05

评价： 甜香，西瓜味淡，透发性好，但仿真度较低。

主要参考文献

［1］　Henry B Heath, M B E, B. Pharm. Flavor Technology: Profiles, Products, Applications. London: AVI Publishing Company, Inc., 1978.

［2］　Roy Teranishi, Robert A Flath. Flavor Research Recent Advances. New York: Marcel Dekker, Inc., 1981.

［3］　Morton I D, Macleod A J. Food Flavours Part A（Introduction）and Part C.（The Flavours of Fruits）. Elsevier Amsterdam-Oxford-New York-Tokyo 1990.

［4］　Ashurst P R, et al. Food Flavourings. Second Edition. Blackie Academic & Professional, 1995.

［5］　何坚, 孙宝国. 香料化学与工艺学. 北京: 化学工业出版社, 1995.

［6］　孙宝国, 何坚. 香精概论. 北京: 化学工业出版社, 1995.

［7］　Rosillo L, Rosillo Salinas M, Garijo J, Alonso G L, Study of volaties in Grapes by Dynamic Headspace Analysis: Application to the Differention of Some *Vitis Vinifera* varieties, *J. Chromatography A*. 1999, 155-199.

［8］　孙宝国, 郑福平, 刘玉平. 香料与香精. 北京: 中国石化出版社, 2000.

［9］　Jordan M J, Tandon K, Shaw P E, Goodner K L. Aromatic Profile of Aqueous Banana Essence and Banana Friut by Gas Chromatography-Mass Spectrometry（GC-MS）and Gas Chromatography-Olfactometry（GC-O）, *J. Agri. Food Chem*. 2001, 49: 4813-4817.

［10］　Chyau C-C, Ko P-T, Chang C-H, Mau J-L. Free and Glycosidically Bound Aroma Aompounds in Lychee（*Litchi chinensis* Sonn.）, *Food Chemistry* 2003, 80: 387-392.

［11］　Teranishi, et al. Flavour Chemistry: 30 Years of Progress, New York: Kluwer Academic/Plenum Publishers, 1999.

［12］　王德峰编著. 食用香味料制备与应用手册. 北京: 中国轻工业出版社, 2000.

［13］　堵锡华. 拓扑指数与荔枝挥发性成分保留指数的定量相关性研究. 食品科学, 2010, 31（18）: 232-235.

［14］　唐会周, 明建, 程月皎等. 成熟度对芒果果实挥发物的影响食品科学. 食品科学, 2010, 31（16）: 247-252.

［15］　魏长宾, 邢姗姗, 刘胜辉等. "吉禄"芒果果实采后香气成分的组成及变化. 热带作物学报, 2010, 31（2）: 220-223.

［16］　王海波, 李林光, 陈学森等. 中早熟苹果品种果实的风味物质和风味品质. 中国农业科学, 2010, 43（11）: 2300-2306.

［17］　张文灿, 林莹, 刘小玲. 香蕉全果实果汁香气成分分析. 食品与发酵工业, 2010, 36（3）: 133-140.

［18］　秦玲, 蔡爱军, 张志雯等. 两种甜樱桃果实挥发性成分的 HS-SPME-GC/MS 分析. 质谱学报, 2010, 31（4）: 228-234, 251.

［19］　周志, 徐永霞, 胡昊等. 顶空固相微萃取和同时蒸馏萃取应用于 GC-MS 分析野生刺梨汁挥发性成分的比较研究. 食品科学, 2011, 32（16）: 279-282.

［20］　付蕾, 张丽丽, 陈长宝等. 苹果挥发性成分中纤维头的选择. 果树学报, 2011, 28（3）:

503-507.

［21］张红艳，王伟娟，别之龙. 三种固相微萃取头对厚皮甜瓜果汁香气成分萃取效果分析. 热带亚热带植物学报, 2011, 19（6）: 571-575.

［22］王海波，杨建明，李慧峰等. 珍珠油杏果实挥发性成分的静态顶空-气相色谱-质谱分析. 山东农业科学, 2011,（3）: 97-99, 102.

［23］吴继军，徐玉娟，肖耿生等. 菠萝原汁真空微波浓缩前后挥发性成分变化研究. 北京工商大学学报（自然科学版）, 2012, 30（6）: 35-39.

［24］邢姗姗，姚全胜，魏长宾等. "吉禄"芒果果实采后香气成分的组成及变化. 热带作物学报, 2012, 33（10）: 1877-1881.

［25］李国鹏，贾慧娟，王强等. 油红梨（*Pyrus ussuriensis*）果实后熟过程中香气成分的变化. 果树学报, 2012, 29（1）: 11-16.

［26］朱春华，李进学，高俊燕等. GC-MS 分析柠檬不同品种果皮精油成分. 现代食品科技, 2012, 28（9）: 12223-1227.

［27］姜永新，高健，赵平等. 无籽刺梨新鲜果实挥发性成分的 GC-MS 分析. 食品研究与开发, 2013, 34（14）: 91-94.

［28］高婷婷，韩帅，刘玉平等. 固相微萃取结合 GC-MS 分析鲜山楂果肉中的挥发性成分. 食品科学, 2013, 34（20）: 144-147.

［29］王海波，李林光，李慧峰等. 覆地膜对早熟白肉硬溶质油桃和桃果实挥发性成分的影响. 西北农业学报, 2013, 22（12）: 106-111.

［30］张悦凯，戚正华，胡佳丽等. SPME-GC-MS 法分析中甜 2 号甜瓜香气成分. 浙江农业科学, 2013（5）: 538-540.

［31］周莉，刘莉，刘翔等. 不同变种甜瓜果实成熟性状及其香气成分的多样性分析. 华北农学报, 2013, 28（3）: 102-108.

［32］冼继东，刘少兰，陈越等. 妃子笑荔枝果实不同组织挥发性物质的成分分析. 广东农业科学, 2014,（9）: 39-43, 47.

［33］许宝峰，李成，孙建设. 低温贮藏和成熟度对玉林苹果香气的影响. 食品研究与开发, 2014, 35（13）: 130-133.

［34］张海宁，王亚超，马辉等. GC-MS 分析夏黑葡萄中挥发性香气成分. 江苏农业科学, 2014, 42（8）: 294-297

［35］程焕，陈建乐，林雯雯等. SPME-GC/MS 联用测定不同品种杨梅中挥发性成分. 中国食品学报, 2014, 14（9）: 263-270.

［36］张泽煌，林旗华，钟秋珍. 10 个品种杨梅果实香气成分的 GC-MS 检测及聚类分析. 福建农林大学学报（自然科学版）, 2014, 43（3）: 269-272.

［37］杨慧敏，周文华，张群等. 基于 GC-MS 法的椰子水及其饮料的风味成分分析. 现代食品科技, 2014, 30（4）: 286-290, 254.

［38］蔡贤坤，及晓东. 同时蒸馏萃取-气相色谱质谱联用法分析两种椰子水中的香气物质. 香料香精化妆品, 2014,（4）: 28-31.

［39］高婷婷，孙洁雯，杨克玉等. SDE-GC-MS 分析鲜山楂果肉中的挥发性成分. 食品科学技术学报, 2014, 32（6）: 5-10.

第4章
坚果香型食用香精

坚果是自古就受人欢迎的一类食品。东方人喜欢吃坚果，是因为坚果不仅味道好，而且东方医学认为，坚果有补脑益智的功效。因此，在冰品、糖果、糕点、饮料等领域的新产品开发中，坚果和坚果香味越来越受到重视。

世界三大饮料中，咖啡和可可都属坚果类，由此可见西方人对坚果的喜爱。可可还是巧克力的重要原料，巧克力更是老少皆宜，相关产品的销量巨大。因此，这些香味类型的香精产品开发始终都在进行。

4.1 咖啡香精

4.1.1 咖啡的主要香成分

咖啡中经常被检测出的主要成分有：月桂烯、苧烯、异戊醇、苯乙醇、异戊醛、己醛、苯甲醛、3,4-二羟基苯甲醛、3,4-二羟基肉桂醛、1-羟基-2-丙酮、3-羟基-2-丁酮、2,3-丁二酮、2-戊酮、4-甲基-2-戊酮、2-羟基-3-戊酮、2,3-戊二酮、2,3-己二酮、2-辛酮、3-甲基环戊二酮、2-羟基苯乙酮、甲酸、乙酸、丙酸、丁酸、己酸、庚酸、辛酸、壬酸、癸酸、2,5-二羟基苯甲酸、乙酸乙酯、水杨酸甲酯、γ-丁内酯、二甲胺、四氢吡咯、吡咯、糠基吡咯、2-乙酰基吡咯、3-甲基吲哚、哌啶、吡啶、吡嗪、2-甲基吡嗪、2-乙基吡嗪、2,3-二甲基吡嗪、2,5-二甲基吡嗪、2,6-二甲基吡嗪、2,3,5-三甲基吡嗪、四甲基吡嗪、2-甲基四氢噻吩-3-酮、2-乙酰基噻吩、苯酚、2-甲基苯酚、邻苯二酚、对苯二酚、糠醛、5-甲基糠醛、5-羟甲基糠醛、呋喃酮、2-乙酰基呋喃、糠醇、5-甲基糠醇、乙酸糠酯、二糠基一硫醚、麦芽酚、异麦芽酚等。

咖啡的主要香成分有：乙醇、2-丙醇、异丁醇、叔丁醇、2-甲基-2-丁醇、3-甲基-2-丁烯醇、戊醇、异戊醇、己醇、2-庚醇、3-辛醇、1-辛烯-3-醇、芳樟醇、糠醇、α-松油醇、苯酚、邻甲酚、对甲酚、间甲酚、邻苯二酚、间苯二酚、对苯二酚、2,3-二甲基苯酚、2,5-二甲基苯酚、2,6-二甲基苯酚、3,4-二甲基苯酚、2,3,5-三甲基苯酚、邻乙酚、对乙酚、2-甲氧基-4-乙烯基苯酚、愈创木酚、4-乙基愈创木酚、4-乙烯基愈创木酚、丁香酚、4-乙基苯酚、甲基糠基醚、茴香脑、乙醛、丙醛、2-甲基丙醛、3-甲基丙醛、丁醛、2-甲基丁醛、2-甲基-2-丁烯醛、戊醛、异戊醛、2-甲基-2-戊烯醛、己醛、苯甲醛、2-甲基苯甲醛、3-甲基苯甲醛、苯乙醛、水杨醛、糠醛、5-甲基糠醛、3-（2-呋喃基）丙醛、2,5-二甲基-3-乙酰基呋喃、丙酮、丁酮、1-丁烯-3-酮、1-羟基-2-丁酮、3-羟基-2-丁酮、3-甲基-2-丁酮、2,3-丁二酮、2-戊酮、3-戊酮、2-戊烯-4-酮、3-羟基-2-戊酮、2-羟基-3-戊酮、4-甲基-3-戊烯-2-酮、2,3-戊二酮、2,4-戊二酮、4-甲基-2,3-戊二酮、环戊酮、3-己酮、2,3-己二酮、2,5-己二酮、3,4-己二酮、5-甲基-2,3-己二酮、2-庚酮、6-甲基-5-庚烯-2-酮、2,5-庚二酮、3,4-庚二酮、5-甲基-3,4-庚二酮、6-甲基-3,4-庚二酮、2-辛酮、3-辛酮、2,3-辛二酮、2-壬酮、2-癸酮、2-十一酮、苯丙酮、2-甲基环戊烯-2-酮、2-乙基环戊烯-2-酮、2,3-二甲基环戊烯-2-酮、2,3,5-三甲基环戊烯-2-酮、邻羟基苯乙酮、2-乙酰基四氢呋喃、2-乙酰基呋喃、5-甲基-2-乙酰基呋喃、2-丙酰基呋喃、5-甲基-2-丙酰基呋喃、2-甲基-3-羟基-4-吡喃酮、甲酸、乙酸、丙酸、丁酸、异戊酸、甲基丙烯酸、巴豆酸、棕榈酸、亚油酸、甲酸甲酯、甲酸乙酯、甲酸苄酯、甲酸苯乙酯、甲酸糠酯、乙酸甲酯、乙酸乙酯、乙酸丁酯、乙酸异戊酯、乙酸糠酯、丙酸甲酯、丙酸糠酯、2-甲基丙酸糠酯、丁酸糠酯、异戊酸甲酯、戊酸糠酯、异戊酸糠酯、苯甲酸甲酯、苯甲酸乙酯、水杨酸甲酯、棕榈酸甲酯、棕榈酸乙酯、亚油酸甲酯、反式油酸甲酯、γ-丁内酯、γ-戊内酯、β-当归内酯、吡咯、N-甲基吡咯、2-乙基吡咯、N-丁基吡咯、N-戊基吡咯、N-糠基吡咯、2-乙酰基吡咯、N-甲基-2-乙酰基吡咯、N-乙基-2-乙酰基吡咯、N-糠基-2-乙酰基吡咯、2-丙酰基吡咯、呋喃、2-甲基呋喃、3-甲基呋喃、2,5-二甲基呋喃、2-乙基呋喃、2-丙基呋喃、3-丙基呋喃、2-丁基呋喃、2-戊基呋喃、3-苯基呋喃、苯并呋喃、四氢呋喃、2-甲基四氢呋喃、2-甲基四氢呋喃-3-酮、2,5-二甲基呋喃、甲基糠基醚、二糠基醚、噻吩、2-甲基噻吩、3-乙烯基噻吩、2-甲基-4-乙基噻吩、2-丙基噻吩、2-丁基噻吩、2-噻吩基甲醇、2-甲酰基噻吩、2-甲酰基-3-甲基噻吩、2-甲酰基-5-甲基噻吩、2-乙酰基噻吩、3-乙酰基噻吩、2-乙酰基-3-甲基噻吩、2-乙酰基-4-甲基噻吩、2-乙酰基-5-甲基噻吩、2-苯并噻吩、四氢噻吩-3-酮、2-甲基四氢噻吩-3-酮、吡啶、2-甲基吡啶、3-甲基吡啶、3-乙基吡啶、2-乙基哌啶、吡嗪、2-甲基吡嗪、2,3-二甲基吡嗪、2,5-二甲基吡嗪、2,6-二甲基吡嗪、2,3,5-三甲基吡嗪、四甲基吡嗪、2-乙基吡嗪、2-甲基-3-乙基吡嗪、2-甲基-5-乙基吡嗪、2-甲基-6-乙基吡嗪、2,5-二甲基-3-乙基吡嗪、2,6-二甲基-3-乙基吡嗪、2-乙烯基吡嗪、2-甲基-5-乙烯基吡嗪、2-甲基-6-乙烯基吡嗪、2-甲基-5-丙基吡嗪、2-甲基-5-异丙基吡嗪、2-甲基-6-异丙基吡嗪、2-甲基-5-

丙烯基吡嗪、2-甲基-6-丙烯基吡嗪、2-异丙烯基吡嗪、2-甲基-3-异丁基吡嗪、2-乙基-3,5,6-三甲基吡嗪、2-乙基-6-乙烯基吡嗪、2-乙基-6-丙基吡嗪、2,3-二乙基-5-甲基吡嗪、2,5-二乙基吡嗪、2,6-二乙基吡嗪、2,3-二乙基-5-甲基吡嗪、2,5-二乙基-3-甲基吡嗪、3,5-二乙基-2-甲基吡嗪、2-丙基吡嗪、2-异丁基-3-甲氧基吡嗪、环戊二烯并吡嗪、5-甲基喹喔啉、硫化氢、甲硫醇、乙硫醇、丙硫醇、糠硫醇、苄硫醇、甲硫醚、甲基乙基硫醚、甲基糠基硫醚、甲基（5-甲基糠基）硫醚、甲基苯基硫醚、甲基（2-羟基苯基）硫醚、二糠基硫醚、1-甲硫基-2-丁酮、二甲基二硫醚、甲基乙基二硫醚、二乙基二硫醚、硫代糠酸甲酯、硫代乙酸糠酯、硫代丙酸糠酯、噻唑、2-甲基噻唑、4-甲基噻唑、5-甲基噻唑、2,4-二甲基噻唑、2,5-二甲基噻唑、4,5-二甲基噻唑、2,4-二甲基-5-乙基噻唑、2,5-二甲基-4-乙基噻唑、4,5-二甲基-2-乙基噻唑、三甲基噻唑、5-乙基噻唑、2-乙基-4-甲基噻唑、4-乙基-2-甲基噻唑、5-乙基-2-甲基噻唑、5-乙基-4-甲基噻唑、4-乙基-5-甲基噻唑、2,4-二乙基噻唑、2,5-二乙基噻唑、2-丙基-4-甲基噻唑、4-丁基噻唑、苯并噻唑、2-乙酰基-4-甲基噻唑、5-乙酰基-2-甲基噁唑、麦芽酚、吲哚等。

4.1.2　咖啡香精常用的香料

　　咖啡香精的特征性香料是糠硫醇和硫代丙酸糠酯，其他常用的香料有咖啡酊、2-乙基呋喃、糠醇、四氢糠醇、芳樟醇、2-甲基丁醛、对甲基苯甲醛、糠醛、5-甲基糠醛、柠檬醛、2,3-丁二酮、2,3-戊二酮、2,5-二甲基-4-羟基-3(2H)-呋喃酮、2-乙酰基呋喃、甲酸乙酯、乙酸甲酯、乙酸乙酯、乙酸异戊酯、乙酸糠酯、丙酸糠酯、庚酸丙酯、壬酸乙酯、苯甲酸苄酯、正庚硫醇、正己硫醇、二糠基硫醚、二糠基二硫醚、硫代乙酸糠酯、2-乙酰基吡咯、N-甲基-2-乙酰基吡咯、N-乙基-2-乙酰基吡咯、N-糠基吡咯、4-甲基-5-羟乙基噻唑、2-乙酰基噻唑、2,4-二甲基-5-乙酰基噻唑、2-甲基吡嗪、2,3-二甲基吡嗪、2,5-二甲基吡嗪、2,6-二甲基吡嗪、三甲基吡嗪、2-甲基-3-甲硫基吡嗪、2-甲基-5-甲硫基吡嗪、2-甲基-6-甲硫基吡嗪、2-甲基-3-糠硫基吡嗪、2-甲基-5-糠硫基吡嗪、2-甲基-6-糠硫基吡嗪、愈创木酚、4-乙基愈创木酚、甲基环戊烯醇酮、麦芽酚、乙基麦芽酚、香兰素、乙基香兰素等。

4.1.3　咖啡香精配方

咖啡香精配方 1

糠醛	2.50
甲硫醇	0.04
2,3-丁二酮	0.20
丁酸	0.20

咖啡酊	1.00
2-甲基-3-糠硫基吡嗪	0.20
乙基麦芽酚	0.10
糠硫醇	0.10

评价： 香气强度大且持久，咖啡特征香不明显，苦味重，欠缺奶香、甜香和烤香。

咖啡香精配方2

糠醛	10.00
丁酸	0.10
2,3-丁二酮	0.25
2-甲硫基吡嗪	0.10
4-甲基-4-糠硫基-2-戊酮	0.20
咖啡酊	0.50
乙基麦芽酚	0.25

评价： 香气强度大且持久，特征香气明显，苦味重，欠缺甜香、奶香。

咖啡香精配方3

糠硫醇	0.01
糠醛	0.50
乙基麦芽酚	0.10
甲基环戊烯醇酮	0.05
香兰素	0.20
异戊酸	0.10
咖啡酊	2.00
可可醛	0.10
油酸	0.10
2,3-二甲基吡嗪	0.80
2-甲硫基吡嗪	0.10

评价： 香气浓郁而持久，特征香气明显，但坚果香、苦味不足，甜香过量。

咖啡香精配方4

乙酸	0.50
苯甲醇	5.00
2,3-丁二酮	0.35
甲酸乙酯	3.20
乙酸乙酯	0.45
糠醛	0.25
5-甲基糠醛	1.00

糠醇	3.50
糠硫醇	0.25
乙基麦芽酚	0.40

评价： 糠硫醇过量，肉味明显，略带香甜味，透发性好，但主体不足。

咖啡香精配方 5

辛醇	0.2
糠醛	1.0
5-甲基糠醛	2.0
2,3-丁二酮	1.0
2,3-戊二酮	4.0
乙酸	3.0
戊酸	2.0
丁香酚	1.0
异丁香酚	1.0
愈创木酚	0.4
糠硫醇	0.4

评价： 糠硫醇过量，糠硫醇特征风味虽不如配方 4 强，但仍有明显肉味。带甜味，坚果霉香味，主体不明。

咖啡香精配方 6

糠硫醇	45.0
糠醇	15.0
糠醛	5.0
5-甲基糠醛	3.0
乙基麦芽酚	1.0
2,3-戊二酮	2.0
乙偶姻	2.0
香兰素	5.0
乙酸	1.8
丁酸	2.5
异戊酸	6.0
异戊醛	2.8
乙酸糠酯	0.6
水杨酸甲酯	0.1
愈创木酚	0.1

评价： 糠硫醇过量，肉味十足，略有咖啡的焦苦感，主体不明。

4.2 杏仁香精

4.2.1 炒杏仁的主要香成分

炒杏仁的主要挥发性香成分有：丁醇、2-甲基丁醇、戊醇、己醇、庚醇、1-辛烯-3-醇、苯乙醇、糠醇、5-甲基糠醇、3-甲硫基丙醇、己醛、反-2-己烯醛、庚醛、反-2-庚烯醛、辛醛、2-辛烯醛、壬醛、2-壬烯醛、2,4-壬二烯醛、癸醛、反-2-癸烯醛、2,4-癸二烯醛、2-十一烯醛、苯甲醛、苯乙醛、2-苯基丁烯醛、糠醛、5-甲基糠醛、5-羟甲基糠醛、3-羟基-2-戊酮、4-甲基-3-戊烯-2-酮、2-庚酮、2-癸酮、α-紫罗兰酮、β-紫罗兰酮、2-甲基四氢呋喃-3-酮、2-甲基四氢呋喃-3-酮、甲酸辛酯、乙酸糠酯、糠酸甲酯、糠酸乙酯、丁内酯、γ-辛内酯、γ-壬内酯、甲基糠基醚、N-甲基-2-乙酰基吡咯、N-乙酰基-2-甲基吡咯、N-糠基吡咯、2-乙酰基吡咯、2-乙酰基-6-烯丙基吡啶、2-甲基吡嗪、2-甲基-6-乙基吡嗪、2,5-二甲基吡嗪、2,6-二甲基吡嗪、2,5-二甲基-3-乙基吡嗪、2,6-二甲基-3-乙基吡嗪、三甲基吡嗪、2,5-二乙基-3-甲基吡嗪、2,6-二乙基-3-甲基吡嗪、2,5-二甲基-3-乙烯基吡嗪、2-乙酰基吡嗪、5-甲基-2-乙酰基吡嗪、6-乙基-2-乙酰基吡嗪、2-乙基-5-乙酰基吡嗪、2-乙酰基-5-甲氧基吡嗪、2,5-二乙酰基吡嗪、2-(2-呋喃基) 吡嗪、2-(2-呋喃基)-3-甲基吡嗪、5-甲基喹啉、2-戊基呋喃等。

4.2.2 杏仁香精常用的香料

杏仁香精的特征性香料是苯甲醛，其他常用的香料有：苯甲醇、糠醇、5-甲基糠醇、糠醛、5-甲基糠醛、1,3-二苯基-2-丙酮、甲酸乙酯、乙酸异戊酯、乙酸糠酯、糠酸乙酯、苯甲酸乙酯、肉桂酸环己酯、桃醛、2-乙酰基吡咯、4-甲基-5-羟乙基噻唑、2-甲基吡嗪、2-甲基-3-甲硫基吡嗪、2-甲基-5-甲硫基吡嗪、2-甲基-6-甲硫基吡嗪、2,3-二甲基吡嗪、三甲基吡嗪、香兰素、乙基香兰素等。

4.2.3 杏仁香精配方

杏仁香精配方1

苯甲醛	30.0
桃醛	1.0
香兰素	1.0
二氢香豆素	1.0
紫罗兰酮	10.0
庚酸乙酯	10.0

甜橙油	1.0

评价： 甜香，透发性好，仿真度不足。

杏仁香精配方 2

苯甲醛	2.0
香兰素	0.5
二氢香豆素	0.5
甜橙油	0.5

评价： 甜香，略带苦味，杏仁味，仿真度高，透发性好。

杏仁香精配方 3

苯甲醛	80.0
香兰素	1.0
乙基香兰素	1.0
桃醛	1.0
γ-癸内酯	1.0

评价： 甜香，无杏仁味。

4.3　糖炒栗子香精

糖炒栗子是我国人民秋冬季节非常喜爱的食品。糖炒栗子的香味是在炒制过程中由 Maillard 反应产生的，主要挥发性成分为 5-羟基糠醛、糠醛、麦芽酚、羟基麦芽酚、羟基二氢麦芽酚、糠醇、甲基吡嗪、乙酰基呋喃、甲基环戊烯醇酮、呋喃酮、糠酸甲酯等。

糖炒栗子香精配方

γ-丁内酯	10.00
4-甲基-5-羟乙基噻唑	0.20
2-乙酰基噻唑	1.00
呋喃酮	1.00
麦芽酚	10.00
乙基麦芽酚	50.00
糠醇	1.00
糠醛	1.00
5-甲基糠醛	5.00
2-乙酰基呋喃	1.00
2,3-二甲基吡嗪	0.01

评价： 甜香，无焦糖香，透发性好，仿真度低。

4.4　核桃香精

核桃中的香成分有：D-柠檬烯、β-蒎烯、1-己醇、辛醇、苯乙醇、糠醇、4-羟基-5-甲氧基肉桂醇、戊醛、2-庚醛、壬醛、癸醛、反-2-癸烯醛、苯甲醛、苯乙醛、糠醛、5-甲基糠醛、5-羟甲基糠醛、4-羟基-5-甲氧基肉桂醛、4-羟基-2-丁酮、6-甲基-5-庚烯-2-酮、愈创木酚、丁香酚、香兰素、乙酸、香草酸、2-甲基丁酸、乙酸甲酯、香草酸乙酯、2-戊基呋喃、2,3-二甲基吡嗪、2,5-二甲基吡嗪、2,3,5-三甲基吡嗪、2-乙基-5-甲基吡嗪、2-乙酰基吡咯、4-甲基-2,5-二甲基-3(2H)-呋喃酮等。

核桃香精中常用的香料有：γ-辛内酯、庚醛二甲缩醛、邻甲基茴香醚、二甲基间苯二酚、麦芽酚等。

核桃香精配方 1

香兰素	4.0
苯甲醛	6.0
2-甲基丁酸乙酯	1.0
异丁酸丁酯	4.0
2,3-二乙基吡嗪	0.5

评价： 生青味，苦杏仁味，无明显核桃香味，仿真性一般。

核桃香精配方 2

2,3-二乙基吡嗪	5.0
2-甲基丁酸乙酯	10.0
香兰素	40.0
苯甲醛	60.0

评价： 较配方 1 的坚果香气愉悦，有核桃香、淡的油脂香，透发性好。

4.5　榛子香精

炒榛子的主要香成分有：5,6,7,8-四氢喹喔啉、1-甲基-2-吡咯酮、2-乙酰基吡嗪、甲硫醇、3-甲硫基丙醛、二甲基二硫醚、二乙基二硫醚、二甲基三硫醚、2-甲酰基噻吩、二氢-1(H)-噻吩-3-酮、苯并噻唑、4-甲基-5-乙烯基噻唑、3,5-二甲基-1,2,4-三硫杂环戊烷、吡嗪、2-甲基吡嗪、3-甲基-2-乙基吡嗪、5-甲基-2-乙基吡嗪、6-甲基-2-乙基吡嗪、2-甲基-5-乙烯基吡嗪、2-甲基-6-乙烯基吡嗪、5-甲基-2,3-二乙基吡嗪、3-甲基-2,5-二乙基吡嗪、3-甲基-2,6-二乙基吡嗪、2,3-二甲基吡嗪、2,5-二甲基吡嗪、2,6-二甲基吡嗪、3,5-二甲基-2-乙基吡嗪、3,6-二甲

基-2-乙基吡嗪、二甲基二乙基吡嗪、二甲基异丁基吡嗪、三甲基吡嗪、四甲基
吡嗪、2-乙基吡嗪、2,3-二乙基吡嗪、2,5-二乙基吡嗪、2,6-二乙基吡嗪、三乙
基吡嗪、乙烯基吡嗪、2-乙酰基吡嗪、2-甲基-5-乙酰基吡嗪、乙酰基乙基吡嗪、
丙基吡嗪、异丙基吡嗪、2-(2-呋喃基) 吡嗪等。

　　榛子香精的特征性香料是 2-甲基-5-甲硫基吡嗪，其他常用的香料有：愈创
木酚、丁香酚、肉桂醛、糠醛、苯乙酮、γ-辛内酯、2-乙酰基吡咯、N-甲基-2-
乙酰基吡咯、N-糠基吡咯、2-甲基-5-乙烯基噻唑、三甲基噻唑、4-甲基-5-羟乙
基噻唑、2-乙酰基噻唑、2,4-二甲基-5-乙酰基噻唑、2-甲基吡嗪、2-甲基-3-甲硫
基吡嗪、2-甲基-5-甲硫基吡嗪、2-甲基-6-甲硫基吡嗪、2,3-二甲基吡嗪、三甲基
吡嗪、2-乙酰基吡嗪、甲基环戊烯醇酮、麦芽酚、乙基麦芽酚、香兰素、乙基香
兰素以及各种硫醇类香料。

榛子香精配方

苯甲醇	3.0
异戊醛	0.2
苯甲醛	0.6
乙酸乙酯	0.4
乙酸异戊酯	1.0
γ-辛内酯	0.2
2,3-二甲基吡嗪	0.6
三甲基噻唑	0.6
愈创木酚	0.8
丁香酚	0.2
乙基麦芽酚	1.0
乙基香兰素	2.0
2,4-二甲基-5-乙酰基噻唑	0.4

评价： 透发性好，炒熟的坚果香，有一定的花生香，但榛子的感觉相对较弱。

4.6　花生香精

4.6.1　炒花生的主要香成分

　　炒花生的主要香成分有：月桂烯、柠檬烯、蒎烯、桧烯、γ-松油烯、丁醇、
异丁醇、2-甲基丁醇、戊醇、异戊醇、2-戊醇、3-戊醇、1-戊烯-3-醇、己醇、2-
己醇、3-己醇、庚醇、辛醇、1-辛烯-3-醇、壬醇、月桂醇、环己醇、α-松油醇、
苄醇、苯乙醇、苯酚、愈创木酚、4-乙烯基愈创木酚、丙醛、丁醛、异丁醛、2-

丁烯醛、2-甲基丁醛、2-甲基-2-丁烯醛、2-苯基-2-丁烯醛、戊醛、异戊醛、2-戊烯醛、2-甲基戊醛、2-甲基-2-戊醛、2,4-戊二烯醛、己醛、2-乙基己醛、2-己烯醛、2,4-己二烯醛、庚醛、2-庚烯醛、2,4-庚二烯醛、辛醛、2-辛烯醛、壬醛、2-壬烯醛、2,4-壬二烯醛、癸醛、2-癸烯醛、2,4-癸二烯醛、反,反-2,4-癸二烯醛、十一醛、2-十一烯醛、2,4-十一碳二烯醛、月桂醛、2-十二烯醛、肉豆蔻醛、2-十四烯醛、2-十六烯醛、苯甲醛、苯乙醛、肉桂醛、二丁醇缩乙醛、丙酮、2-丁酮、3-甲基-2-丁酮、2,3-丁二酮、2-戊酮、4-甲基-2-戊酮、3-戊烯-2-酮、2,3-戊二酮、环戊酮、2-甲基环戊酮、甲基环戊烯醇酮、2-己酮、环己酮、2-庚酮、4-庚酮、2-辛酮、2,3-辛二酮、2-壬酮、2-癸酮、2-十一酮、苯乙酮、苯丙酮、香芹酮、乙酸、丙酸、丁酸、异丁酸、2-甲基丁酸、戊酸、异戊酸、己酸、庚酸、辛酸、壬酸、癸酸、十一酸、月桂酸、十三酸、肉豆蔻酸、2-十四烯酸、2-十六烯酸、9-十八烯酸、11-十八烯酸、乙酸甲酯、乙酸乙酯、乙酸丁酯、乙酸异戊酯、乙酸苯酯、丙酸苯乙酯、丁酸乙酯、γ-丁内酯、γ-戊内酯、δ-戊内酯、3-甲基-γ-丁内酯、γ-辛内酯、2-丁基呋喃、2-戊基呋喃、2-乙酰基呋喃、5-甲基-2-乙酰基呋喃、糠醛、5-甲基糠醛、糠醇、5-甲基糠醇、乙酸糠酯、糠酸甲酯、糠酸乙酯、2-甲基四氢呋喃-3-酮、吡咯、N-甲基吡咯、2-甲基吡咯、N-乙基吡咯、N-糠基吡咯、2-乙酰基吡咯、2-丙基吡咯、2-乙酰基吡咯啉、2-甲基噻吩、2-乙基噻吩、5-甲基-2-甲酰基噻吩、2-乙酰基噻吩、2-乙酰基四氢噻吩、四氢噻吩-3-酮、2-甲基四氢噻吩-3-酮、4,5-二甲基噁唑、2,4,5-三甲基噁唑、2-乙酰基噁唑、2-甲基-5-丙基噁唑、2-戊基噁唑、2-乙基-5-丁基噁唑、2,4-二乙基-5-丙基噁唑、2-甲基-3-噁唑啉、2,4-二甲基-3-噁唑啉、2,4,5-三甲基-3-噁唑啉、噻唑、2-甲基噻唑、4-甲基噻唑、5-甲基噻唑、4,5-二甲基-2-异丙基噻唑、2,5-二甲基-4-丁基噻唑、4,5-二甲基-2-丙基噻唑、2,4-二甲基-5-乙基噻唑、2-乙酰基噻唑、苯并噻唑、吡啶、3-甲氧基吡啶、2-戊基吡啶、2-乙酰基吡啶、吡嗪、2-甲基吡嗪、3-甲基-2-乙基吡嗪、5-甲基-2-乙基吡嗪、6-甲基-2-乙基吡嗪、5-甲基-2,3-二乙基吡嗪、3-甲基-2,6-二乙基吡嗪、2-甲基-5-乙烯基吡嗪、2-甲基-6-乙烯基吡嗪、2-甲基-6-丙基吡嗪、5-甲基-2-异丙基吡嗪、2-甲基-3,5-二乙基吡嗪、2-甲基-6-丙烯基吡嗪、2-甲基-3-异丁基吡嗪、2,3-二甲基吡嗪、2,5-二甲基吡嗪、2,6-二甲基吡嗪、2,3-二甲基-5-乙基吡嗪、2,5-二甲基-3-乙基吡嗪、2,6-二甲基-3-乙基吡嗪、3,5-二甲基-2-乙基吡嗪、3,6-二甲基-2-乙基吡嗪、2,5-二甲基-3,6-二乙基吡嗪、2,5-二甲基-3-乙烯基吡嗪、2,5-二甲基-3-丙基吡嗪、2,5-二甲基-3-异丙基吡嗪、三甲基吡嗪、3,5,6-三甲基-2-乙基吡嗪、四甲基吡嗪、2-乙基吡嗪、2,5-二乙基吡嗪、乙基乙烯基吡嗪、2-乙烯基吡嗪、2-丙基吡嗪、2-异丙基吡嗪、2-异丙烯基吡嗪、2-乙酰基吡嗪、2-乙酰基-6-甲基吡嗪、2-乙酰基-5-甲基吡嗪、2-乙酰基-6-乙基吡嗪、喹啉、5,6,7,8-四氢喹喔啉、丙基丁基硫醚、3-甲硫基丙醛、二甲硫醇缩乙醛、硫杂环己烷、3-甲基硫杂环己烷、4-甲基硫杂环己烷、甲硫醇、二甲基二硫醚、甲基丙基二硫醚、甲基苯基二硫醚、二丙基二硫醚、甲基丁基二硫醚、丙基丁基二硫醚、二仲丁基二硫醚、二甲基三硫醚、甲基乙基三硫醚、二丙基三硫醚、二丁基三硫醚、甲基（2-甲基-3-呋喃基）二硫醚、二氢苯并呋喃、麦芽酚、4-乙烯基愈创木酚等。

4.6.2　花生香精常用的香料

花生香精的特征性香料是 2-甲基-5-甲氧基吡嗪和 2,5-二甲基吡嗪，其他常用的香料有：苯乙醇、异戊醛、己醛、辛醛、2,4-庚二烯醛、2,3-辛二烯醛、2-壬烯醛、2,4-壬二烯醛、癸醛、2,4-癸二烯醛、苯甲醛、苯乙醛、苯乙酮、乙酸丁酯、月桂酸丁酯、γ-辛内酯、γ-壬内酯、2-乙酰基呋喃、5-甲基糠醛、2-乙酰基吡咯、4-甲基-5-羟乙基噻唑、4-甲基-5-羟乙基噻唑乙酸酯、香兰素、乙基香兰素、麦芽酚、乙基麦芽酚、苯甲醛二甲硫醇缩醛以及各种吡嗪类香料。

4.6.3　花生香精配方

花生香精配方

己醇	0.5
苯甲醇	10.0
愈创木酚	0.5
异戊醛	0.5
己醛	0.2
辛醛	0.3
5-甲基糠醛	0.5
苯甲醛	1.0
苯乙醛	0.3
苯乙酮	1.0
乙酸异戊酯	1.0
γ-辛内酯	0.5
γ-壬内酯	1.5
N-甲基-2-乙酰基吡咯	0.5
乙基香兰素	2.5
4-甲基-5-羟乙基噻唑	1.0
乙基麦芽酚	0.5
2,4-二甲基-5-乙酰基噻唑	0.5

评价： 奶香明显，轻微的花生味，苦杏仁味相对更重。

4.7 可可香精

4.7.1 可可的主要香成分

可可的主要香成分有：α-蒎烯、β-蒎烯、β-月桂烯、β-榄香烯、柠檬烯、石竹烯、苏合香烯、丁醇、2-丁醇、异丁醇、2,3-丁二醇、戊醇、2-戊醇、异戊醇、己醇、2-庚醇、辛醇、1-辛烯-3-醇、香叶醇、芳樟醇、α-松油醇、薄荷脑、龙脑、糠醇、苯甲醇、α-苯乙醇、β-苯乙醇、2-苯基-2-丙醇、2-甲基-3-苯基-2-丙醇、苯酚、2,3-二甲基苯酚、4-乙基苯酚、2-甲氧基-4-甲基苯酚、愈创木酚、丁香酚、麦芽酚、丙醛、2-丙烯醛、2-甲基-2-丙烯醛、丁醛、异丁醛、2-甲基丁醛、2-甲基-2-丁烯醛、戊醛、异戊醛、己醛、5-甲基-2-异丙基-2-己烯醛、辛醛、2,4-辛二烯醛、壬醛、癸醛、香茅醛、苯甲醛、苯乙醛、糠醛、5-甲基糠醛、2-丁酮、3-羟基-2-丁酮、2,3-丁二酮、2-戊酮、2,3-戊二酮、3-己酮、5-甲基-2-己酮、2-庚酮、2-甲基-2-庚烯-6-酮、2-辛酮、5-羟基-4-辛酮、4,5-辛二酮、2-壬酮、2-十一酮、2-十三酮、2-十五酮、苯乙酮、2-乙酰基呋喃、5-甲基-2-乙酰基呋喃、2-丙酰基呋喃、2-甲基四氢呋喃-3-酮、薄荷酮、甲酸、乙酸、丙酸、丁酸、异丁酸、2-甲基丁酸、2-羟基-3-甲基丁酸、乳酸、戊酸、异戊酸、4-甲基戊酸、2-羟基-3-甲基戊酸、2-羟基-4-甲基戊酸、己酸、庚酸、辛酸、壬酸、癸酸、月桂酸、肉豆蔻酸、苯甲酸、苯乙酸、乙酸甲酯、乙酸乙酯、乙酸丙酯、乙酸丁酯、乙酸异丁酯、乙酸2-甲基丁酯、乙酸戊酯、乙酸异戊酯、乙酸2-戊酯、乙酸香叶酯、乙酸橙花酯、乙酸芳樟酯、乙酸苯酯、乙酸苄酯、乙酸苯乙酯、乙酸苯丙酯、乙酸糠酯、丙酸乙酯、丙酸戊酯、丙酸己酯、丁酸戊酯、丁酸己酯、己酸乙酯、庚酸乙酯、辛酸甲酯、辛酸乙酯、癸酸甲酯、癸酸乙酯、月桂酸甲酯、月桂酸乙酯、肉豆蔻酸甲酯、肉豆蔻酸乙酯、棕榈酸乙酯、棕榈酸异丙酯、亚油酸甲酯、苯甲酸乙酯、苯甲酸异丁酯、苯甲酸戊酯、苯甲酸异戊酯、苯乙酸甲酯、苯乙酸乙酯、肉桂酸乙酯、糠酸甲酯、糠酸乙酯、香草酸乙酯、亚油酸乙酯、苯乙酸异戊酯、苯乙酸苯乙酯、肉桂酸苄酯、γ-丁内酯、γ-戊内酯、γ-己内酯、δ-己内酯、δ-辛内酯、γ-壬内酯、γ-癸内酯、δ-癸内酯、γ-十二内酯、δ-十二内酯、δ-十四内酯、二甲缩乙醛、二乙缩异丁醛、二乙缩2-甲基丁醛、二乙缩异戊醛、乙醇异丙醇缩异戊醛、吡咯、2-丙基吡咯、2-甲酰基吡咯、5-甲基-2-甲酰基吡咯、N-甲基-2-甲酰基吡咯、N-乙基-2-甲酰基吡咯、N-戊基-2-甲酰基吡咯、2-甲基吡嗪、甲基乙基吡嗪、2-甲基-3-乙基吡嗪、2-甲基-5-乙基吡嗪、2-甲基-6-乙基吡嗪、2-甲基-5-乙烯基吡嗪、2-甲基-5-乙酰基吡嗪、2-甲基-5-丙基吡嗪、2-甲基-3-异丙基吡嗪、2-甲基-6-异丙基吡嗪、2-甲基-3-异丁基吡嗪、2-甲基-6-异丁基吡嗪、2-甲基-3-(2-甲基丁基) 吡嗪、2-甲基-6-(2-甲基丁基) 吡嗪、2-甲基-6-(3-甲基丁基) 吡嗪、2-甲基-3-戊基吡嗪、2-甲基-5-戊基吡嗪、2-甲基-3-异戊基吡嗪、2-甲基-6-异戊基吡嗪、2-甲基-5-糠基吡嗪、2-甲基-6-糠基吡嗪、5-甲基-2,3-二乙基吡嗪、3-甲基-2,5-二乙基吡嗪、3-甲基-2,6-二乙基吡嗪、2,3-二甲基吡嗪、2,5-二甲基吡嗪、2,6-二甲基吡嗪、2,3-二甲基-5-乙基吡嗪、2,5-二甲基-3-乙基吡嗪、2,6-二甲基-3-乙基吡嗪、3,6-二甲基-2-乙基吡嗪、2,5-二甲基-3,6-二乙基吡嗪、2,6-二甲基-3,5-二乙基吡嗪、2,5-二甲基-3-丙基吡嗪、2,5-二甲基-3-异丙基吡嗪、2,6-二甲基-3-异丙基吡嗪、2,5-二甲基-3-丁基吡嗪、2,6-二甲基-3-丁基吡嗪、2,5-二甲基-3-异丁基吡嗪、2,3-二甲基-3-(2-甲基丁基) 吡嗪、2,3-二甲基-5-(2-甲基丁基) 吡嗪、2,5-二甲基-3-(2-甲基丁基) 吡嗪、2,5-二甲基-3-(3-甲基丁基) 吡嗪、2,6-二甲基-3-(2-甲基丁基) 吡嗪、2,6-二甲基-3-(3-甲基丁基) 吡嗪、2,5-二甲基-3-(2-甲基丁基) 吡嗪、2,5-二甲基-3-异丁基吡嗪、2,5-二甲基-3-戊基吡嗪、2,6-二甲基-3-戊基吡嗪、2,3-二甲基-5-异戊基吡嗪、2,5-二甲基-3-异戊基吡嗪、2,6-二甲基-3-异戊基吡嗪、2,3,5-三甲基吡嗪、2,3,5-三甲基-6-乙基吡嗪、3,5,6-三甲基-2-乙基吡嗪、3,5,6-三甲基-2-(2-甲基丁基) 吡嗪、3,5,6-三甲基-2-异戊基吡嗪、2,3,5,6-四甲基吡嗪、2-乙基吡嗪、2-乙基-5-乙酰基吡嗪、2-乙基-6-丙基吡嗪、2-乙基-5-异丙基吡嗪、2,5-二乙基吡嗪、三乙基吡嗪、2-丙基吡嗪、2-异丙基吡嗪、2-糠基吡嗪、吡啶、2-甲基喹喔啉、2,3-二甲基喹喔啉、2,5-二甲基喹喔啉、5,6,7,8-四氢喹喔啉、2-甲基-5,6,7,8-四氢喹喔啉、5-甲基-5,6,7,8-四氢喹喔啉、二甲基硫醚、甲基乙基硫醚、甲基 (5-甲基糠基) 硫醚、二甲基二硫醚、甲基异丙基二硫醚、甲基苯基二硫醚、甲基苄基二硫醚、二甲基三硫醚、甲基丙基三硫醚、甲基异丙基三硫醚、二丙基三硫醚、3-甲硫基丙醛、2-甲基-2-甲硫基丙醛、2-甲硫基甲基-5-甲基呋喃、4-甲基-5-羟乙基噻唑、4-甲基-5-乙烯基噻唑、苯并噻唑、2-戊基呋喃等。

4.7.2　可可香精常用的香料

可可香精常用的香料有：2-戊醇、异戊醇、己醇、香叶醇、芳樟醇、α-松油醇、糠醇、苯甲醇、愈创木酚、丁香酚、2,3-丁二酮、2-戊酮、2-庚酮、2-辛酮、2-壬酮、苯乙酮、丙酸、丁酸、异丁酸、2-甲基丁酸、戊酸、异戊酸、己酸、庚酸、辛酸、壬酸、癸酸、乙酸乙酯、乙酸丙酯、乙酸丁酯、乙酸异丁酯、乙酸2-甲基丁酯、乙酸戊酯、乙酸异戊酯、乙酸香叶酯、乙酸橙花酯、乙酸芳樟酯、乙酸苄酯、乙酸苯乙酯、乙酸糠酯、丙酸乙酯、丁酸戊酯、丁酸己酯、己酸乙酯、庚酸乙酯、辛酸乙酯、苯甲酸乙酯、肉桂酸乙酯、γ-丁内酯、γ-戊内酯、γ-己内酯、γ-壬内酯、2-甲酰基吡咯、2-乙酰基吡咯、2-甲基吡嗪、2-甲基-3-乙氧基吡嗪、2,5-二甲基吡嗪、三甲基吡嗪、四甲基吡嗪、2-乙酰基吡嗪、二甲基硫醚、香兰素、乙基香兰素、麦芽酚、乙基麦芽酚、可可酊等。

4.7.3 可可香精配方

可可香精配方1

异戊醇	10.0
异戊醛	6.1
苯甲醛	10.0
5-甲基糠醛	10.0
2,3-丁二酮	5.3
异戊酸	100.0
乙酸芳樟酯	10.0
γ-己内酯	10.0
γ-壬内酯	5.0
愈创木酚	5.0
2-甲基吡嗪	0.2
三甲基吡嗪	0.2
香兰素	400.0
乙基香兰素	100.0
乙基麦芽酚	10.0

评价： 巧克力味，甜气盛，略带奶香，香气圆滑，微焦苦，苦味不足，油腻感强。

可可香精配方2

香兰素	30
2,3-丁二酮	1
糠醛	5
异戊醇	2
异戊醛	30
苯甲醛	2
苯乙醇	15
苯乙醛	4
乙基麦芽酚	1
椰子醛	2.4
藜芦醛	1
三甲基吡嗪	1
异戊酸	24
愈创木酚	10

评价： 巧克力味， 但焦煳感更重。 甜气和奶香气与配方 1 相似， 似核桃类的坚果发霉味， 仿真性较配方 1 略好， 透发性一般。

主要参考文献

［1］ Gianturco M A, Giammarino A S, Friedel P, et al. The Volatile Constituents of Coffee. *Tetrahedron*. 1964, 20（12）: 2951.

［2］ Max Winter, et al（Firmenich & Cie Co.）. Flavor Modified Soluble Coffee. US 3702253. 1972

［3］ Henry B Heath, M B E, B Pharm. Flavor Technology: Profiles, Products, Applications. London: AVI Publishing Company, Inc., 1978.

［4］ Morton I D, Macleod A J. Food Flavours Part A. Introduction, Amsterdam: Elsevier Scientific Publishing Company, 1982.

［5］ Bedoukian P Z. Perfumery and Flavoring Synthetics, Allured Publishing Corporation, 1986.

［6］ 朱瑞鸿, 薛群成, 李中臣. 合成食用香料手册. 北京: 轻工业出版社, 1986.

［7］ Ashurst P R, et al. Food Flavorings. Second Edition, Blackie Academic & Professional, 1995.

［8］ Belitz H D, Grosch W. Food Chemistry. 2nd ed. New York: Springer, 1999.

［9］ 王德峰. 食用香味料制备与应用手册. 北京: 中国轻工业出版社, 2000.

［10］ 王德峰, 王小平. 日用香精调配手册. 北京: 中国轻工业出版社, 2002.

［11］ 及晓东, 赵雅丽, 吴国琛等. 炒花生挥发性香气成分分析. 现代食品科技, 2010, 26（8）: 910-912.

［12］ 冒得寿, 苏勇, 曲荣芬. 等搅拌棒吸附萃取-热脱附/气象色谱-质谱法分析可可提取物的挥发性成分. 香料香精化妆品, 2010,（6）: 5-9, 13.

［13］ 杨继红, 王华. 美国大杏仁烘烤和储存过程中的香气成分分析. 西北农林科技大学学报（自然科学版）, 2010, 38（12）: 210-214.

［14］ 周拥军, 邰海燕, 房祥军等. SPME-GC-MS 分离鉴定山核桃的挥发性风味物质. 中国粮油学报, 2012, 27（6）: 115-119.

［15］ 江汉美, 张锐, 卢金清等. 巴西咖啡豆挥发性物质研究. 食品科技, 2013, 38（12）: 60-63.

［16］ 吴恒, 吴雨松, 刘劲芸等. 不同烘焙温度下核桃壳挥发行成分分析. 食品与发酵工业, 2014, 40（9）: 157-161.

［17］ 戴艺, 卢金清, 李肖爽等. 不同产地咖啡豆中挥发性成分的 HS-SPME-GC/MS 法分析. 湖北农业科学, 2014, 53（18）: 4422-4426.

［18］ 刘梦娅, 刘建彬, 何聪聪等. 加纳可可脂与可可液块中挥发性成分分析. 食品科学技术学报, 2014, 32（6）: 60-65.

［19］ 周斌, 任洪涛. 烘焙时间对云南小粒咖啡挥发性成分影响的研究. 现代食品科技, 2015, 31（1）: 236-244.

第 5 章
肉味香精

5.1　肉味香精概论

　　肉类食品是人类食品不可或缺的重要组成部分，肉香味是肉类食品的魅力所在。生肉几乎没有香味，经过炖、煮、烧、烤、煎、炸、爆、炒等热加工后便产生丰富多彩、风格各异的诱人香味，这是由于在热加工过程中肉中的微量香味前体物质之间发生了一系列复杂的化学变化，产生了成百上千的香味物质，正是这些香味物质决定了肉类食品的香味特征。肉中的香味前体物质是形成肉香味的根本原因，加热是产生肉香味的外部条件。表 5-1 列出了哺乳动物骨骼肌的大致化学组成，其中的肉香味前体物质只占很少一部分。

表 5-1　哺乳动物骨骼肌的大致化学组成

名称			含量/%	
水分			75.0	
蛋白质			18.5	
脂类	甘油三酯		1.0	3.0
	磷脂		1.0	
	脑苷脂类		0.5	
	胆固醇		0.5	
非蛋白含氮物	肌酸、磷酸肌酸		0.5	1.5
	核苷酸类		0.3	
	游离氨基酸		0.3	
	肽		0.3	
	其他		0.1	

续表

名称		含量/%	
碳水化合物	糖原	0.8	1.0
	葡萄糖等	0.1	
	有机酸等	0.1	
无机成分		1.0	

肉中的肉香味前体物质主要有两类：一类是氨基酸、肽、核苷酸、硫胺素和还原糖，它们通过热反应产生基本肉香味（basic meat flavors）物质，主要是含硫化物和杂环化合物；另一类是甘油三酯、磷脂和脂肪酸，它们通过热降解产生特征肉香味（characteristic meat flavors）物质，主要是醇、醛、酮和内酯类化合物。这些香味物质都是低分子量的有机化合物。在对各种肉类制品的香味分析中已经发现了1100多种挥发性物质，其中牛肉中发现的最多，有900多种。这些挥发性物质大部分是香味物质，其结构涉及大部分常见的有机化合物类型，如烃类、醇类、醚类、醛类、酮类、羧酸类、酯类、内酯、胺类、含硫化物和杂环化合物等。这些香味物质各自具有不同的香味特征，但它们共同作用的结果使各种肉制品具有不同特征的肉香味。这些化合物的种类多，数量大，很难一一列举，在此，仅以含硫化合物和吡嗪类化合物为例，列举其在部分肉类食品中的发现情况。

从鸡汤中发现的含硫化合物有：2-甲基噻吩、2-甲基-3-呋喃硫醇、糠硫醇、2-巯基-2-戊酮、2,5-二甲基-3-呋喃硫醇、三甲基噻唑、2-甲酰基噻吩、2-乙酰基噻唑、2-乙酰基噻吩、2-乙酰基-2-噻唑啉、2-甲酰基-5-甲基噻吩等。

从高压煮母鸡肉中发现的含硫化合物有：2-甲基-3-呋喃硫醇、3-甲硫基丙醛、糠硫醇、3,5-二甲基-1,2,4-三硫戊环、5,6-二氢-2,4,6-三甲基-4H-1,3,5-二噻嗪等。

从煮牛肉中发现的含硫化合物有：甲硫醇、丁硫醇、异丁硫醇、叔丁硫醇、叔戊硫醇、己硫醇、庚硫醇、仲辛硫醇、苄硫醇、糠硫醇、苯硫酚、2-甲基苯硫酚、2-叔丁基苯硫酚、2,6-二甲基苯硫酚、1,2-乙二硫醇、1,3-丙二硫醇、1,4-丁二硫醇、1,5-戊二硫醇、1,6-己二硫醇、甲基丙基硫醚、烯丙基甲基硫醚、二乙基硫醚、甲基丁基硫醚、乙基丁基硫醚、乙基异丁基硫醚、二丁基硫醚、二戊基硫醚、二异戊基硫醚、二烯丙基硫醚、乙烯基苯基硫醚、二丙烯基硫醚、二甲基二硫醚、二乙基二硫醚、二异丙基二硫醚、二丁基二硫醚、二异丁基二硫醚、二叔丁基二硫醚、二戊基二硫醚、二甲基三硫醚、噻吩、2-甲基噻吩、2-叔丁基噻吩、3-叔丁基噻吩、2-甲基四氢噻吩、2,5-二甲基四氢噻吩、2-噻吩醛、1,3-二硫戊环、2-甲基-1,3-二硫戊环、3,5-二甲基-1,2,4-三硫戊环（异构体混合物）、

1,3-二噻烷、1,4-二噻烷、5-甲硫基糠醛等。

从高压煮牛肉中发现的含硫化合物有：甲硫醇、异丁硫醇、萘硫醇、二甲基硫醚、二甲基二硫醚、二乙基二硫醚、甲基乙基二硫醚、甲基乙烯基二硫醚、噻吩、2-甲基噻吩、2-乙基噻吩、2-丁基噻吩、2-叔丁基噻吩、3-叔丁基噻吩、2-戊基噻吩、辛基噻吩、十四烷基噻吩、2-乙酰基噻吩、3-乙酰基噻吩、5-甲基-2-乙酰基噻吩、2-噻吩基丙烯醛、2-噻吩醛、5-甲基-2-噻吩醛、2,5-二甲基-3-噻吩醛、2-丙酰基噻吩、2-甲基-5-丙酰基噻吩、2-噻吩甲硫醇、四氢噻吩-3-酮、2-甲基四氢噻吩-3-酮、噻唑、2-甲基噻唑、4-甲基噻唑、2,4-二甲基噻唑、5-乙基-4-甲基噻唑、4-乙基-2-甲基噻唑、2，4,5-三甲基噻唑、2,4-二甲基-5-乙烯基噻唑、2-乙酰基噻唑、苯并噻唑、3,5-二甲基-1，2,4-三硫戊环（异构体混合物）、5,6-二氢-2,4,6-三甲基-1，3,5-二噻嗪、2,4,6-三甲基-S-三噻烷、2,2,4,4,6,6-六甲基-S-三噻烷、硫代乙酸甲酯、二甲硫醇缩乙醛等。

从牛肉罐头中发现的含硫化合物有：甲硫醇、硫化氢、甲基乙基硫醚、二甲基硫醚、环硫乙烷、硫杂环丁烷、氧硫化碳、二硫化碳、二甲基二硫醚、二甲基三硫、噻吩、2-甲基噻吩、3-甲基噻吩、2-戊基噻吩、2,3-二甲基噻吩、2,5-二甲基噻吩、2-甲酰基噻吩、3,5-二甲基-1,2,4-三硫戊环（异构体混合物）、二（甲硫基）甲烷等。

从鸡蛋中发现的吡嗪类化合物有：2,6-二甲基吡嗪、三甲基吡嗪、2-乙基-2-甲基吡嗪、2,6-二乙基吡嗪等。

从鸡肉汤中发现了 2-甲基吡嗪。从高压煮母鸡肉中发现了 2-乙基-3,5-二甲基吡嗪。

从煮牛肉中发现的吡嗪类化合物有：甲基吡嗪、二甲基吡嗪、2,6-二甲基吡嗪、乙基吡嗪、2-乙基-5-甲基吡嗪、2-乙基-6-甲基吡嗪、乙基二甲基吡嗪、5-乙基-2,3-二甲基吡嗪、3-乙基-2,5-二甲基吡嗪、三甲基吡嗪、甲基异丁基吡嗪等。

从牛肉罐头中发现的吡嗪类化合物有：甲基吡嗪、2,5-二甲基吡嗪等。

从烤牛肉中发现的吡嗪类化合物有：甲基吡嗪、二甲基吡嗪、2,6-二甲基吡嗪、乙基吡嗪、2-乙基-5-甲基吡嗪、2-乙基-6-甲基吡嗪、5-乙基-2,3-二甲基吡嗪、3-乙基-2,5-二甲基吡嗪、三甲基吡嗪、甲基异丁基吡嗪等。

从烧烤牛肉中发现的吡嗪类化合物有：6,7-二氢-5H-环戊二烯并吡嗪、2-甲基-6,7-二氢-5H-环戊二烯并吡嗪、5-甲基-6,7-二氢-5H-环戊二烯并吡嗪、2,3-二甲基-6,7-二氢-5H-环戊二烯并吡嗪、2,5-或3,5-二甲基-6,7-二氢-5H-环戊二烯并吡嗪、2-乙基-3-甲基-6,7-二氢-5H-环戊二烯并吡嗪、2,3,5-三甲基-6,7-二氢-5H-环戊二烯并吡嗪等。

从牛脂中发现的吡嗪类化合物有：2-乙基吡嗪、2,5-二甲基吡嗪、2-乙基-5-甲基吡嗪、2,3,5-三甲基吡嗪、2-乙基-3,6-二甲基吡嗪等。

　　从油煎牛肉中发现的吡嗪类化合物有：2-甲基吡嗪、2,3-二甲基吡嗪、2,5-二甲基吡嗪、2,6-二甲基吡嗪、三甲基吡嗪、四甲基吡嗪、2-乙基吡嗪、2-乙基-5-甲基吡嗪、3-乙基-2,5-二甲基吡嗪、2,6-二乙基-3-甲基吡嗪等。

　　从高压煮牛肉中发现的吡嗪类化合物有：吡嗪、2-甲基吡嗪、2,3-二甲基吡嗪、2,5-二甲基吡嗪、2,6-二甲基吡嗪、三甲基吡嗪、四甲基吡嗪、2-乙基吡嗪、2-乙基-5-甲基吡嗪、2-乙基-6-甲基吡嗪、2-乙基-3,5-二甲基吡嗪、2-乙基-3,6-二甲基吡嗪、5-乙基-2,3-二甲基吡嗪、2,6-二乙基吡嗪、2,3-二乙基-5-甲基吡嗪、3,5-二乙基-2-甲基吡嗪、3,6-二乙基-2-甲基吡嗪、3,6-二乙基-2,5-二甲基吡嗪、三乙基吡嗪、甲基丙基吡嗪、6,7-二氢-5H-环戊二烯并吡嗪、2-甲基-6,7-二氢-5H-环戊二烯并吡嗪、5-甲基-6,7-二氢-5H-环戊二烯并吡嗪、2(3),5-二甲基-6,7-二氢-5H-环戊二烯并吡嗪、5,6,7,8-四氢喹喔啉、2-甲基-5,6,7,8-四氢喹喔啉、乙烯基吡嗪、2-甲基-6-乙烯基吡嗪、异丙烯基吡嗪、乙酰基吡嗪、5-乙酰基-2-甲基吡嗪、5-乙酰基-2-乙基吡嗪、1-吡嗪基-2-丙酮等。

　　从猪肝中发现的吡嗪类化合物有：2-甲基吡嗪、2,3-二甲基吡嗪、2,5-二甲基吡嗪、2,6-二甲基吡嗪、三甲基吡嗪、四甲基吡嗪、2-乙基吡嗪、2-乙基-5-甲基吡嗪、2-乙基-6-甲基吡嗪、2-乙基-3,5-二甲基吡嗪、2-乙基-3,6-二甲基吡嗪、5-乙基-2,3-二甲基吡嗪、2,5-二乙基吡嗪、2,3-二乙基-5-甲基吡嗪、2,5-二乙基-3-甲基吡嗪、3,5-二乙基-2-甲基吡嗪、三乙基吡嗪、2-甲基-3-乙烯基吡嗪、2-甲基-5-乙烯基吡嗪、乙酰基吡嗪、2-甲基-5(6)-乙酰基吡嗪、2-乙基-3-乙酰基吡嗪、2-乙基-5(6)-乙酰基吡嗪、6,7-二氢-5H-环戊二烯并吡嗪、2-甲基-6,7-二氢-5H-环戊二烯并吡嗪、5-甲基-6,7-二氢-5H-环戊二烯并吡嗪、2(3),5-二甲基-6,7-二氢-5H-环戊二烯并吡嗪、喹喔啉、2-甲基喹喔啉、6-甲基喹喔啉、5,6,7,8-四氢喹喔啉、2-甲基-5,6,7,8-四氢喹喔啉、2-(2-呋喃基）吡嗪、2-(2-呋喃基)-5(6)-吡嗪等。

　　从烤火鸡中发现的吡嗪类化合物有：2-甲基吡嗪、2,5-二甲基吡嗪、乙基吡嗪、2-甲基-5-乙基吡嗪、2-甲基-6-乙基吡嗪等。

　　影响肉类食品香味的因素是很复杂的，动物的种类（如猪、牛、鸡、羊肉）、性别（雌、雄）、动物的营养状况（肥、瘦等）、品种（如芦花鸡、固始鸡、正阳三黄鸡等）、生长期、肌肉部位、烹调方式（热加工设备、配料、工艺、热加工时间等）、各种辅料等都会对其制成品的最终香味产生影响。这些因素是肉类食品加工和肉味香精制造中都必须考虑的问题。

　　产生肉香味的前体物质可以是肉自身含有的或直接用肉制备的，也可以是外加的。产生肉香味的反应类型也是多种多样的，主要有：氨基酸和还原糖之间的 Maillard 反应和 Strecker 降解反应；糖类、肽类、氨基酸类的降解反应；脂类和脂肪酸的氧化、降解反应；硫胺素的热降解反应；磷脂的热降解反应；硫化氢、硫醇与乙醛、β-巯基乙胺的反应等。

　　肉味香精是具有肉香味特征的多种香味物质的混合物，其主要功能是给相应的食品提供肉香味，其香味效果是肉味香精中的各种香味化合物分子共同作用的结果。目前，肉味香精产品的种类非常多，在中国几乎是有什么肉就有什么肉味香精，如羊肉香精、兔肉香精、驴肉香精、鸭肉香精、狗肉香精等，但主体是牛肉香精、猪肉香精、鸡肉香精和各种海鲜香精。

　　肉味香精产品目前主要有液体、膏体和粉体 3 种形态。肉味香精质量的优劣主要取决于所用原料的品质、生产工艺和配方的合理性。目前，中国肉味香精大致有如下 3 种制造方式。

　　第一种是由精油和油树脂通过调香制成的，这类香精尽管产品名称一般与肉有关，但并不提供肉香味，其功能主要是调节和改善咸味食品的香味。

猪肉香肠香精

黑胡椒油	60.00
辣椒油树脂	90.00
鼠尾草油	90.00
百里香油	15.00
丁香油	90.00
姜油树脂	60.00
芥末油	3.75
姜油	30.00
月桂叶油	60.00
肉豆蔻油	501.25

　　第二种是由天然香料和合成香料通过调香制成的，这类肉味香精一般具有强烈的肉香味，可直接用于咸味食品加香或作为肉味香基添加到热反应肉味香精中去。

猪肉香精

2,5-二甲基-3-巯基呋喃	2
2-甲基-3-巯基四氢呋喃	1
2-甲基-3-甲硫基呋喃	1
二（2-甲基-3-呋喃基）二硫醚	2
甲基（2-甲基-3-呋喃基）二硫醚	6
2-乙酰基呋喃	10
α-甲基-β-羟基丙基 α'-甲基-β'-巯基丙基硫醚	2
三硫代丙酮	3
3-巯基-2-丁醇	10

2,3-丁二硫醇	10
2,5-二甲基-2,5-二羟基-1,4-二噻烷	2
2,5-二羟基-1,4-二噻烷	5
3-甲硫基丙酸乙酯	7
糠硫醇	1
二糠基二硫醚	5
噻唑	2
2-乙酰基噻唑	1
2-乙基吡嗪	1
庚酸	2
2-甲基己酸	1
4-羟基-2,5-二甲基-3($2H$)-呋喃酮	10

第三种是以水解动、植物蛋白、酵母抽提物、脂肪调控氧化产物、辛香料或其提取物、蔬菜汁、氨基酸、还原糖等为原料，通过热反应制备的。这类产品一般称为热反应肉味香精，可直接用于咸味食品加香。

牛肉香精

牛肉酶解物	2400
HVP 液	800
酵母提取物	600
L-半胱氨酸盐酸盐	36
丙氨酸	60
维生素 B_1	36
木糖	60
桂皮粉	6
水	适量

上述混合物在 120℃加热 60min 即得热反应牛肉香精。

为了提高热反应肉味香精的香味强度，一般需要添加一些肉香味香料或肉味香基进行强化，热反应与调香相结合是目前中国肉味香精的主要生产方式。

5.2 热反应肉味香精

5.2.1 热反应肉味香精概述

热反应肉味香精是热反应香精的一种。热反应香精（process flavor 或 reaction flavor）是一类新型食用香精，它是由两种或两种以上的香味前体物质

（还原糖、氨基酸等）在一定条件下加热反应制备的。其他香料一般在反应后加入。

国际食用香料工业组织（International Organization of the Flavor Industry，IOFI）对热反应香精的定义是：热反应香精是一种由食品原料和（或）允许在食品或热反应香精中添加的原料加热制备的产品。

热反应又称为 Maillard 反应、非酶褐变反应或羰-氨反应。1912 年，法国化学家 Louis Maillard 发现甘氨酸和葡萄糖一起加热时，形成颜色褐变反应的类黑精。后来的研究发现这类反应不但影响食品的颜色，而且对食品香味的形成影响极大。热反应的种类是多种多样的，其机理非常复杂，但基本类型是氨基酸与还原糖的加热反应。研究表明，氨基酸与各种羰基化合物之间的热反应是构成各种热加工食品香味的主要来源。但是，在实际应用中，反应配料是可以有许多变化的，除了氨基酸和还原糖，其他如维生素、脂肪、肽、蛋白质等都可以参与反应。可以用图 5-1 所示的最简单的式子来说明热反应香精生产过程中的主要变化。

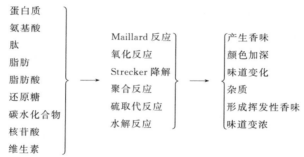

图 5-1　热反应过程的主要变化

在 Maillard 反应过程中，戊糖和己糖降解产生一系列含有羰基的化合物，如 2-氧代丙醛、2,3-丁二酮、羟基丙酮、3-羟基-2-丁酮、糠醛、5-甲基糠醛、5-羟甲基糠醛、5-甲基-4-羟基-3（$2H$）-呋喃酮和 2,5-二甲基-3（$2H$）-呋喃酮。在 α-二羰基化合物的存在下，氨基酸发生 Strecker 降解反应产生醛类和 α-氨基酮类。半胱氨酸发生 Strecker 降解反应产生乙醛、硫化氢和氨。这些化合物是进一步反应生成在肉类挥发性香成分中发现的杂环化合物的反应物。一些重要的肉香味化合物的形成机理如图 5-2 所示。

在肉味香精热反应配料中常添加维生素 B_1，这是因为维生素 B_1 热降解过程中可以产生一系列肉香味化合物。图 5-3 表示维生素 B_1 降解生成重要肉香味香料二（2-甲基-3-呋喃基）二硫醚的过程，该香料具有肉香和肉汤香味，是公认的最重要的肉味香料之一。

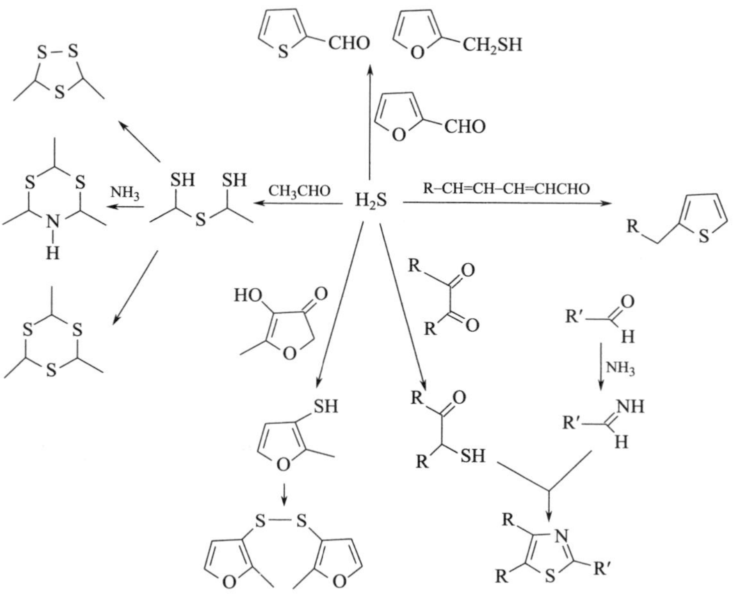

图 5-2　热反应过程中一些肉香味化合物的形成机理

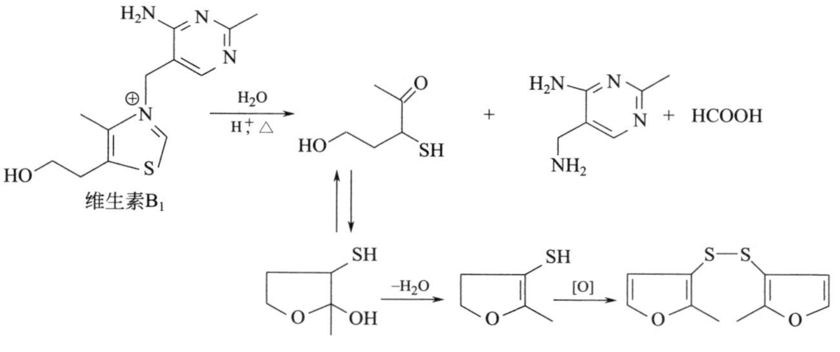

图 5-3　维生素 B_1 降解生成二（2-甲基-3-呋喃基）二硫醚

　　热反应技术可用于肉香味、海鲜香味、咖啡香味、奶油香味、面包香味、米饭香味、烟草香味等食用香精的制备。本节只讨论肉味香精的制备。

　　用于制造肉味香精的液相热反应一般控制在 100℃ 至回流温度下进行，最高不超过 180℃，时间一般为几十分钟至几小时，温度越高，反应时间一般越短。固相热反应的温度也在上述范围内。目前热反应技术已成为国内外肉味香精生产中普遍使用的技术。

　　液相热反应可以在常压状态下进行，也可以在密闭加压状态下进行，其基本设备是一个不锈钢或搪瓷反应釜。图 5-4 是典型的热反应肉味香精生产工艺流程。

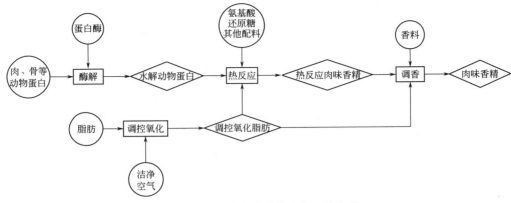

图 5-4 热反应肉味香精生产工艺流程

热反应过程中肉香味的形成机理是非常复杂的，但有一条是肯定的，就是在热反应过程中还原糖、氨基酸等香味前体物质发生一系列重排、降解等复杂反应，最终产生了成百上千的低分子有机化合物，它们共同作用的结果使反应香精具有肉香味。

氨基酸、还原糖和其他原料的种类及配比，加热方式、温度、时间等因素直接影响热反应香精的香味。表 5-2 列举了葡萄糖与不同的氨基酸在 100℃ 下热反应产生的香味情况。

表 5-2 葡萄糖与氨基酸在 100℃ 下热反应产生的香味情况

名称	香味
甘氨酸	焦糖香味，弱的啤酒香味
α-丙氨酸	啤酒香味
缬氨酸	黑麦面包香味
亮氨酸	甜的巧克力香味、吐司香味、黑面包香味
蛋氨酸	烤过头的土豆香味
半胱氨酸	肉香味、硫化物样
胱氨酸	肉香味、焦糊香味、土耳其火鸡香味
脯氨酸	玉米香味、焦糊蛋白香味
羟脯氨酸	土豆香味
精氨酸	爆玉米花香味、奶糖香味
组氨酸	奶油香
谷氨酸	巧克力香味

从表 5-2 中可以发现，半胱氨酸和胱氨酸与葡萄糖的热反应产生了肉香味，这两种氨基酸都是含硫氨基酸。实际上，恰当的硫源对于热反应肉香味的产生至关重要。热反应肉味香精生产的关键是选择合适的前体物质及配比、反应方式、反应温度和反应时间。

5.2.2　热反应肉香味的前体物质

5.2.2.1　氨基酸

热反应肉味香精最主要的前体物质是氨基酸类和还原糖类化合物，其他还有肽类、氨基糖类、胺类、核酸衍生物、羰基化合物和硫化物。

热反应肉味香精最好的单体氨基酸是 L-半胱氨酸，实际生产中多使用其盐酸盐，不但效果好，价格也便宜。

由于单体氨基酸价格和数量的限制，实际生产中多使用含有多种氨基酸的水解植物蛋白（HVP）、水解动物蛋白（HAP）以及酵母自溶物。

工业生产上常用大豆、小麦、玉米、花生等水解植物蛋白，目前我国肉味香精生产中使用最多的是水解大豆蛋白。动物蛋白可用的原料可以是动物的肉、骨、皮、血、内脏等，目前中国主要以肉和骨头为原料。

以动物肉和骨头为主要原料生产肉味香精是中国肉味香精"味料同源"制造理念的核心体现。所谓"味料同源"，通俗一点讲，就是制造什么肉味香精，就用什么肉作主要原料。做牛肉香精用牛肉、做鸡肉香精用鸡肉、做猪肉香精用猪肉、做螃蟹香精用螃蟹、做扇贝香精用扇贝等等。畜禽骨，如猪骨、鸡骨、牛骨等也在广义的"肉源"范围内。

不同的蛋白质水解产生的氨基酸组成有很大差别。表 5-3 列举了部分蛋白质水解物的氨基酸组成。

表 5-3　水解物氨基酸的分析（占总氨基酸的百分比）

名称	牛肉	小麦面筋	大豆	蹄和角	酵母自溶物
天冬氨酸	7.3	3.8	11.7	9.4	10.1
苏氨酸	4.4	2.6	3.6	3.8	0.5
丝氨酸	3.7	5.2	4.9	6.8	4.5
脯氨酸	4.3	10.0	5.1	3.2	5.1
谷氨酸	15.9	38.2	18.5	14.7	11.6
甘氨酸	4.0	3.7	4.0	7.0	5.4
丙氨酸	5.6	2.9	4.1	5.1	7.3
缬氨酸	4.3	2.9	5.2	2.1	6.0
异亮氨酸	4.3	1.6	4.6	1.5	4.6
亮氨酸	7.3	2.8	7.7	3.3	6.9
酪氨酸	2.5	0.2	3.4	1.4	2.9
苯丙氨酸	3.0	3.3	5.0	1.6	3.9
赖氨酸	7.5	1.9	5.8	2.8	7.1
组氨酸	2.4	2.0	2.4	0.7	2.2
精氨酸	6.0	3.4	7.2	5.8	7.1
蛋氨酸	2.1	1.1	1.2	0.5	1.6

蛋白质水解是指把蛋白质肽键打开生成小分子物质。蛋白质是由大约 20 种常见的氨基酸组成的，这些氨基酸通过肽键连接起来。肽键断裂时依次形成下列物质：蛋白质→朊→胨→多肽→寡肽→氨基酸。

蛋白质水解通常有酸法、酶法和微生物发酵法三种方法。三种方法都可以产生肉味前体物，但在水解程度和水解专一性上是有区别的。

（1）酸水解　酸水解目前多用于植物蛋白。可用来水解蛋白质的酸很多，如甲酸、乙酸、磷酸、氢溴酸、盐酸、硫酸等，在肉味香精工业中最常用的是盐酸。用盐酸水解蛋白速率快，水解后用 NaOH 中和水解物，氨基酸以钠盐的形式存在，副产物 NaCl 无需分离。蛋白用硫酸水解后，用钙盐中和，过滤后得到无盐水解物，但往往香味很差，并且中和以后大量的 $CaSO_4$ 必须除去，这样的无盐水解物比普通的水解物价格要高 4～5 倍。

蛋白质来源不同，水解后香味也不同。原因在于组成蛋白质的氨基酸侧链不同和非蛋白质物如淀粉、糖或脂的存在。淀粉最好在水解前去除，否则，会产生强烈的苦味。

影响蛋白质水解的因素有：酸的种类、酸的浓度、温度、时间、压力等。植物蛋白最好彻底水解，任何残留的肽都会带来苦味。酸的浓度对水解影响很大，当浓度升高时氨基酸分解降低，味道增强。温度对于水解的影响要远远大于酸的浓度和时间对水解的影响。通过高压可以缩短反应时间。

水解的程度用水解度来衡量，水解度是指断裂的肽键占总肽键的百分比，或氨基态氮占总氮的比例。测定水解度的方法有甲醛滴定法、冰点测定法、茚三酮法、渗透压法等。

不同蛋白质原料水解液有其独特的香味。水解物的香味不仅来自氨基酸和 NaCl，还来自水解过程中由 Strerker 降解和 Maillard 反应产生的香味物质。一般用阿贝折光仪来分析水解液固形物的含量，用氨基酸自动分析仪分析氨基酸的组成，由专门评香小组评价其香味。

蛋白水解物是生产肉味香精很合适的氨基酸来源，与纯氨基酸相比既价廉又可以增强肉香味。不同的蛋白水解物的香味和用于肉味香精生产的效果各不相同，大豆蛋白、花生蛋白、小麦面筋、玉米面筋和酪蛋白的水解物及其混合物都可以作为热反应肉味香精的原料。

酸水解的优点在于水解彻底、氨氮含量高、成本低。图 5-5 是酸法制备水解植物蛋白的工艺流程，产品根据需要可以制成液体或粉体，通常简称 HVP 液或 HVP 粉。

植物蛋白目前大都用盐酸水解，其优点是水解彻底、氨氮含量高、成本低。其主要不足是容易产生微量有害物质氯丙醇。

（2）酵母蛋白的自溶　酵母是一些单细胞真菌，常用于发酵馒头、面包和酒

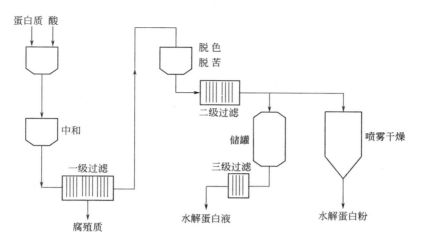

图 5-5　酸法制备水解植物蛋白的工艺流程

类。酵母细胞中一半干物质是由蛋白质组成的,可被其自身的酶分解,分解后产生肽、氨基酸、核苷肽。酵母自溶过程是非常复杂的。通过酵母自溶生产肉味香精的前提物质必须同时通过感官评价和仪器分析仔细鉴定才成。

酵母自溶受许多条件的影响,如 pH 值、水量、时间、温度等。酵母的自溶是指发生质壁分离,可通过增加渗透压来完成。例如在酵母悬浮物中加入 NaCl,酵母蛋白通过细胞壁扩散开来,而其他成分则留在细胞中。通过加酸和有机溶剂可以使酵母发生质壁分离,使用有机溶剂可以避免微生物的污染。在加入这些物质前,可首先进行机械破碎细胞壁。酵母自溶通常要求温度在 $30\sim60℃$ 之间,pH 值在 $5.5\sim6.3$ 之间,分解 24 h。当有硫胺素、脱乙酰壳多糖、单甘油酯、双甘油酯、三甘油酯存在时,分解速率加快。自溶后,在 pH 值为 $7.0\sim8.5$、温度为 $95℃$ 时,经过阴离子交换树脂处理,除去不可溶性盐。用酵母提取物即酵母精和其他配料可用于生产高质量的肉味香精。

(3)酶解　植物蛋白采用酶法水解,可有效地避免有害物质氯丙醇的产生,所生产的水解植物蛋白用于肉味香精的生产能有效地降低成本。关于植物蛋白酶解的研究很多,但进入工业化生产阶段的甚少,主要是酶解植物蛋白的苦味问题尚未完全解决,其香味与酸法水解的香味有较大差距。

目前酶解多用于动物蛋白。畜禽屠宰前的新陈代谢、饲料组成及宰后的成熟情况、储存条件决定了肉味前体物的性质。酶在畜禽屠宰以后继续保持着活性,可作为蛋白质水解的生物催化剂。当肉作为蛋白质水解物来源时,所有构成肉味的因子都包括在内,可以产生逼真的肉香味。这正是用酶解动物蛋白为原料生产肉味香精的优势所在。肉通过酶解后,氨基酸含量大大增加了,肉分解物加热产生的肉香味是加热相同肉产生的肉香味的几十倍至上百倍。因为在通常的烹调过程中，只有极小部分肉被用于形成肉香味。肉类加工过程中可以产生大量的副产品，如血、骨头、皮、蹄等，这些下脚料通常含蛋白量很高，通过酶解这些副产品可以得到与酶解肉相同的效果，由于价格低廉，在经济上是合理的。

动物蛋白酶解仅靠动物蛋白自身原有的小量酶是远远不够的，必须外加商品酶。用于动植物蛋白水解的酶有许多种，如植物蛋白酶（木瓜蛋白酶、菠萝蛋白酶、无花果蛋白酶）、动物蛋白酶（胰蛋白酶、胃蛋白酶）、微生物蛋白酶（中性蛋白酶、碱性蛋白酶、复合风味酶、复合风味分解酶等）。这些蛋白酶有其各自的优缺点，并且各种酶的最优作用时间、温度、pH 值及最适合的底物都不相同。不同的酶作用于同一种底物，所能达到的水解度也不一样。生成肉香味的 Maillard 反应发生在氨基酸和还原糖之间，需要氨基酸源尽可能多含一些游离氨基酸，特别是天冬氨酸、丙氨酸、半胱氨酸、精氨酸、脯氨酸、谷氨酸、甘氨酸等。不同条件下生成不同水解度的蛋白水解液，对最终香精的香味有决定性作用。一般要求水解度达到 30%，即肽相对分子质量在 2000～5000 之间。

不同的动物蛋白可以用相同的或不同的蛋白酶水解，其适宜的水解条件是有差别的，对此国内外已进行了许多研究，下面的一些研究结论可供借鉴。

木瓜蛋白酶、胃蛋白酶、中性蛋白酶、菠萝蛋白酶水解鸡肉比较，最适酶种为木瓜蛋白酶，最适水解温度为 50℃，最适 pH 值为 7.0。

木瓜蛋白酶、中性蛋白酶和菠萝蛋白酶水解肉鸡骨比较，最适酶种为木瓜蛋白酶，最适酶解温度为 57℃。

木瓜蛋白酶、复合风味蛋白酶、中性蛋白酶和复合蛋白酶四种酶水解猪肉蛋白比较，最合适的复合酶为复合风味蛋白酶和复合蛋白酶·复合风味蛋白酶，最适温度为 49℃，最适 pH 值为 7.0。

复合蛋白酶对牛肉蛋白进行单酶水解，最适水解温度为 54℃，最适 pH 值为 6.4。

木瓜蛋白酶、碱性内切蛋白酶、中性蛋白酶、中性蛋白酶四种蛋白酶水解牛肉比较，最适宜的酶制剂为木瓜蛋白酶，最适宜的酶解条件为 pH6.4、温度 60℃。

复合风味蛋白酶水解牛骨粉，最适水解条件为 pH7.0，温度 50℃。

复合蛋白酶、复合风味蛋白酶、木瓜蛋白酶、胃蛋白酶、胰蛋白酶及中性蛋白酶水解蟹肉比较，最适酶种是木瓜蛋白酶，酶解反应的最适温度为 60℃、最适 pH 值为 5.0。

碱性内切蛋白酶水解鸡蛋蛋白最适水解条件是 pH 7.0、温度 60℃。

为了提高水解效果，可以采用双酶和多酶水解。如复合蛋白酶和复合风味蛋白酶水解牛肉蛋白，复合蛋白酶单酶的最适水解条件为温度 55℃，pH 值 6.0。双酶水解的最适工艺条件为：先用复合蛋白酶水解 6 h，然后用复合风味蛋白酶再水解 6h，复合风味蛋白酶的水解条件为温度 50℃，pH 值 6.0。

胰蛋白酶、中性蛋白酶、木瓜蛋白酶、酸性蛋白酶、碱性蛋白酶、胃蛋白酶水解鸡肉比较，胰蛋白酶和木瓜蛋白酶是单酶水解较好的酶。双酶水解的适宜条件是，先用胰蛋白酶在 50℃，pH8.5，加酶量 4000U/g（蛋白质），固液比 1：4，水解 3h，后用酸性蛋白酶在 45℃，pH2.5，加酶量 4000U/g（蛋白质）水解 2h。

用酶水解的动物蛋白味道柔和而纯净，可作为 Maillard 反应生产肉味香精的良好原料。酶解不足之处是易产生苦味，使用这样的蛋白水解物生产肉味香精，能导致最后产品也带苦味。苦味产生于有疏水基氨基酸的肽，而不是游离氨基酸，其中含有疏水基的氨基酸有亮氨酸、异亮氨酸、脯氨酸、苯丙氨酸、组氨酸和酪氨酸。

肽中氨基酸排列顺序对苦味的出现也有作用，以上提到的几种氨基酸如果位于边端或游离氨基酸时，其苦味大大降低。选择合适的链端水解酶和合适的反应条件是可以减轻苦味的。

各种水解蛋白用于生产肉味香精时表现出了各自的优缺点，在生产肉味香精时，可根据不同的要求和目的，按比例加入其中的两种或三种蛋白水解液，生产出香味独特的肉味香精。

5.2.2.2 还原糖

还原糖与氨基酸一样是热反应肉香味的必要原料。核糖很容易与半胱氨酸和其他氨基酸反应，产生良好的香味。但核糖很贵，且不易购买到。与己糖相比，戊糖反应产生的风味更优，且更易于与半胱氨酸和其他氨基酸反应，加热时间较短便可产生肉味。从效果看核糖最好，木糖其次，再次是阿拉伯糖和来苏糖。在实际生产中，综合考虑，目前最常用的还原糖是 D-木糖和 D-葡萄糖。

5.2.2.3 调控氧化脂肪

肉中的脂类包括三脂肪酸甘油酯、磷脂、脑苷脂、胆固醇等，可分为蓄积脂肪和组织脂肪两大类。蓄积脂肪包括皮下脂肪、肌肉间脂肪、肾周围脂肪和大网膜脂肪等；组织脂肪为肌肉及脏器内的脂肪。哺乳动物肌肉中含有大约 3% 的组织脂肪。脂类在肉的加热过程中降解主要生成醛、酮、酸和内酯类化合物，它们在特征肉香味的形成中起重要作用，其中磷脂对烤牛肉香味的产生有重要影响。如果将不含脂类的牛肉、猪肉及羊肉提取物分别加热，产生的基本肉香味相似。而当加热各种肉的脂类时，便可产生各种肉的特征肉香味。

三脂肪酸甘油酯是动物脂类中含量最多的一类，组成动物脂肪的都是混合脂肪酸甘油酯，有 20 多种脂肪酸。其中对特征性香味影响最大的是不饱和脂肪酸，如油酸、亚油酸、十八碳三烯酸、花生四烯酸等。表 5-4 列举了不同动物油脂的脂肪酸组成。

表 5-4　不同动物油脂的脂肪酸组成/%

名称	牛油	羊油	猪油
十二烷酸（月桂酸）			微量
十四烷酸（肉豆蔻酸）	3	2	3
十六烷酸（棕榈酸）	26	25	24
十八烷酸（硬脂酸）	17	25	13
二十烷酸（花生酸）	微量	微量	1
9-十四烯酸	1		
9-十六烯酸（棕榈油酸）	2		3
9-十八烯酸（油酸）	43	39	42
9,12-十八烯酸（亚油酸）	4	4	9
9,12,15-十八碳三烯酸（亚麻酸）	0.5	0.5	0.7
花生四烯酸	0.1	1.5	2

　　热反应基本配料（半胱氨酸类和还原糖类）将给出一系列"基本肉香味"。如果向反应配料中添加不同的畜禽脂肪，则可以有效地提高特征肉香味的强度，生产出具有畜禽肉类特征风味的羊肉香精、猪肉香精、牛肉香精、鸡肉香精等。

　　但过多的外加脂肪容易影响产品的外观并给使用带来不便，现在的做法在热反应配料中添加经过调控氧化的脂肪。

　　脂类提升特征肉香味的实质是其在热加工过程中生成了醛、酮、酸和内酯类化合物。脂肪调控氧化的目的就是将油脂中的不饱和脂肪酸氧化成为醛、酮、酸等物质，并控制它们的比例。

　　脂肪采用洁净空气和气升式环流反应器调控氧化，能够达到比较理想的效果。图 5-6 是气升式环流反应器调控氧化脂肪工艺。

　　一般以过氧化值（P. V.）、茴香胺值（p-A. V.）、酸值（A. V.）三个指标表征脂肪氧化的程度。过氧化值表征脂肪氧化形成的初级产物——氢的过氧化物的含量，它是脂肪次级氧化产物的前体，通过它的分解和热解可提供肉香味物质或肉香味前体物。茴香胺值表征脂肪氧化形成的羰基化合物（特别是不饱和醛）的含量，这类化合物对肉风味形成具有重要贡献。酸值表征脂肪氧化形成的羧酸类化合物的含量，酸值必须控制在较低的范围。酸值过高，脂肪氧化产物会具有严重的酸败气味。

　　文献报道猪油调控氧化较优的工艺条件是：温度 130℃，时间 4h，空气流速 0.012m^3/（h·100g 猪油）。氧化猪油的质量控制指标为：P. V. 270～400meq 活性氧/kg 脂肪，p-A. V. 大于 200，A. V. 小于 4.0mg KOH/g 脂肪。

　　文献报道牛脂调控氧化较优的工艺条件是：温度 140℃，时间 3 h，抗氧化剂维生素 E 用量 0.01%，空气流速 0.018～0.035 m^3/（h·100g 脂肪）。氧化牛

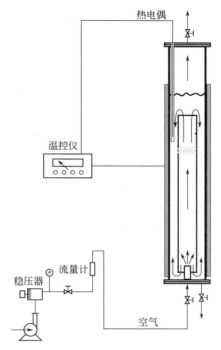

热电偶

温控仪

稳压器　流量计

空气

图 5-6　气升式环流反应器调控氧化脂肪工艺

脂的质量控制指标为：P. V. 260～450meq 活性氧/kg 脂肪，p-A. V. 大于 70，C＝O％大于 1.0％，A. V. 小于 2.7mg KOH/g 脂肪。

文献报道鸡脂调控氧化的较优工艺条件是：温度 120℃，时间 2h，空气流速 0.025m³/（h·100g 鸡脂）。氧化鸡脂的质量控制指标为：P. V. 200～600meq 活性氧/kg 脂肪，p-A. V. 105～330，A. V. 小于 4.7mg KOH/g 脂肪。热反应配料中氧化鸡脂用量为 1％。

文献报道羊脂调控氧化较优的工艺条件是：温度 130～135℃，时间 3.0～3.5h，空气流速 0.020～0.025m³/（h·100g 羊脂）。氧化羊脂的质量控制指标为：P. V. 350～500meq 活性氧/kg 脂肪，p-A. V. 大于 200，A. V. 小于 3.0mg KOH/g 脂肪。

5.2.3　热反应肉味香精配料

热反应肉味香精配料数以百计，可多可少、可繁可简，但氨基酸和还原糖是必有的基本配料。理论上，可用于肉类菜肴烹调的原料都可以作为热反应肉味香精的原料。以下对文献报道的一些配料进行了归纳，在一定程度上反映了热反应肉味香精发展的程度。

（1）氨基酸（氮）源　半胱氨酸、胱氨酸、蛋氨酸、丙氨酸、甘氨酸、赖氨酸、精氨酸、组氨酸、色氨酸、脯氨酸、缬氨酸、谷氨酸、谷氨酰胺、天冬氨酸、谷胱甘肽、其他含硫肽类、HVP（花生、大豆、小麦、玉米等）、HAP（畜禽肉、骨、皮、血、内脏，蛋，鱼，虾，蟹、贝类等）、酵母提取物、酵母自溶物、牛磺酸、吡咯烷酮羧酸。

（2）硫源　半胱氨酸、胱氨酸、蛋氨酸、谷胱甘肽、硫胺素（维生素 B_1）、H_2S、无机硫化物、有机硫化物、蔬菜提取物、发酵蔬菜汁、酵母提取物、酵母自溶物。

（3）还原糖（及其衍生物）源　核糖、木糖、阿拉伯糖、葡萄糖、果糖、乳糖、蔗糖、核糖-5-磷酸盐、酵母提取物、酵母自溶物、HVP、核苷酸、糊精、果胶、藻酸盐。

（4）α-二酮和潜在的 α-二酮源　丁二酮、2,3-戊二酮、丙酮醛、丙酮酸、甘油醛、二羟基丙酮、α-酮基丁酸、3,4-庚二酮-2,5-二乙酸酯、5-羟甲基-2-糠醛、抗坏血酸（维生素 C）、5-酮基-葡糖酸、麦芽糖、乳酸、羟基乙酸、苹果酸、酒石酸、蛋白水解物。

（5）醛源　乙醛、丙醛、丁醛、甲基丙醛、$C_5 \sim C_{13}$烷基醛、HVP。

（6）风味增强剂源　谷氨酸单钠盐、肌苷酸（IMP）、鸟苷酸（GMP）、酵母提取物、自溶酵母、HVP、2-糠基-硫代肌苷-5′-磷酸盐、2-烯丙氧基-5′-磷酸盐、2-(烷氧基)-5′-磷酸盐、2-苯基硫代肌苷-5′-磷酸盐、4-葡糖基葡糖酸即麦芽糖酸。

（7）pH 调节剂　无机酸（如 HCl、H_2SO_4、H_3PO_4）、有机酸（如琥珀酸、柠檬酸、乳酸、苹果酸、酒石酸、乙酸、丙酸）、氨基酸（缬氨酸、甘氨酸、谷氨酸）。

（8）脂类　牛油、猪油、鸡油、羊油、椰子油、甘油三酯、磷脂、脂肪酸或脂肪酸酯。

（9）无机盐　氯化物、磷酸盐。

（10）辛香料　丁香、肉桂、八角、花椒、肉豆蔻、草果、白芷、生姜、洋葱、大葱等。

通过改变配料和反应条件可生产出无数的热反应肉味香精，但需要特别注意的是，在采用比通常使用中更高的温度和较长的反应时间时，将产生大量的不受欢迎的物质。

5.2.4　增味剂、脂类和辛香料

5.2.4.1　增味剂

增味剂又称风味增强剂或风味增效剂，加入产品中具有补充或增强产品风味的功能。它们有时也可掩蔽不良的风味，改善产品的口感。

常用的增味剂是谷氨酸单钠盐、5′-肌苷酸二钠和 5′-鸟苷酸二钠。

（1）谷氨酸单钠盐（MSG）　是 L-谷氨酸的单钠盐，俗称味精，广泛用于菜肴和加工食品的调味。

在反应香精中调配 MSG 的主要原因是由于香精使用者的要求，他们出于各种目的（如减少操作程序）而不想自己加入 MSG。

（2）5′-肌苷酸二钠和 5′-鸟苷酸二钠　这两种化合物都是核糖核苷酸，具有密切相关的结构式。在天然 5′-核糖核苷酸中，只有这两个显示出明显的风味增强性能。它们现在由发酵或酶解法制备，以其二钠盐形式出售用作风味增强剂。5′-肌苷酸二钠和 5′-鸟苷酸二钠是 5′-肌苷酸（肌苷-5′-—磷酸）（IMP）和 5′-鸟苷酸（鸟苷-5′-—磷酸）（GMP）的钠盐。鸟苷酸盐的效果是肌苷酸盐的 2 倍。它们可以单独使用，也可以 1∶1 的肌苷酸盐/鸟苷酸盐的混合物（I+G）出售。肌苷酸盐/鸟苷酸盐混合物的增味功效远大于 MSG，当它们在食品中与 MSG 一起使用时，有确定的协同效应。在反应香精调配物中加入很少量的肌苷酸盐/鸟苷酸盐混合物（0.1%～0.5%），就可增加反应香精的风味。

5.2.4.2　辛香料

辛香料是肉类菜肴烹调时常用的调味料，在热反应肉味香精中添加辛香料可以拓宽香精的香味范围，赋予香精不同的香味特征。辛香料可以直接在热反应中使用，就像炖肉时加葱、姜、花椒、大料一样。也可以提取其油树脂、精油等在热反应后加入。厨房烹调中适用的辛香料都可作为热反应肉味香精的原料，常用的有：大料、桂皮、丁香、花椒、小茴香、姜、洋葱、大葱、细香葱、大蒜、芫荽、莳萝、香叶、甘牛至、白芷、草果、迷迭香、藏红花、砂仁、肉豆蔻、胡椒、辣椒、芹菜、众香果等。表 5-5 列举了部分辛香料的主要香味成分，其纯品大都可以作为肉味香精调香的原料。

表 5-5　肉味香精中常用的辛香料及其特征性关键香成分

名称	主要香成分
小茴香	反式茴香脑、小茴香酮
葛缕子	d-香芹酮
莳萝	香芹酮、二氢香芹酮、d-柠檬烯、d-水芹烯
芹菜	柠檬烯、β-芹子烯、亚正丁基酞内酯
丁香	丁香酚、β-丁香烯、乙酰丁香酚、石竹烯
芫荽	d-芳樟醇
罗勒	甲基黑椒酚、芳樟醇、甲基丁香酚
大料（八角茴香）	茴香脑
肉豆蔻（玉果）	α-蒎烯、d-莰烯

名称	主要香成分
白豆蔻	桉叶油素、β-蒎烯、柠檬烯、α-蒎烯
桂皮	肉桂醛
月桂叶	丁香酚、芳樟醇、桉叶油素
百里香	百里香酚、香芹酚
九里香(十里香、千里香)	红没药烯、β-石竹烯、香叶醇、芳樟醇
迷迭香	马鞭草烯酮、1,8-桉叶油素、樟脑、芳樟醇
花椒	花椒油素、柠檬烯
众香(甜胡椒)	丁香酚、甲基丁香酚、异丁香酚、黑椒酚
亚洲薄荷	l-薄荷脑、薄荷酮、乙酸薄荷酯
欧洲薄荷(椒样薄荷)	薄荷脑、薄荷酮、乙酸薄荷酯
留兰香(绿薄荷)	l-香芹酮
甘牛至(花薄荷)	松油烯、d-α-松油醇、4-松油烯醇
大叶石龙尾(水薄荷)	甲基对烯丙基苯酚、大茴香醛
辣椒	2-甲氧基-3-异丁基吡嗪、辣椒素
洋葱	S-丙烯基-L-半胱氨酸硫氧化物
大蒜	大蒜素、丙烯基丙基二硫醚、二丙烯基二硫醚
番红花(藏红花)	番红花醛、松油醇、壬醇、β-苯乙醇
砂仁	乙酸龙脑酯、α-樟脑、柠檬烯
草果	反-2-十一烯醛、柠檬醛、香叶醇
姜黄	姜黄酮、姜烯
姜	α-姜烯、β-姜烯、姜辣素
香荚兰(香子兰、香草)	香兰素、对羟基苯甲醛、对羟基苯甲醚

5.2.5 热反应肉味香精中常用的合成香料及其香味特征

在各种类型的肉味香精配方中，使用合成香料对于提高香精的香气强度和像真性、增强产品特色、提高产品质量和降低产品成本均具有非常重要的作用。在热反应肉味香精中添加合成香料还可以起到稳定产品质量的作用。这些香料的香味特征并不都是肉香，烤香、辛香、葱蒜、烟熏、焦糖、脂肪等香型的香料都是热反应肉味香精常用的香料。这些香料一般是调成肉味香基在反应后加入。

文献报道的热反应香精中常用的部分单体香料为：2,3-二甲基吡嗪、2,3,5-三甲基吡嗪、2-乙酰基吡嗪、2-巯基甲基吡嗪、噻唑、4-甲基-5-羟乙基噻唑、2-乙酰基噻唑、2-异丁基噻唑、4-甲基-5-羟乙基噻唑乙酸酯、2-癸烯醛、2,4-癸二烯醛、硫代薄荷酮、1-辛烯-3-醇、4-羟基-2,5-二甲基-3（2H）-呋喃酮、5-乙基-3-

羟基-4-甲基-2(5H)-呋喃酮、麦芽酚、乙基麦芽酚、吡啶、2-乙酰基吡啶、γ-癸内酯、γ-十二内酯、γ-辛内酯、3-甲硫基丙醛、异戊醛、异丁醛、2,4-壬二烯醛、糠醛、3-巯基-2-丁醇、3-羟巯基-2-丁酮、三硫代丙酮、2,3-丁二硫醇、2-甲基-3-呋喃硫醇、甲硫醇、糠硫醇、苄硫醇、2,5-二甲基-3-呋喃硫醇、2-甲基-3-甲硫基呋喃、二（2-甲基-3-呋喃基）二硫醚、四氢噻吩-3-酮、δ-十二内酯、δ-癸内酯、γ-壬内酯、油酸、异戊酸、硫代乳酸、4-甲基辛酸、丁酸乳酸丁酯、苯酚、愈创木酚、异丁香酚、二甲基硫醚、二甲基二硫醚、甲基（2-甲基-3-呋喃基）二硫醚、丁二酮、2-甲基-3-四氢呋喃硫醇、2,5-二甲基-2,5-二羟基-1,4-二噻烷。

研究发现，在众多的合成香料中，醛类、酮类、呋喃类、吡嗪类、脂肪族硫化物和含硫杂环化合物对于肉味香精的香味影响最大，是各种肉味香精的基本香成分。

5.2.5.1　呋喃类香料

呋喃类香料是构成肉味香精配方的重要香料，其中 3-呋喃硫化合物的肉香味特征性最强，是肉味香精中必不可少的关键性香料。2-甲基-3-巯基呋喃最早发现于金枪鱼的香成分中，以后在鸡肉、猪肉、牛肉的香成分中也有发现，它具有出色的肉香和烤肉香，是肉味香精中最重要的香料。它的衍生物 2-甲基-3-巯基四氢呋喃、2-甲基-3-甲硫基呋喃、二（2-甲基-3-呋喃基）二硫醚、甲基（2-甲基-3-呋喃基）二硫醚、丙基（2-甲基-3-呋喃基）二硫醚也都具有典型的肉香味，是公认的最好的肉味香料。肉味香精中常用的其他呋喃类香料有 2,5-二甲基-3-巯基呋喃、二（2,5-二甲基-3-呋喃基）二硫醚、二（2-甲基-3-呋喃基）四硫醚、2-乙基呋喃、2-戊基呋喃、2-庚基呋喃、糠硫醇、硫代乙酸糠酯、硫代丙酸糠酯、二糠基硫醚、甲基糠基二硫醚、二糠基二硫醚、糠醛、5-甲基糠醛、2-乙酰基呋喃、2-丙酰基呋喃等。

5.2.5.2　吡嗪类香料

吡嗪类香料一般具有烤香、坚果香、土豆、面包、咖啡、爆玉米花等香味特征，尽管它们并不具有肉香味特征，但却是肉味香精配方中常用的香料，能使香精具有烧烤香味，并使整体香味更饱满。肉味香精中常用的吡嗪类香料有：2-甲基吡嗪、2,3-二甲基吡嗪、2,5-二甲基吡嗪、2,6-二甲基吡嗪、三甲基吡嗪、四甲基吡嗪、2-乙基吡嗪、2-甲基-3-乙基吡嗪、2-甲基-5-乙基吡嗪、2,5-二甲基-3-乙基吡嗪、2-甲基-3-糠硫基吡嗪等。

5.2.5.3　噻唑类香料

噻唑类香料在肉味香精配方中应用广泛，主要有噻唑、4-甲基-5-羟乙基噻唑、4-甲基-5-羟乙基噻唑乙酸酯、2-乙酰基噻唑、2,4-二甲基-5-乙酰基噻唑、4,5-二甲基噻唑、2-乙基-4-甲基噻唑、2,4,5-三甲基噻唑、2-甲基-5-甲氧基噻唑、2-乙氧基噻唑、苯并噻唑等。

5.2.5.4 含硫香料

含硫香料在肉味香精中具有举足轻重的地位，除了前面提到的呋喃类含硫香料和噻唑类香料，下面一些含硫香料在肉味香精中经常使用：甲硫醇、甲硫醚、甲基乙基硫醚、丁硫醚、二甲基三硫醚、二丙基三硫醚、烯丙硫醇、烯丙基硫醚、甲基烯丙基硫醚、丙基烯丙基硫醚、烯丙基二硫醚、甲基烯丙基二硫醚、丙基烯丙基二硫醚、烯丙基三硫醚、甲基烯丙基三硫醚、丙基烯丙基三硫醚、二丙基硫醚、甲基丙基硫醚、二丙基二硫醚、甲基丙基二硫醚、二丙基二硫醚、甲基丙基二硫醚、2-噻吩基二硫醚、3-甲基-1，2，4-三硫环己烷、1,4-二噻烷、2,5-二羟基-1,4-二噻烷、2,5-二甲基-2,5-二羟基-1,4-二噻烷、1-己硫醇、1,6-己二硫醇、1,8-辛二硫醇、3-甲硫基丙酸甲酯、3-甲硫基丙酸乙酯、3-甲硫基丙醇、3-甲硫基-1-己醇、3-甲硫基丙醛、四氢噻吩-3-酮、1,3-丁二硫醇、2,3-丁二硫醇、3-巯基-2-丁醇、硫代乳酸、硫代乳酸乙酯、硫代乙酸乙酯、2-吡啶甲硫醇、2-萘硫醇、2-甲基硫代苯酚、2-甲基四氢噻吩-3-酮、4-甲硫基-4-甲基-2-戊酮、三硫代丙酮、α-甲基-β-羟基丙基 α'-甲基-β'-巯基丙基硫醚等。

5.2.5.5 醛、酮类香料

醛类和酮类香料是在肉味香精中应用较多的两类香料，尤其是在鸡肉香精中，常见的有：肉桂醛、2,4-十一碳二烯醛、反,顺-2,6-十二碳二烯醛、2-十二烯醛、反,顺,顺-2,4,7-十三碳三烯醛、正己醛、正庚醛、正辛醛、2-庚烯醛、2-辛烯醛、2-壬烯醛、2-癸烯醛、3-辛烯-2-酮、2,4-庚二烯醛、反,反-2,4-辛二烯醛、反,反-2,6-辛二烯醛、2,4-壬二烯醛、反,反-2,4-癸二烯醛、12-甲基十三醛、2-十三酮。

5.2.5.6 焦糖香型香料

焦糖香型香料是肉味香精中的常用香料，主要有麦芽酚、乙基麦芽酚、甲基环戊烯醇酮、2,5-二甲基-4-羟基-3（2H)-呋喃酮、5-甲基-4-羟基-3（2H)-呋喃酮、酱油酮等。

5.2.5.7 酚类香料

酚类香料是肉味香精尤其是火腿和烟熏类香精常用的香料，其主要作用是为产品提供烟熏香味，其中最重要的是丁香酚、异丁香酚、愈创木酚、苯酚和甲酚，其他常用的还有香芹酚、4-甲基愈创木酚、4-乙基愈创木酚、4-乙烯基愈创木酚、对乙基苯酚、2-异丙基苯酚、4-烯丙基-2,6-二甲氧基苯酚、4-甲基-2,6-二甲氧基苯酚等。

5.2.5.8 其他香料化合物

除了上述各类香料外，肉味香精中常用的香料还有：丁香酚甲醚、异丁香酚甲醚、3,4-二甲氧基-1-乙烯基苯、异丁香酚乙醚、异戊酸、2-甲基己酸、庚酸、4-甲基辛酸、4-甲基壬酸、油酸、甲酸丁香酚酯、甲酸异丁香酚酯、乙酸丁香酚

酯、乙酸异丁香酚酯、反-2-丁烯酸乙酯、异戊酸壬酯、辛酸辛酯、2-十一炔酸甲
酯、月桂酸甲酯、棕榈酸乙酯、苯甲酸丁香酚酯、苯乙酸愈创木酚酯、苯乙酸异
丁香酚酯、4-羟基丁酸内酯、5，7-二氢-2-甲基-噻吩并（3,4-D）嘧啶、3-乙基吡
啶、4,5-二甲基-2-异丁基-3-噻唑啉、2-乙酰基-2-噻唑啉等。

　　为了探索肉香味的秘密，长期以来，科学家对肉挥发性成分进行了大量的分
析研究，发现了上千种挥发性成分。尽管不可能用上千种原料去调配一个肉味香
精，并且即使将这些挥发性成分按比例混合，也不能得到具有令人满意的肉香味
的肉味香精，但熟悉这些挥发性成分的香味特征对于肉味香精调香是非常重要
的，表 5-6 中列举了一些肉挥发性香成分的香气特征。

表 5-6　肉挥发性香成分的香气特征

化合物	香气特征
二甲基丁烯	令人愉快的、甜的
1-己烯	沉闷、纸板样
正庚烷	煮肉
2-甲基庚烷	溶剂样
1-庚烯	硫化物样
正辛烷	肉香
正壬烷	强烈的、酸的、粗糙、焦香、不愉快的气息
1-壬烯	强烈的、草样、洋葱、酸败味
1-癸烯	强烈的、纸板样
1-十一烯	令人不愉快的、不新鲜的肉味
1-十二烯	药香
甲苯	强烈的、水果、潮湿的、苦味
1,2-二甲基苯	甜的
1,4-二甲基苯	水果、溶剂样、令人作呕的、油脂香
乙醛	尖刺气息
2-甲基丙醛	青香、尖刺气息、甜的
正丁醛	焦香、青香、难闻的气味
2-甲基丁醛	焦香、令人作呕的气味
3-甲基丁醛	焦香、烤香、肉香、硫化物样、青香、令人作呕的气味
正戊醛	焦香、青香
正己醛	强烈的、酸败味、不愉快的、青香、尖刺气息、令人作呕的气味
正庚醛	青香、焦香、令人作呕的气味
4-庚烯醛(顺式和反式)	青香、脂肪香、奶油香、奶糖样
壬醛	青香、霉味

续表

化合物	香气特征
反,反-2,4-壬二烯醛	令人愉快的、煎炸肥肉样香味
反,顺-和反,反-2,6-壬二烯醛	青香-黄瓜样
苯甲醛	强烈的、甜的、杏仁样
丙酮	沉闷、肉-肉汤
丁酮	强烈的、草样、甜的、面团样、令人作呕的
3-羟基-2-丁酮	奶油香
2,3-丁二酮	奶油香
2-戊酮	奶油香、甜的、肉香、焦香、青香、令人作呕的
3-戊酮	焦香、令人作呕的
4-甲基-2-戊酮	煮洋白菜
2-庚酮	青香、尖刺气息、令人作呕的气息
2-辛酮	青香、蘑菇
2-壬酮	油脂香、青香
2-癸酮	柑橘样
2-十一酮	水果香
2-十二酮	蜡样
2-十三酮	油样
α-或 β-紫罗兰酮	木香-浆果样、紫罗兰样
1-戊烯-3-醇	草样、醚样
1-辛烯-3-醇	浓厚的、甜的、金属样、香菇、蘑菇样
麦芽酚	焦糖香
β-甲硫基-γ-丁内酯	洋葱、硫化物样
γ-庚内酯	甜的
γ-辛内酯	油样
γ-壬内酯	麝香
4-羟基-2-壬烯酸内酯	浓厚的煎炸肥肉香味
4-羟基-3-壬烯酸内酯	浓厚的煎炸肥肉香味
γ-癸内酯	油样、桃子、坚果样
δ-癸内酯	奶油、甜的、坚果样
呋喃	豆香、草样、令人不愉快的气息
2-甲基呋喃	淡的硫化物样、肉香
2-乙基呋喃	酸的、乳清黄油样
2-戊基呋喃	尖刺的、甜的、甘草样、豆香-青香
2-甲基-3-呋喃硫醇	甜的、肉香、烤肉香

续表

化合物	香气特征
2-甲基-3-甲硫基呋喃	肉香
二(2-甲基-3-呋喃基)二硫醚	肉香、烤肉香
5-甲基糠醛	焦香、焦糖样、淡的肉香
1-(2-呋喃基)-丙酮	朗姆酒样、萝卜
2,5-二甲基-4-羟基-3(2H)-呋喃酮	焦糖样、焦香、菠萝样、稀释后具有草莓样香味
甲基糠基二硫醚	清鲜白面包皮香气
糠酸乙酯	焦香、黄油、香荚兰样
吡啶	苦的、稀释后具有令人愉快的烤香
2-甲基吡啶	涩味、榛子样
3-甲基吡啶	青香
3-乙基吡啶	青香
丙基吡啶	甜的、青椒、橡胶样
2-丙基吡啶	甜的、青香
2-戊基吡啶	油脂、脂肪香
2-乙酰基吡啶	爆玉米花香
甲基吡嗪	土豆样、烤香、坚果香
2,3-二甲基吡嗪	青香、坚果香
2,5-二甲基吡嗪	土豆样、烤香、壤香
2,6-二甲基吡嗪	烤香、壤香
三甲基吡嗪	坚果香、烤香
2-乙基吡嗪	坚果香、烤香
2-甲基-3-乙基吡嗪	坚果香、烤香
2-乙基-3,5-二甲基吡嗪	坚果香、烤香
5-甲基-2,3-二乙基吡嗪	坚果香、烤香
丙基吡嗪	甜的、青椒、橡胶样、青菜
异丁基吡嗪	青香、水果香
2-戊基吡嗪	油脂、脂肪香
2-乙酰基吡嗪	爆玉米花香
2-乙酰基吡咯	弱的、褐色食品、果核、防腐剂、塑料样
2,4,5-三甲基噁唑	坚果香、甜的、青香
2,4-二甲基-3-噁唑啉	坚果香、蔬菜
2,4,5-三甲基噁唑啉	木香、霉味、青香
2,4-二甲基-5-乙基噁唑啉	坚果香、甜的、青香、木香
2,5-二甲基-4-乙基噁唑啉	坚果香、甜的、蔬菜

化合物	香气特征
2-甲基噻唑	青香、蔬菜
2,4-二甲基噻唑	肉香、可可样
4,5-二甲基噻唑	烤香、坚果香、青香
2,4,5-三甲基噻唑	可可、坚果香
2-乙基噻唑	青香、坚果香
4-甲基-5-乙基噻唑	坚果香、青香、壤香
2,4-二甲基-5-乙基噻唑	坚果香、烤香、肉香
2,4-二甲基-5-乙烯基噻唑	坚果香
2-异丙基-4-乙基-5-甲基噻唑	生的白薯样
2-丁基-4,5-二甲基噻唑	青香、蔬菜
4-丁基-2,5-二甲基噻唑	水果、调味品底韵
2-丁基-4-甲基-5-乙基噻唑	青香、甜瓜、令人愉快的蔬菜青香韵
2-戊基-4,5 二甲基噻唑	青香、蔬菜
2-己基-4,5 二甲基噻唑	青香、蔬菜、油样
2-庚基-4,5-二甲基噻唑	强烈的调味品、硫化物样
2-庚基-4-乙基-5-甲基噻唑	令人愉快的、甜的、水果、油脂、椰子
2-辛基-4,5-二甲基噻唑	弱的、甜的、油脂
2-乙酰基噻唑	令人愉快的、爆玉米花香、坚果香、烤香
苯并噻唑	淡的、甜的、坚果香、烤香、淡的爆玉米花香
2-甲硫基苯并噻唑	油脂、烟熏香
2,4-二甲基-3-噻唑啉	坚果香、烤香、蔬菜
2,4,5-三甲基-3-噻唑啉	肉香、坚果香、洋葱香
2-乙酰基-2-噻唑啉	烤面包香
甲硫醇	令人不愉快的、硫化物样、煮洋白菜样
甲硫基乙硫醇	肉香气、清鲜洋葱样
二甲基硫醚	令人不愉快的、硫化物样
环硫乙烷	令人不愉快的、尖刺的、煮洋白菜样
二甲基二硫醚	强烈的、硫化物样、大蒜、洋葱、煮洋白菜样
二甲基三硫醚	硫化物样、焦香、煮洋白菜样
2,4,6-三甲基-1,3,5-三噻烷	肉香
3,5-二甲基-1,2,4-三硫杂戊环	樟脑样
噻吩	令人不愉快的、尖刺的
2-甲基噻吩	青香、甜的
2-噻吩醛	调味品、肉香、坚果香、烤谷物样

化合物	香气特征
3-甲基-2-噻吩醛	藏红花样
5-甲基-2-噻吩醛	樱桃样
5-甲基-2-乙酰基噻吩	洋葱样、麦芽酚样、烤香

需要强调的是表 5-6 中有一些化合物尚未通过安全性评价，不允许在食品香精中使用，表中并未——注明。

5.2.6　热反应肉味香精配方

下面介绍的是文献报道的一些热反应肉味香精示范配方，可作为实际热反应肉味香精配方的设计参考。

配方 1　红烧牛肉香精

巯基乙酸	4
核糖	10
木糖	6
大麦谷朊水解物（水 20%）	115
奶油	72
水	105

上述混合物调整 pH 值到 6.5，在 100℃加热 2 h，除去上层奶油即得红烧牛肉香精。

配方 2　肉味香精

脯氨酸	150
半胱氨酸	125
蛋氨酸	30
核糖	80
黄油	20
甘油	2500

上述混合物在 120℃加热 1h 即得肉味香精。

配方 3　猪肉香精

猪肉酶解物	2800
调控氧化猪油	20
酵母膏	80
L-半胱氨酸盐酸盐	40
葡萄糖	30

| 水 | 300 |

上述混合物在 100℃ 加热 2h 即得猪肉香精。

配方 4　鸡肉香精

鸡肉酶解物	3600
HVP 液	2800
酵母	2600
谷氨酸	60
精氨酸	50
丙氨酸	100
甘氨酸	55
半胱氨酸	155
木糖	510
桂皮粉	7

上述混合物在 130℃ 加热 40min 即得鸡肉香精。

　　用热反应法生产的肉味香精香味纯正，但强度往往不足，需要添加适当的香料进行强化。可用于肉味香精配方的香料品种数以百计，不可能也没有必要在一个配方中使用如此多的香料。一个好的肉味香精其调香中使用的香料一般为 30～50 种。在用热反应法生产肉味香精时，合成香料一般在热反应后加入。下面几节介绍的是文献报道的一些肉味香精配方，包括完全用香料调香制备的、以水解植物蛋白为基料的和以热反应产物为基料的配方。

5.3　猪肉香精

　　猪肉香精是发展比较早的一类肉味香精，最早主要用于各种香肠、火腿肠、罐头等食品，如今在方便面调料、豆制品、速冻食品、汤料等中的应用也很普遍。

5.3.1　早期的猪肉香精配方

　　早期的猪肉香精多用辛香料调配而成，提供的主要是辛香味，没有肉香味，可用于各种猪肉制品。

香肠香精

肉豆蔻油	600
芥末油	17
黑胡椒油	135
丁香油	40

芫荽油	100
月桂油	8
辣椒油树脂	100

大红肠香精

芫荽油	18
黑胡椒油	195
丁香油	325
肉豆蔻油	150
辣椒油树脂	312

肝泥香肠香精

姜油	5
肉桂油	11
甘牛至油	31
小豆蔻油	53
芫荽油	92
黑胡椒油	209
肉豆蔻油	241
芹菜油树脂	20
姜油树脂	50
辣椒油树脂	286

腊肠香精

孜然油	2
芥末油	3
芹菜油	3
姜油	5
丁香油	14
甘牛至油	18
胡荽油	18
众香子油	22
黑胡椒油	43
辣椒油树脂	372
肉豆蔻油	500

熏肉香精

刺桧油	688
辣椒油树脂	187

黑胡椒油	125

烤肉香精

甘牛至油	13
月桂叶油	24
百里香油	24
芫荽油	35
黑胡椒油	88
众香子叶油	60
肉豆蔻油	60
丁香油	178
辣椒油树脂	95
姜油树脂	95
洋葱油	35
大蒜油	35
木醋酸	116
刺桧油	142

这些传统的猪肉香精虽然不能提供真正意义上的猪肉香味，但对改善产品的风味效果是很有帮助的。常用的辛香料是丁香、胡椒、肉豆蔻、肉豆蔻衣、众香子、月桂、百里香、鼠尾草、芹菜子、大葱、洋葱、大蒜等。

5.3.2 猪肉特征香味物质

猪肉特征香味不能归因于任何单一的化合物，而是许多挥发性和不挥发性化合物共同作用的结果。一般认为基本肉香味主要来源于 2-甲基-3-巯基呋喃、二（2-甲基-3-呋喃基）二硫醚等含硫化合物，它们一般是由瘦肉中的水溶性前体物质产生的。图 5-7 介绍了在煮肉中发现的可能对基本肉香味有贡献的挥发性含硫化合物。

不同肉的特征香味是由脂肪和脂溶性物质产生的。在煮猪肉中鉴定出的脂肪氧化挥发性香味成分有 α-蒎烯、2-甲基-2-丁烯醛、戊醛、己醛、庚醛、3-甲基己醛、辛醛、壬醛、癸醛、十二醛、十三醛、十四醛、十五醛、十六醛、十七醛、十八醛、反-2-戊烯醛、2-己烯醛、反-2-己烯醛、2-庚烯醛、反-2-庚烯醛、反-2-辛烯醛、2-壬烯醛、反-2-壬烯醛、顺-4-癸烯醛、2-十一烯醛、2-十二烯醛、反-2-十三烯醛、顺-2-十三烯醛、反-2-十四烯醛、顺-2-十四烯醛、17-十八烯醛、16-十八烯醛、15-十八烯醛、9-十八烯醛、2,4-庚二烯醛、反,反-2,4-庚二烯醛、2,4-壬二烯醛、2,4-癸二烯醛、反,反-2,4-癸二烯醛、2,4-十一碳二烯醛、糠醛、5-甲基糠醛、苯甲醛、4-甲氧基苯甲醛、2,3-戊二酮、3-己酮、2-庚酮、2-辛酮、2-

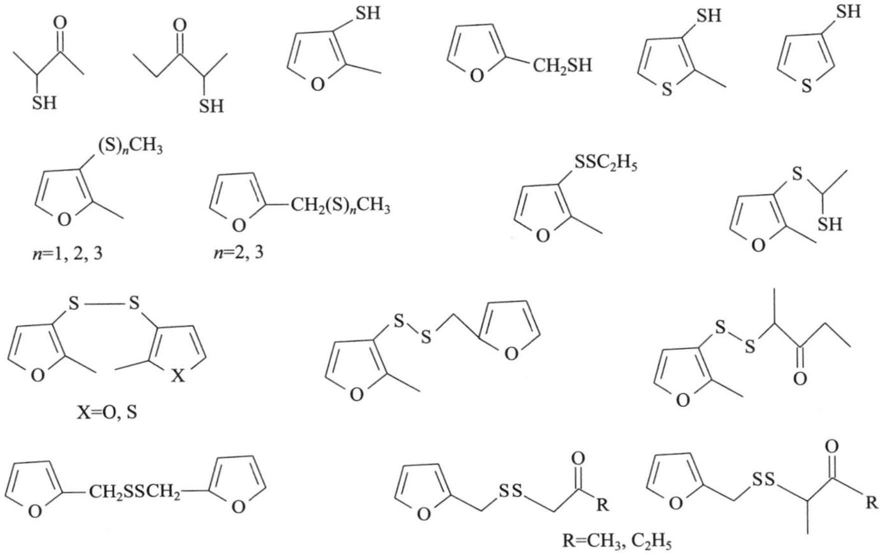

图 5-7　煮肉中发现的基本肉香味含硫化合物

壬酮、2-癸酮、2-十一酮、2-十三酮、2-十四酮、2-十五酮、2-十六酮、2-十七酮、2,3-辛二酮、戊醇、1-戊烯-3-醇、己醇、庚醇、辛醇、反-2-庚烯醇、1-辛烯-3-醇、壬醇、反-2-壬烯醇、1-壬烯-3-醇、十一醇、月桂醇、2-十四醇、2-十五醇、2-十七醇、雪松醇、α-松油醇、糠醇、2-甲基呋喃、2-乙基呋喃、2-丁基呋喃、2-戊基呋喃、愈创木酚、4-乙基愈创木酚、丁香酚、异丁香酚、茴香脑、肉豆蔻酸、棕榈酸、油酸、亚油酸、棕榈酸乙酯、丁内酯、甲基吡嗪、吲哚等，这些化合物对于猪肉的特征香味有很大影响。

5.3.3　猪肉香精配方

现代猪肉香精配方一般由两部分组成：一是由猪肉（猪骨）酶解物、HVP、酵母提取物、还原糖、氨基酸等通过热反应制备的热反应猪肉香精；第二部分是由香料调配成的猪肉香基。实际生产中一般是在热反应猪肉香精冷却到一定温度后再加入猪肉香基熟化。

猪肉香精配方 1

4-甲基-5-羟乙基噻唑	6
乙基麦芽酚	22
3-巯基-2-丁醇	25
2-甲基-3-巯基呋喃	9
甲基（2-甲基-3-呋喃基）二硫醚	15
二糠基二硫醚	9

| 二丙基二硫醚 | 6 |
| 甲基烯丙基二硫醚 | 8 |

评价: 烤香, 菜香, 干涩感强, 透发性好。 配方中的二丙基二硫醚和甲基烯丙基二硫醚具有葱蒜、 韭菜样香味, 使整体香味类似韭菜饺子馅样香味。

猪肉香精配方2

四氢噻吩-3-酮	0.5
4-甲基-5-羟乙基噻唑	30.0
4-甲基-5-羟乙基噻唑乙酸酯	20.0
2-甲基吡嗪	5.0
2,3-二甲基吡嗪	5.0
3-甲硫基丙醛	1.0
3-巯基-2-丁酮	1.0
呋喃酮	5.0
2-戊基呋喃	2.0
2-乙酰基呋喃	10.0
2-甲基-3-呋喃硫醇	1.5
2-甲基-3-甲硫基呋喃	1.0
二(2-甲基-3-呋喃基)二硫醚	0.5

评价: 轻微的肉味, 较重的油脂味, 强度较弱。

5.3.4 火腿香精和熏肉香精

火腿香精和熏肉香精是猪肉香精中很有特色的一类, 其主要生产方法与猪肉香精类似, 可以通过火腿 (肉或骨) 酶解物热反应先制得热反应香精, 再用火腿或熏肉香基强化, 其香基配方中有烟熏味香料。 常用的烟熏味香料是烟熏液和一些酚类香料。 烟熏液是由山胡桃木等不完全燃烧产生的烟气制成的, 主要成分是酚类化合物, 如表 5-7 所示。

表 5-7　木材烟气中鉴别出的酚类香料化合物

化合物	香气
苯酚	尖刺气息
邻甲酚	尖刺气息
间甲酚	尖刺气息
对甲酚	尖刺气息
2,3-二甲苯酚	尖刺气息
2,4-二甲苯酚	尖刺气息
2,6-二甲苯酚	甲酚样

续表

化合物	香气
3,4-二甲苯酚	甲酚样
3,5-二甲苯酚	甲酚样
2-乙基-5-甲基苯酚	甲酚样
3-乙基-5-甲基苯酚	甲酚样
2,3,5-三甲苯酚	甲酚样
愈创木酚	甜的、烟熏、有些尖刺气息
3-甲基愈创木酚	弱的、酚样
4-甲基愈创木酚	甜的、烟熏
4-乙基愈创木酚	甜的、烟熏
4-烯丙基愈创木酚	木香
2,6-二甲氧基苯酚	烟熏
2,6-二甲氧基-4-甲基苯酚	温和的、浓厚的、焦香
2,6-二甲氧基-4-乙基苯酚	温和的、浓厚的、焦香
2,6-二甲氧基-4-丙基苯酚	温和的、浓厚的、焦香
2,6-二甲氧基-4-丙烯基苯酚	温和的、浓厚的、焦香
邻苯二酚	浓厚的、甜的、焦香
3-甲基邻苯二酚	浓厚的、甜的、焦香
4-甲基邻苯二酚	浓厚的、甜的、焦香
4-乙基邻苯二酚	浓厚的、甜的、焦香

　　火腿香精和熏肉香精也可以用猪肉和猪骨热反应制备，调香时适当增加酚类香料和烟熏液的用量。

熏猪肉香精

盐	45.0
烟熏液	5.0
糠醛	0.1
愈创木酚	0.1
异丁香酚	0.1
乙醇	0.1
壬酸	0.1
油酸	1.0
阿拉伯胶	8.0
水	40.5

5.4 牛肉香精

5.4.1 牛肉中的肉香味物质

关于牛肉香味的研究比其他肉类要深入得多，从牛肉中发现的香味化合物比其他肉类也要多。1994 年统计的结果从牛肉挥发性成分中鉴别出的化合物有 880 种。迄今为止，从牛肉中发现的挥发性物质已超过 1000 种，它们构成了牛肉香味的主体。但牛肉香味的构成是非常复杂的，这些挥发性物质中的大多数从调香的角度考虑并不重要，其中的绝大多数也没有肉香味，真正有肉香味的只有 25 种，列入表 5-8 中。

表 5-8　从牛肉中鉴别出的具有肉香味的化合物及其香味特征

化合物名称	结构式	香味特征
1-巯基-1-甲硫基乙烷		肉香(1～5μg/kg)、洋葱
3-甲硫基丙醛		肉香、洋葱、肉汤
2-甲基环戊酮		烤牛肉
3-甲基环戊酮		烤牛肉
5-甲基糠醛		焦香、焦糖香、肉香
5-甲硫基糠醛		肉香
2-甲基-3-巯基呋喃		牛肉汤、烤肉香
2-甲基-3-甲硫基呋喃		肉香(＜1μg/kg)，维生素 B_1 样(＞1μg/kg)
二（2-甲基-3-呋喃基）二硫醚		炖肉香

续表

化合物名称	结构式	香味特征
2-甲基-3-呋喃基-2-甲基-3-噻吩基二硫醚		肉香、洋葱、大蒜、金属样、脂肪香
2-甲基-3-巯基-4-四氢呋喃酮		肉香、"美极"风味
2-噻吩基甲醛		五香肉、坚果、炒谷物
2-甲基-1,3-二硫杂环戊烷		烤肉
3,5-二甲基-1,2,4-三硫杂环戊烷		炖牛肉、洋葱、硫黄样
2,4,6-三甲基-1,3,5-三硫杂环己烷		肉香
2,2,4,4,6,6-六甲基-1,3,5-三硫杂环己烷		肉香
3-甲基-1,2,4-三硫杂环己烷		烤肉香
2,4,6-三甲基-3,5-二硫杂环己胺		烤牛肉、肉香
噻唑		肉香、坚果香、吡啶样
2,4-二甲基噻唑		肉香、可可
2,4-二甲基-5-乙基噻唑		肉香、烤香、坚果香、青菜香

化合物名称	结构式	香味特征
2-甲硫基苯并噻唑		烟熏香、脂肪香、肉香
2,4,5-三甲基-3,4-噻唑啉		肉香、坚果香、洋葱
2,4,5-三甲基噁唑		炖牛肉、坚果、甜的、青香
2,4,5-三甲基-3,4-噁唑啉		炖牛肉、木香、霉味、青香

5.4.2 牛肉香味的构成

表 5-8 中所列具有肉香味的化合物是牛肉香味中基本肉香味的核心。但牛肉香味及其他各种肉的香味作为一个整体并不仅仅是由具有基本肉香味的物质构成的，许多具有其他香味的化合物作为肉香味的修饰剂，在肉香味或肉味香精的构成中是必不可少的。这些对肉香味有修饰作用的香味包括：奶油香味、焦糖香味、烤香味、焦香味、硫黄味、青香味、芳香味、油-脂肪香味、坚果香味、葱蒜香味等，具有这些香味的香料在一个好的牛肉香精配方中是不可缺少的。

在牛肉香味的构成中，含硫化合物的作用最重要。实际上，含硫化合物是各种肉味香精中基本肉香味的主要来源，如果将肉味香精中的含硫化合物全部除去，则其基本肉香味消失。含硫化合物在牛肉挥发性香成分中发现的数量最多，主要有硫化氢、甲硫醇、乙硫醇、丙硫醇、2,2-二甲基丙硫醇、丁硫醇、仲丁硫醇、异丁硫醇、叔丁硫醇、2-甲基丁硫醇、3-甲基-2-丁硫醇、戊硫醇、己硫醇、庚硫醇、辛硫醇、壬硫醇、1-甲硫基乙硫醇、苄硫醇、萘硫醇、β-甲基巯基丙醛、1,3-丙二硫醇、1,4-丁二硫醇、1,5-戊二硫醇、1,6-己二硫醇、二甲基硫醚、甲基乙基硫醚、二乙基硫醚、环硫乙烷、1,2-环硫丙烷、甲基丙基硫醚、甲基烯丙基硫醚、二乙基硫醚、二异丙基硫醚、丙基异丙基硫醚、二烯丙基硫醚、甲基丁基硫醚、乙基丁基硫醚、乙基异丁基硫醚、二丁基硫醚、甲基戊基硫醚、二戊基硫醚、二异戊基硫醚、甲基辛基硫醚、甲基壬基硫醚、甲基苯基硫醚、甲基苄基硫醚、乙烯基苯基硫醚、氧硫化碳、二乙酰基硫醚、1,1-二甲基乙硫醇、硫代乙酸甲酯、硫代乙酸乙酯、硫代丙酸乙酯、二甲基二硫醚、甲基乙基二硫醚、甲基乙烯基二硫醚、二乙基二硫醚、甲基丙基二硫醚、甲基异丙基二硫醚、二丙基二硫醚、二异丙基二硫醚、二丁基二硫醚、二仲丁基二硫醚、二异丁基二硫醚、二叔丁基二硫醚、二苯基二硫醚、双（甲硫基）甲烷、双（甲硫基）乙烷、1,3-二噻烷、1,4-二噻烷、二硫化碳、二甲基三硫醚、甲基乙基三硫醚、二乙基三硫醚、二甲基四硫醚、二甲基砜、2,4,6-三甲基-1,3,5-三噻烷、2,2,4,4,6,6-六甲基-1,3,5-三噻烷、1,3-二硫戊环、2-甲基-1,3-二硫戊环、3,5-二甲基-1,2,4-三硫戊环、2,5-二甲基-1,3,4-三硫戊环、3-乙基-5-甲基-1,2,4-三硫戊环、3-异丙基-5-甲基-1,2,4-三硫戊环、1-(2-噻吩基)-1-丙酮、1-(2-甲基-5-噻吩基)-1-丙酮、噻吩、2-甲基噻吩、3-甲基噻吩、2,3-二甲基噻吩、2,5-二甲基噻吩、2-乙基噻吩、2-丙基噻吩、2-丙烯基噻吩、5-甲基-2-丙基噻吩、2-丁基噻吩、2-叔丁基噻吩、3-叔丁基噻吩、2-戊基噻吩、2-己基噻吩、2-庚基噻吩、2-辛基噻吩、2-十四烷基噻吩、3-十四烷基噻吩、2-羟甲基噻吩、2-丁酰基噻吩、2-庚酰基噻吩、2-辛酰基噻吩、2-噻吩醛、3-噻吩醛、5-甲基-2-噻吩醛、2,5-二甲基-3-噻吩醛、2-乙酰基噻吩、3-乙酰基噻吩、5-甲基-2-乙酰基噻吩、四氢噻吩、2-甲基四氢噻吩、2,5-二甲基四氢噻吩、四氢噻吩-3-酮、2-甲基四氢噻吩-3-酮、硫代苯酚、2-甲基硫代苯酚、2,6-二甲基硫代苯酚、2-叔丁基硫代苯酚、2,4,6-三甲基-5,6-二氢-1,3,5-二噻嗪、2,4,6-三甲基全氢化-1,3,5-二噻嗪、噻唑、2-甲基噻唑、4-甲基噻唑、2,4-二甲基噻唑、2,4,5-三甲基噻唑、2-甲基-4-乙基噻唑、4-甲基-5-乙基噻唑、2,4-二甲基-5-乙基噻唑、2,4-二甲基-5-乙烯基噻唑、4-甲基-5-(2-羟基乙基）噻唑、2-乙酰基噻唑、苯并噻唑、甲基苯并噻唑、糠硫醇、5-甲硫基糠醛、5-巯基甲基糠醛、2-甲基-3-呋喃硫醇、2-甲基-3-甲硫基呋喃、双（2-甲基-3-呋喃基）二硫醚、二糠基二硫醚、糠基硫醚、甲基糠基硫醚、2-甲基-3-呋喃基二硫醚、2-甲基-3-呋喃基 2-甲基-3-噻吩基二硫醚等。

　　除含硫化合物外，对牛肉的香成分有贡献的香成分有：α-蒎烯、β-蒎烯、β-水芹烯、D-柠檬烯、香叶烯、石竹烯、乙醇、丙醇、戊醇、1-戊烯-3-醇、己醇、庚醇、辛醇、1-辛烯-3-醇、苯甲醇、苯乙醇、芳樟醇、肉桂醇、α-松油醇、4-萜烯醇、2-糠醇、3-糠醇、5-甲基糠醇、乙醛、丙醛、2-甲基丁醛、3-甲基丁醛、己醛、庚醛、顺-4-庚烯醛、辛醛、反-2-辛烯醛、壬醛、反-2-壬烯醛、反-2-癸烯醛、十六醛、苯甲醛、糠醛、5-甲基-2-糠醛、5-羟甲基-2-糠醛、茴香醛、反式肉桂醛、丙酮、1-羟基-2-丙酮、2-丁酮、2,3-丁二酮、3-羟基-2-丁酮、戊酮、2-戊酮、2,3-戊二酮、2-庚酮、3-庚酮、2,3-辛二酮、2-壬酮、薄荷酮、乙酸、丁酸、戊酸、己酸、庚酸、2-庚烯酸、辛酸、癸酸、十二酸、十四酸、十六酸、苯甲酸、甲酸己酯、乙酸乙酯、乙酸丙酯、乙酸丁酯、乙酸异丁酯、乙酸苯乙酯、丙酸乙酯、己酸乙酯、辛酸乙酯、癸酸乙酯、月桂酸乙酯、乳酸乙酯、2-糠酸乙酯、肉桂酸乙酯、麦芽酚、茴香脑、草蒿脑、桉叶油素、4-烯丙基苯甲醚、2-甲基呋喃、2-乙基呋喃、2-戊基呋喃、2-乙酰基呋喃、2-甲基四氢呋喃-3-酮、2-甲基吡嗪、2-乙基-6-甲基吡嗪、2,5-二甲基吡嗪、2,6-二甲基吡嗪、三甲基吡嗪、

2-乙酰基吡嗪、2-乙酰基吡咯等。

在牛肉和各种肉香味的构成中对味道有贡献的呈味化合物的影响是不可忽视的，这些呈味化合物用于牛肉香精配方中可以使香精的口感更饱满。

对酸酸味有贡献的有天冬氨酸、谷氨酸、组氨酸、天冬酰胺、琥珀酸、乳酸、肌苷酸、正磷酸、吡咯烷酮羧酸。

对甜味有贡献的有葡萄糖、果糖、核糖及一些 L-氨基酸，如氨基乙酸、丙氨酸、丝氨酸、苏氨酸、赖氨酸、半胱氨酸、蛋氨酸、天冬酰胺、谷氨酸、脯氨酸和羟脯氨酸。

苦味源自次黄嘌呤、鹅肌肽、肌肽和其他肽，以及组氨酸、精氨酸、赖氨酸、蛋氨酸、缬氨酸、亮氨酸、异亮氨酸、苯丙氨酸、色氨酸、酪氨酸、天冬酰胺、谷氨酸。

咸味主要是由无机盐、谷氨酸钠和天冬氨酸钠造成的。

鲜味是由谷氨酸、谷氨酸钠（MSG）、5′-肌苷酸二钠（IMP）、5′-鸟苷酸二钠（GMP）和某些肽提供的。一般来说，MSG、IMP 和 GMP 最重要。鲜味剂除了提供鲜味外，还可以增强其他香味物质的香味，所以又称为增味剂（flavour enhancers）。

辛香料在牛肉香精中的地位也是不容忽视的，在一些香精如红烧牛肉香精中，辛香料的作用举足轻重。常用的辛香料有花椒、大料、胡椒、众香子、肉豆蔻、肉豆蔻衣、肉桂、生姜、大蒜、芫荽、洋葱、大葱、小豆蔻等。

5.4.3　牛肉香精配方

现代牛肉香精配方一般由两部分组成：一是热反应牛肉香精；二是牛肉香基。实际生产中两部分一般分别制备，然后混合熟化。

牛肉香精配方1

2,3,5-三甲基吡嗪	2.0
噻唑	2.0
2-乙酰基噻唑	0.5
2,4-二甲基噻唑	2.0
5-甲基糠醛	2.0
3-甲硫基丙醛	3.0
2,3-丁二硫醇	2.0
3-巯基-2-戊酮	2.0
三硫代丙酮	2.0
2-甲基-3-呋喃硫醇	2.0
二(2-甲基-3-呋喃基)二硫醚	4.0

2-甲基-3-甲硫基呋喃	2.0
甲基(2-甲基-3-呋喃基)二硫醚	4.0
糠硫醇	1.0
二糠基二硫醚	2.0
4-羟基-5-甲基-3(2H)-呋喃酮	5.0

评价： 肉感强，头香刺激，有浓烈的葱爆牛肉味，油脂感强，透发性好。

牛肉香精配方 2

四氢噻吩-3-酮	0.5
4-甲基-5-羟乙基噻唑	50.0
2-甲基吡嗪	10.0
2,5-二甲基吡嗪	10.0
2,3,5-三甲基吡嗪	10.0
2-乙酰基噻唑	5.0
3-甲硫基丙酸乙酯	5.0
3-巯基-2-丁酮	1.0
2-甲基-3-呋喃硫醇	2.0
甲基(2-甲基-3-呋喃基)二硫醚	2.0

评价： 轻微的肉感，无牛肉特征风味，干涩感强，油脂感弱，清透。

下面再举个香精调配和改进的例子，目标是调配一支油溶性炖煮风味的牛肉香精。

根据要求选取下列原料。

特征香原料：12-甲基十三碳醛。

基础肉香原料：2-甲基-3-呋喃硫醇、3-巯基-2-丁酮。

脂香原料：2,4-壬二烯醛、2,4-癸二烯醛。

辛香原料：姜油、茴香油、花椒油。

用上述原料搭配初始框架。

牛肉香精配方 3

2-甲基-3-呋喃硫醇	1
3-巯基-2-丁酮	0.5
12-甲基十三碳醛	0.1
2,4-壬二烯醛	0.1
2,4-癸二烯醛	0.1
姜油	1
茴香油	1
花椒油	1

对配方 3 的评价： 仿真度低，肉感不足，化学气息偏重。各感觉之间连接生硬，有断续感。油腻感重，偏鸡油味道。留香短，前后香气不一致。

对配方 3 的改进： 为减轻油腻感，去掉 2,4-癸二烯醛；增加 2-巯基噻吩、四氢噻吩-3-酮，以补充肉味；增加 4-甲基-5-羟乙基噻唑乙酸酯，以圆润肉感；增加二糠基二硫醚，以增强肉的厚重感；增加呋喃酮来定香。

牛肉香精配方 4

2-甲基-3-呋喃硫醇	1
3-巯基-2-丁酮	0.5
4-甲基-5-羟乙基噻唑乙酸酯	10
12-甲基十三碳醛	1
2-巯基噻吩	0.5
2,4-壬二烯醛	0.2
姜油	1
茴香油	1
花椒油	1
呋喃酮	2.5
四氢噻吩-3-酮	1
二糠基二硫醚	2

对配方 4 的评价： 仿真度较配方 3 有所提高，香气过渡自然，但肉感仍单薄。留香较长，一致性较好。产品的颜色稳定性差。该配方的成本太高！

对配方 4 的改进： 用 2-十一酮、2-十三酮替代部分 12-甲基十三碳醛；用糠硫醇替代部分二糠基二硫醚，以降低成本；增加乙偶姻、丁二酮、3-甲硫基丙醇、2-甲基-3-巯基四氢呋喃，以修饰肉感；增加丁酸，以提升香气强度；减少四氢噻吩-3-酮用量，以改善香精的变色问题。

牛肉香精配方 5

2-甲基-3-呋喃硫醇	1
2-甲基-3-四氢呋喃硫醇	0.05
3-巯基-2-丁酮	0.5
4-甲基-5-羟乙基噻唑乙酸酯	10
12-甲基十三碳醛（10%）	0.1
2-巯基噻吩	0.5
2,4-壬二烯醛	0.2
姜油	1
茴香油	1
花椒油	1
呋喃酮	2.5
四氢噻吩-3-酮	0.1

二糠基二硫醚	0.1
糠硫醇	0.05
乙偶姻	0.1
2,3-丁二酮	0.05
2-十一酮	0.1
2-十三酮	0.1
丁酸	0.05
3-甲硫基丙醇	0.05

对配方 5 的评价： 仿真度有进一步提高，香气更丰富圆润，肉感较饱满。香气强度大，留香长，一致性较好。产品的颜色稳定性较好。配方 5 的成本控制较好，性价比高。

对配方 5 的改进： 增加 4-甲基-5-羟乙基噻唑，增补肉味，用己醛替代部分 2,4-壬二烯醛，增强炖煮的清新感；增加异戊酸，以突出牛肉的特征香气。

牛肉香精配方 6

2-甲基-3-巯基呋喃	0.5
2-甲基-3-巯基四氢呋喃	0.05
3-巯基-2-丁酮	0.25
4-甲基-5-羟乙基噻唑乙酸酯	5
4-甲基-5-羟乙基噻唑	5
12-甲基十三碳醛（10%）	0.1
2-巯基噻吩	0.5
2,4-壬二烯醛	0.1
己醛	0.01
姜油	0.5
茴香油	1
花椒油	0.5
呋喃酮	2
四氢噻吩-3-酮	0.1
二糠基二硫醚	0.1
糠硫醇	0.05
乙偶姻	0.1
2,3-丁二酮	0.05
2-十一酮	0.2
2-十三酮	0.2
丁酸	0.05
异戊酸	0.05

3-甲硫基丙醇　　　　　　　　　　　　　　　　　　　0.05

牛肉香精配方 6 是对配方 3 进行一系列修改后得到的最终结果。改进后的配方，增加了香料种类，风味更佳，成本却得到了有效控制。

实际的生产过程中，通常会用辛癸酸甘油酯（ODO）这样的溶剂先加热溶解固体香料，再加入辛香油和酸，最后补齐溶剂，搅拌均匀，静置后过滤灌装，得到香精成品。

5.5　鸡肉香精

在鸡肉香精配方中，具有肉香味的香料如 2-甲基-3-巯基呋喃及其衍生物是必不可少的，但羰基化合物尤其是不饱和脂肪醛类化合物在鸡肉香精中的作用也同样重要，它们对鸡肉的特征香味贡献更大。在鸡肉挥发性成分中发现的羰基化合物主要有乙醛、丙醛、苯丙醛、丙烯醛、丁醛、2-甲基丁醛、3-甲基丁醛、2-丁烯醛、反-2-丁烯醛、2-甲基-2-丁烯醛、3-甲基-2-丁烯醛、2-异丙基-2-丁烯醛、戊醛、2-甲基戊醛、4-甲基戊醛、2-戊烯醛、反-2-戊烯醛、反-2-甲基-2-戊烯醛、4-甲基-2-戊烯醛、己醛、5-甲基己醛、2-己烯醛、反-2-己烯醛、己二烯醛、庚醛、顺-2-庚烯醛、反-2-庚烯醛、2-甲基-2-庚烯醛、2,4-庚二烯醛、反,顺-2,4-庚二烯醛、反,反-2,4-庚二烯醛、辛醛、辛烯醛、2-辛烯醛、反-2-辛烯醛、2,4-辛二烯醛、壬醛、2-壬烯醛、反-2-壬烯醛、顺-3-壬烯醛、2,4-壬二烯醛、反,顺-壬二烯醛、癸醛、2-癸烯醛、反-2-癸烯醛、顺-4-癸烯醛、2,4-癸二烯醛、顺,反-2,4-癸二烯醛、反,反-2,4-癸二烯醛、反,顺-2,4-癸二烯醛、反,顺,顺-2,4,7-癸三烯醛、十一醛、2-十一烯醛、反-2-十一烯醛、反,顺-2,5-十一碳二烯醛、十二醛、反-2-十二烯醛、反,顺-2,4-十二碳二烯醛、反,反-2,6-十二碳二烯醛、反,顺-2,6-十二碳二烯醛、十三醛、反-2-十三烯醛、反,顺-2,4-十三碳二烯醛、反,顺,顺-2,4,7-十三碳三烯醛、十四醛、反,顺-2,4-十四碳二烯醛、十五醛、十六醛、十六碳二烯醛、十七醛、苯甲醛、2,5-二甲基苯甲醛、4-乙基苯甲醛、丙基苯甲醛、苯乙醛、胡椒醛、糠醛、茴香醛、反式肉桂醛、丙酮、1-羟基-2-丙酮、2-丁酮、3-甲基-2-丁酮、3-羟基-2-丁酮、3-丁烯-2-酮、2,3-丁二酮、2-戊酮、3-戊酮、4-甲基-2-戊酮、4-羟基-4-甲基-2-戊酮、1-戊烯-3-酮、2,3-戊二酮、2,4-戊二酮、己酮、2-己酮、4-己烯-3-酮、2-庚酮、6-甲基-2-庚酮、6-甲基-5-庚烯-3-酮、2-辛酮、3-辛酮、1-辛烯-3-酮、3-辛烯-2-酮、3,5-辛二烯-2-酮、2-甲基-3-辛酮、2,3-辛二酮、2-壬酮、2-壬烯酮、2-癸酮、5-十一酮、3,5-十一碳二烯-2-酮、2-十五酮、环戊酮、2-甲基环戊酮、苯乙酮、薄荷酮、茴香脑、草蒿脑、樟脑等。此外，鸡肉中的香成分有：柠檬烯、戊醇、己醇、2-乙基-1-己醇、3-辛烯醇、糠醇、α-松油醇、4-松油烯醇、苯甲醇、芳樟醇、肉桂醇、茴香醇、丁香酚、乙酸、丙酸、丁酸、戊酸、己酸、庚酸、辛酸、壬酸、十四酸、丁内酯、香豆素、麦芽酚、2-戊基呋喃、2,5-二甲基-4-羟基-3(2H)-呋喃酮、1-戊硫醇、3-甲硫基丙醛、甲基吡嗪、2,6-二甲基吡嗪、苯并噻唑等。

表 5-9 列举了在鸡汤挥发性香成分中发现的部分化合物及其香气特征，其中含有几种对鸡肉香味很重要的不饱和脂肪醛。

表 5-9 鸡汤部分挥发性香成分及其香气特征

化合物	香气特征
2-甲基噻吩	硫黄气
2-甲基-3-呋喃硫醇	肉样、甜香
糠硫醇	烤香
2-巯基-2-戊酮	硫黄气
2-乙酰基-1-吡咯啉	烤香
2,5-二甲基-3-呋喃硫醇	肉香
3-甲硫基丙醛	煮土豆
反-2-庚烯醛	油脂气
1-辛烯-3-酮	蘑菇样
三甲基噻唑	壤香
2-甲酰基噻吩	硫黄气
2-乙酰基噻唑	烤香
苯乙醛	蜂蜜样
壬醛	脂香,青香
2-甲氧基苯酚	酚样
2-乙酰基噻吩	硫黄气
2-乙酰基-2-噻唑啉	烤香
反-2-壬烯醛	脂香,油脂气
2-甲酰基-5-甲基噻吩	硫黄气
4-甲基苯酚	酚样
癸醛	脂香
反,反-2,4-壬二烯醛	油脂气
反-2-癸烯醛	脂香
2,4-癸二烯醛	油脂气,脂香
反,反-2,4-癸二烯醛	油脂气
2-十一烯醛	脂香,甜香
β-紫罗兰酮	紫罗兰样
十三醇	脂香,霉味

续表

化合物	香气特征
γ-癸内酯	桃样
γ-十二内酯	脂香,果香

鸡肉香精配方1

糠醛	1.0
苯甲醛	0.5
3-甲硫基丙醛	1.0
正己醛	3.0
2,4-癸二烯醛	6.0
1,6-己二硫醇	25.0

评价： 油脂香，鸡肉香，醛味略重。

鸡肉香精配方2

热反应鸡肉香精	99.69
1,6-己二硫醇	0.01
己醛	0.03
3-硫基-2-丁酮	0.01
反,反-2,4-壬二烯醛	0.01
反,反-2,4-癸二烯醛	0.01
肉豆蔻油	0.02
小茴香油	0.01
麦芽酚	0.20

评价： 咸鲜味，肉味，甜味，花香味，火腿肠味，淡淡的鸡肉味。

鸡肉香精配方3

2-甲基吡嗪	5.0
2,3-二甲基吡嗪	10.0
2-乙基吡嗪	5.0
1,6-己二硫醇	1.0
二甲基三硫醚	0.5
四氢噻吩-3-酮	0.5
2-戊基呋喃	3.0
2-乙酰基呋喃	10.0
2-甲基-3-呋喃硫醇	1.0
反,反-2,4-壬二烯醛	5.0

评价： 生青味，偏酸，植物感重，有无花果味，肉感较差。

鸡肉香精配方 4

2,5-二甲基吡嗪	10
2,3,5-三甲基吡嗪	2
2-甲基吡嗪	10
3-甲硫基丙醇	1
3-硫基-2-丁酮	1
4-羟基-2,5-二甲基-3（2H）-呋喃酮	30
甲基（2-甲基-3-呋喃基）二硫醚	1
2,5-二甲基-2,5-二羟基-1,4-二噻烷	2
1,6-己二硫醇	1
二甲基三硫醚	2
反,反-2,4-庚二烯醛	1
反,反-2,4-壬二烯醛	1

评价： 咸鲜味，青菜味，有土豆香气，肉感明显，鸡肉特征风味不明显。

5.6　海鲜香精

5.6.1　鱼、虾、蟹、贝等海鲜的香成分

　　鱼香味是由挥发性的提供香气的物质和非挥发性的提供味道的物质构成的。非挥发性的提供味道的物质可分为两类：一类是含氮化合物，包括游离的氨基酸、低分子量的肽类、核苷酸类化合物；另一类为不含氮的化合物，包括有机酸、糖类和无机组分。挥发性的香气物质涉及醇、醛、酮、含硫、含氮化合物等。鱼类中游离氨基酸的含量比贝类低。氨基乙酸提供鱼类的甜蜜香味，组氨酸、谷氨酸提供海鲜产品的肉香，肽和游离氨基酸如天冬氨酸、丝氨酸、谷氨酸、亮氨酸是鱼露香味的重要来源。1-辛烯-3-醇是许多淡水鱼和海鱼的挥发性香成分。2-甲基-3-巯基呋喃是金枪鱼的香成分，在鱼和贝类海鲜香精中应用非常普遍。反,顺-2,6-壬二烯醛和顺-3-己烯醇对香鱼特征香味起重要作用。己醛和反-2-己烯醛存在于鱼脂自动氧化产物中，提供青香和黄瓜样香气。反，顺，顺-2,4,7-癸三烯醛和反，反,顺-2,4,7-癸三烯醛对鱼香和鳕鱼肝油的香气有重要贡献。顺-4-庚烯醛对腐烂的鳕鱼及其调味料的香气有影响。

　　贝类海鲜的香味也涉及嗅觉和味觉两方面。一般来说，刺激嗅觉的主要是挥发性物质，刺激味觉的主要是不挥发性物质。挥发性化合物对于贝类香味最为重要。其中最重要的是醇类、醛类、酮类、呋喃类、含氮化合物、含硫化合物、烃类、酯类和酚类化合物。

二甲基硫醚是炖牡蛎、蛤的香成分，十二醇是煮虾、蟹、蛤的重要香成分，2-丁氧基乙醇是煮小龙虾尾的重要香味成分，N,N-二甲基-2-苯乙胺是煮虾的特征性香成分，顺，顺，顺-5,8,11-十四碳三烯-2-酮和反，顺，顺-5,8,11-十四碳三烯-2-酮也是煮虾的香成分，3,6-壬二烯-1-醇赋予牡蛎以甜瓜和黄瓜样香气。

吡嗪类对于煮小龙虾、螃蟹、生的和发酵的虾、烤虾和煮磷虾的香味贡献很大。烷基吡嗪，包括甲基吡嗪、2,5-二甲基吡嗪、2,6-二甲基吡嗪，具有烤香、坚果-肉香香气，是煮小龙虾尾的香成分。酰基吡嗪能赋予煮龙虾尾、煮扇贝和螃蟹以爆玉米花香气。吡咯能赋予煮小龙虾甜的和淡的焦香特征。2-乙酰基吡咯存在于烤虾和喷雾干燥的虾粉挥发性香成分中，具有焦糖样香气。三甲胺是煮螃蟹香气的重要来源。

2-甲基噻吩是煮小龙虾尾、螃蟹的香成分，提供洋葱和汽油样香气。3,5-二甲基-1,2,4-三噻烷是煮牛肉、煮小龙虾、煮虾的挥发性香成分，赋予煮磷虾洋葱样香气。噻吩具有烤虾香气，是煮磷虾、煮虾、蒸蛤和烤鱿鱼干的重要挥发性香成分。表5-10列举了部分可用于海鲜香精的香料。

表5-10 海鲜香精的常用香料

FEMA	名称	香味特征
2744	6-甲基喹啉	酚样、鱼、动物香气，鱼香味
2746	二甲基硫醚	硫黄、奶油、番茄、鱼香、扇贝肉
2908	六氢吡啶	动物香气，调味品味道
2966	吡啶	鱼样香气，胺味道
2967	焦木酸	辛辣的烟熏香气和味道
3188	2-甲基-3-呋喃硫醇	肉香、鱼香
3202	2-乙酰基吡咯	鱼样香气和味道
3219	异戊胺	刺激的、胺样香气和味道
3220	苯乙胺	胺样、鱼香气和味道
3241	三甲胺	强烈的氨气息，鱼香气和味道
3274	4,5-二甲基噻唑	鱼香、胺样香气，海鲜味道
3375	4-甲硫基-2-丁酮	番茄、奶酪、鱼香气，鱼样味道
3470	喹啉	强烈的令人作呕气息，吡啶样味道
3523	四氢吡咯	氨、鱼香、贝类、似海藻
3826	2,5-二羟基-1,4-二噻烷	烤肉、肉汤、鸡蛋、烤面包、土豆香
3831	1,4-二噻烷	海鲜样、大蒜、洋葱、吡啶样气息
3860	乙基甲基硫醚	硫黄气、番茄和甘蓝样、肉和金属气息

鱼肉中发现的香成分有：柠檬烯、α-金合欢烯、反式-β-金合欢烯、石竹烯、丁醇、戊醇、1-戊烯-3-醇、反-2-戊烯醇、己醇、顺-3-己烯醇、2-甲基己醇、2-乙

基己醇、庚醇、1-庚烯-4-醇、辛醇、3-辛醇、1-辛烯-3-醇、反-2-辛烯-1-醇、2-甲基-3-辛醇、壬醇、1-壬烯-3-醇、2-壬烯-1-醇、顺-3-壬烯-1-醇、十一醇、十二醇、苯甲醇、苯乙醇、雪松醇、桉叶油醇、反式橙花叔醇、戊醛、异戊醛、己醛、2-己烯醛、2,4-己二烯醛、庚醛、反-2-庚烯醛、反,反-2,4-庚二烯醛、辛醛、2-辛烯醛、反-2-辛烯醛、2,4-辛二烯醛、壬醛、反-2-壬烯醛、反,反-2,4-壬二烯醛、反,反-2,6-壬二烯醛、癸醛、2-癸烯醛、反-2-癸烯醛、顺-4-癸烯醛、反-4-癸烯醛、反,反-2,4-癸二烯醛、十一醛、2-十一烯醛、月桂醛、十三醛、肉豆蔻醛、十五醛、苯甲醛、苯乙醛、3-乙基苯甲醛、4-丙基苯甲醛、肉桂醛、6-甲基-5-庚烯-2-酮、2-丁酮、2,3-丁二酮、3-羟基-2-丁酮、2-戊酮、2-甲基-3-戊酮、3-辛酮、3-辛烯-2-酮、2,3-辛二酮、2,5-辛二酮、3,5-辛二烯-2-酮、2-壬酮、2-十一酮、2-十一烯酮、苯乙酮、乙酸、月桂酸、十四酸、十五酸、十六酸、苯甲酸、甲酸乙酯、甲酸辛酯、乙酸乙酯、己酸乙酯、己酸乙烯酯、丁内酯、2-甲基四氢呋喃-3-酮、2,3,5,6-四甲基吡嗪、苯并噻唑、2-巯基-4-苯基噻唑、吲哚等。

蟹中发现的香成分有：柠檬烯、丁醇、戊醇、2-戊醇、1-戊烯-3-醇、己醇、辛醇、1-辛烯-3-醇、3-癸烯醇、2-乙基癸醇、2-丙基癸醇、2-丁烯醛、2-甲基丁醛、3-甲基丁醛、2-甲基-2-丁烯醛、戊醛、4-甲基-3-戊烯醛、己醛、2-己烯醛、庚醛、4-庚烯醛、辛醛、壬醛、癸醛、2,4-癸二烯醛、苯甲醛、4-乙基苯甲醛、3-甲基-2-噻吩甲醛、苯乙醛、糠醛、丙酮、2-丁酮、1-羟基-2-丙酮、3-羟基-2-丁酮、3-戊酮、1-戊烯-3-酮、2-庚酮、6-甲基-2-庚酮、6-甲基-5-庚烯-2-酮、2-辛酮、3,5-辛二烯-2-酮、2-甲基-3-辛酮、2-壬酮、2-癸酮、苯乙酮、乙酸丁酯、愈创木酚、2-乙基呋喃、2-丁基呋喃、2-戊基呋喃、2-（2-戊烯基）呋喃、2-己基呋喃、2-庚基呋喃、2-甲基呋喃酮、三甲胺、吡嗪、甲基吡嗪、2,3-二甲基吡嗪、2,5-二甲基吡嗪、三甲基吡嗪、2-乙烯基-6-甲基吡嗪、3-乙基-2,5-二甲基吡嗪、吡啶、2-乙基吡啶、2-戊基吡啶、吡咯、二甲基硫醚、2-甲基噻吩、2-乙酰基噻唑、三甲胺等。

虾中发现的香成分有：D-柠檬烯、丁醇、戊醇、1-戊烯-3-醇、顺-2-戊烯醇、2-乙基己醇、1-辛烯-3-醇、反-2-辛烯-1-醇、壬醇、2-壬醇、苯乙醇、D-薄荷醇、柏木醇、2-甲基丁醛、3-甲基丁醛、戊醛、2-甲基-2-戊烯醛、己醛、庚醛、顺-4-庚烯醛、辛醛、壬醛、癸醛、苯甲醛、2-丁酮、2-戊酮、1-戊烯-3-酮、3-戊烯-2-酮、2,3-戊二酮、6-甲基-5-庚烯-2-酮、3-辛酮、6-辛烯-2-酮、顺，反-3,5-辛二烯-2-酮、反,反-3,3-辛二烯-2-酮、2-壬酮、2-十一酮、苯乙酮、2-茨酮、茶香酮、香叶基丙酮、乙酸、乙酸甲酯、乙酸乙酯、乙酸丁酯、丁酸丁酯、3-甲基-丁基乙酸酯、庚酸乙酯、棕榈酸乙酯、水杨酸甲酯、2-乙基呋喃、2-戊基呋喃、2,5-二甲基吡嗪、2-乙基-3-甲基吡嗪、三甲基吡嗪、四甲基吡嗪、吡啶、二氧化硫、甲硫醇、二甲基硫醚、二甲基三硫醚、2-乙酰基噻唑、4,5-二甲基噻唑、苯并噻唑、三甲胺、N,N-二甲基甲酰胺等。

最重要的不挥发性成分是氨基酸类和核苷酸类化合物。核苷酸类化合物的重要性在于提供美味可口的香味。

海鲜香精中常用的辛香料有胡椒、生姜、洋葱、大葱、大蒜、肉豆蔻、芫荽、芹菜子、众香子、芥菜子、丁香等。

5.6.2　鱼肉香精配方

海鲜香精的制备方法与其他肉味香精类似，各种鱼肉或其他海鲜的肉酶解后进行热反应，再经过调香是现在制备海鲜香精最常用的方法。酶解一般控制在中性条件下进行，温度一般在 45～50℃，酶解时间为 3～5h，常用的酶有木瓜蛋白酶、中性蛋白酶和复合风味蛋白酶等。热反应可以在常压回流或密闭加压下进行，一般控制温度在 115～125℃，时间 0.5～1.5 h。

鱼香香精

苄醇	15.0
2,6-二甲氧基苯酚	10.0
异戊醛	5.0
2-辛酮	5.0
2-乙酰基呋喃	150.0
4-乙基愈创木酚	150.0
2-甲基-3-呋喃硫醇	0.5
1,4-二噻烷	1.5

评价： 腥味，生青味，有花香，鱼肉味不明显。建议补充 2,5-二甲基-2,5-二羟基-1,4-二噻烷等香料。

5.6.3　蟹香精配方

蟹香精1

二甲基一硫醚	0.90
乙基麦芽酚	0.60
5-甲基糠醛	0.90
异戊酸	1.50
3-甲硫基丙醇	1.50
3-甲硫基丙醛	0.30
癸酸	0.30
香菇精	0.90
甲基甲硫基吡嗪	0.30

反式-2-庚烯醛	1.50
2-甲基-3-巯基呋喃	1.50

评价： 腥臭味，蛋黄味，轻微的蟹味，带有杂味。

蟹香精 2

1-辛烯-3-醇	5.0
苄醇	15.0
异戊醛	5.0
2-乙酰基呋喃	10.0
2-甲基吡嗪	1.0
三甲基吡嗪	5.0
1,4-二噻烷	0.5
2,5-二羟基-1,4-二噻烷	0.5
2,5-二甲基-2,5-二羟基-1,4-二噻烷	0.5
2-甲基-3-巯基呋喃	1.5

评价： 腥味，生青味，臭的蛋黄味，刺鼻的气味，有轻微的海鲜、贝壳类动物的风味，但缺乏甲基环戊烯醇酮类的焦苦感。建议减小 2,5-二甲基-2,5-二羟基-1,4-二噻烷的用量，补充甲基葫芦巴内酯。

5.6.4　虾香精配方

虾香精 1

热反应虾香精	100000.0
1-辛烯-3-醇	10.0
苄醇	15.0
异戊醛	5.0
2-乙酰基呋喃	10.0
四氢吡咯	1.0
2-甲基吡嗪	1.0
三甲基吡嗪	10.0
4,5-二甲基噻唑	4.5
2-甲基-3-巯基呋喃	2.5

评价： 刺激性的气味，牛肉味，芥末味，腥味，韭菜馅味，塑料味。

虾香精 2

热反应虾香精	100000.0
香菇素	0.6
二甲基硫醚	288.0

2-甲基-3-巯基呋喃	1.5
反-2-庚烯醛	0.4
三甲胺	816.0
2,3-二甲基吡嗪	28.5
甲基甲硫基吡嗪	0.9

评价： 腥味，塑料味，苦味，刺激性的气味。

5.7 羊肉香精

5.7.1 羊肉挥发性香成分

从羊肉中发现的挥发性香成分有 300 多种，其中最重要的是羧酸类化合物，有 60 多种，主要有乙酸、苯乙酸、戊酸、己酸、2-甲基己酸、4-甲基己酸、庚酸、2-甲基庚酸、6-甲基庚酸、庚烯酸、辛酸、2-甲基辛酸、4-甲基辛酸、6-甲基辛酸、4,6-二甲基辛酸、5,6-二甲基辛酸、4-乙基辛酸、4-氧代辛酸、辛烯酸、2-辛烯酸、壬酸、4-甲基壬酸、8-甲基壬酸、4,6-二甲基壬酸、壬烯酸、2-壬烯酸、癸酸、2-甲基癸酸、8-甲基癸酸、9-甲基癸酸、4,6-二甲基癸酸、4,8-二甲基癸酸、6,8-二甲基癸酸、癸烯酸、2-癸烯酸、癸二烯酸、十一酸、10-甲基十一酸、十二酸、十四酸、十四烯酸、十四碳二烯酸、十六酸、十六烯酸、十八酸、十八烯酸、9,12-十八碳二烯酸等。羊肉的特征香味主要来自于 8～10 个碳的脂肪酸，其中 4-甲基辛酸、4-甲基壬酸和 4-乙基辛酸最重要。表 5-11 列举了几种动物肾周脂肪中这三种脂肪酸的含量，其中特征性很强的山羊和绵羊的香味是由 4-甲基辛酸和 4-乙基辛酸提供的，这两种脂肪酸在牛和猪肾周脂肪的脂肪酸中没有发现。

表 5-11 几种动物肾周脂肪中三种脂肪酸的含量/(μg/g)

名称	雄山羊	雄绵羊	雌绵羊	牛	猪
4-甲基辛酸	26	8	10	—	—
4-乙基辛酸	13	12	15	—	—
4-甲基壬酸	—	38	—	3	—

苯酚、甲基苯酚、4-甲基苯酚、异丙基苯酚、硫代苯酚、2-甲基硫代苯酚、3-甲基硫代苯酚是羊肉的挥发性香成分，对于羊肉的特征性香味有贡献。

醛类化合物在羊肉香味中占有重要地位，羊肉中发现的醛类化合物有：乙醛、苯乙醛、丙醛、2-甲基丙醛、丁醛、2-甲基丁醛、3-甲基丁醛、2-丁烯醛、2-甲基-2-丁烯醛、戊醛、己醛、2-己烯醛、2,4-己二烯醛、庚醛、庚烯醛、2-庚烯醛、顺-4-庚烯醛、反-4-庚烯醛、2,4-庚二烯醛、辛醛、2-辛烯醛、辛二烯醛、2,4-辛二烯醛、反,反-2,4-辛二烯醛、壬醛、2-壬醛、反,顺-2,6-壬二烯醛、反,反-2,6-壬二烯醛、癸醛、癸烯醛、反-2-癸烯醛、4-癸烯醛、2,4-癸二烯醛、反,反-2,4-癸二烯醛、十一醛、2-十一烯醛、2,4-十一碳二烯醛、十三醛、2-十三烯醛、十四醛、2-十四烯醛、十五醛、2-十五烯醛、十七醛、十八醛等。

羊肉中发现的吡嗪类化合物有：2-甲基吡嗪、2,3-二甲基吡嗪、2,5-二甲基吡嗪、2,6-二甲基吡嗪、三甲基吡嗪、四甲基吡嗪、2-甲基-6-乙基吡嗪、5-甲基-2-乙基吡嗪、2,3-二甲基-5-乙基吡嗪、2,5-二甲基-3-乙基吡嗪、3,5-二甲基-2-乙基吡嗪、2,3-二乙基-5-甲基吡嗪、2,5-二乙基-3-甲基吡嗪、2,6-二乙基-3-甲基吡嗪、3,5-二乙基-2-甲基吡嗪等。其中 2,5-二甲基-3-乙基吡嗪对羊肉的特征香味有重要作用。

羊肉中发现的吡啶类化合物有：吡啶、2-甲基吡啶、3-甲基吡啶、2,5-二甲基吡啶、3,5-二甲基吡啶、2-乙基吡啶、3-乙基吡啶、2-甲基-5-乙基吡啶、2-丙基吡啶、2-丁基吡啶、2-戊基吡啶、5-甲基-2-戊基吡啶、5-乙基-2-戊基吡啶、2-己基吡啶、2-乙酰氧基吡啶等。其中 2-戊基吡啶对于羊肉的特征香味有重要贡献。

羊肉中发现的其他化合物有：己醇、3-辛醇、6-甲基-5-庚烯-2-酮、2-戊基癸酮、2-十一酮、2-十五酮、十一酸乙酯、2-戊基呋喃、2-甲基-5-甲硫基呋喃、2-乙酰基噻唑、4-甲基-5-羟乙基噻唑、苄基甲基硫醚等。

5.7.2　羊肉香精中的香料和配方

羊肉香精的生产量和使用量比猪肉香精、牛肉香精、鸡肉香精和海鲜香精要小得多，主要集中在羊肉泡馍、清真方便面调料和其他与羊肉香味有关的食品中。

羊肉香精中常用的辛香料有胡椒、肉豆蔻、肉豆蔻衣、肉桂、丁香、众香子、鼠尾草、月桂、大葱、生姜、芫荽、甘牛至等。

羊肉香精中使用的基本肉香味香料与牛肉、猪肉、鸡肉类似，2-甲基-3-巯基呋喃及其衍生物、3-巯基-2-丁醇、3-巯基-2-丁酮、2,3-丁二硫醇、3-甲硫基丙醇、1,4-二噻烷、2,5-二甲基-2,5-二羟基-1,4-二噻烷等都是常用的香料。

羊肉香精中常用的特征香料有戊醛、己醛、庚醛、辛醛、壬醛、2-辛烯醛、2,4-庚二烯醛，2,4-庚二烯醛（异构体）、2,4-癸二烯醛、2,4-庚二烯醛（异构体）、2-壬酮、2-十二酮、2-十三酮、4-甲基辛酸、4-甲基壬酸和 4-乙基辛酸、γ-辛内酯、2-戊基吡啶、2,5-二甲基-3-乙基吡嗪、苯酚、甲基苯酚、4-甲基苯酚、异丙基苯酚、硫代苯酚、2-甲基硫代苯酚、3-甲基硫代苯酚等。

羊肉香精

4-乙基辛酸	5.0
3,6-二甲基-2-乙基吡嗪	15.0
3-巯基-2-丁醇	1.0
2-甲基-3-呋喃硫醇	1.5
3-甲硫基丙醇	3.0
2,4-庚二烯醛	2.5
2,4-癸二烯醛	2.0

评价： 淡淡的肉味，具有羊肉的膻味，透发性强。

主要参考文献

[1] Thomas E Furia. Handbook of food Additives. Second Edition. Cleveland: CRC Press, Inc., 1972.

[2] Evers W J, et al. Processes for producing 3-thia furans and 3-furan thiols. U. S. 3922288. 1975.

[3] Evers W J, et al. Furans substituted at the three position with sulfur. In: ACS Symp. Ser. 26. Washington DC: Amer. Chem. Soc. Pub. 1976.

[4] Winter M, Goldman I M, Gautschi F, et al. Flavoring agent. US3943260. 1976-3-9.

[5] Henry B Heath, M B E, B. Pharm. Flavor Technology: Profiles, Products, Applications. London: AVI Publishing Company, Inc., 1978.

[6] Roy Teranishi, Robert A Flath. Flavor Research Recent Advances. New York: Marcel Dekker, Inc., 1981.

[7] 黄荣初，王兴凤. 肉类香味的合成香料. 有机化学. 1983,（3）: 175-179.

[8] Yunus Shaikh. Aroma chemicals in meat flavors. *Perfumer & Flavorist*. 1984, 9（3）: 49-52.

[9] Thomas E Furia. CRC Handbook of food Additives. 2nd ed. Vol. Ⅱ. Boca Raton: CRC Press, Inc., 1986.

[10] Dimogo A S, Gorbachov M Y, Bersuker I B, et al. Structural and electronic origin of meat odour of organic heteroatomic compounda. *Nahrung*. 1988, 32: 461-473.

[11] David J. Rowe. Aroma Chemicals for savory flavors. *Perfumer & Flavorist*. 1998, 23（4）: 9-16.

[12] Gerard Mosciano, et al. Organoleptic characteristics of flavor materials. *Perfumer & Flavorist*. 1990, 15（1）: 19-25.

[13] Gerard Mosciano, et al. Organoleptic characteristics of flavor materials. *Perfumer & Flavorist*. 1993, 18（4）: 51-53

[14] 孙宝国，张显卫. 糠硫醇合成的研究. 精细化工. 1993, 10（4）: 14-15.

[15] Gerard Mosciano, et al. Organoleptic characteristics of flavor materials. *Perfumer & Flavorist*. 1994, 19（1）: 27-29.

[16] Gerard Mosciano, et al. Organoleptic characteristics of flavor materials. *Perfumer & Flavorist*. 1994, 19（3）: 51-53.

［17］ Gerard Mosciano, et al. Organoleptic characteristics of flavor materials. *Perfumer & Flavorist*. 1994, 19（4）: 45-47.

［18］ Macleod G. The flavor of beef. In: Flavor of meat and meat products. New York: Blackie Academic & Professional. 1994. 4-33.

［19］ Mussinan C J, Keelan M E, Sulfur compounds in foods. Washington DC: American Chemical Society. 1994.

［20］ Shahidi F. Flavor of Meat and Meat Products. London: Blackie Academic & Professional, 1994.

［21］ Gerard Mosciano, et al. Organoleptic characteristics of flavor materials. *Perfumer & Flavorist*. 1995, 20（3）: 63-65.

［22］ Gerard Mosciano，John Long，Carl Holmgren，et al. Organoleptic Characteristics of Flavor Materials. *Perfumer & Flavorist*. 1996, 21（2）: 47-49.

［23］ Gerard Mosciano，John Long，Carl Holmgren，et al. Organoleptic Characteristics of Flavor Materials. *Perfumer & Flavorist*. 1996, 21（3）: 51-54.

［24］ Gerard Mosciano. Organoleptic characteristics of flavor materials. *Perfumer & Flavorist*. 1996, 21（5）: 49-54.

［25］ Gerard Mosciano. Organoleptic characteristics of flavor materials. *Perfumer & Flavorist*. 1996, 21（6）: 49-52.

［26］ Gerard Mosciano, et al. Organoleptic characteristics of flavor materials. *Perfumer & Flavorist*. 1997, 22（2）: 69-72.

［27］ Shahidi F. Flavor of Meat, Meat Products and Seafoods. 2nd ed. London: Blackie Academic & Professional, 1998.

［28］ 孙宝国. 肉味香精的制备. 北京轻工业学院学报，1998，16（3）：1-5.

［29］ Belitz H D，Grosch W. Food Chemistry. 2nd ed. New York: Springer, 1999.

［30］ Philip R Ashurst. Food Flavorings. Gaithersburg, Maryland: Aspen Publishers, Inc. 1999.

［31］ Newberne P, Smith R L, Doull J, et al. GRAS flavoring substances 19. *Food technology*. 2000, 54（6）: 66-84.

［32］ Smith R L, Doull J, Feron V J, et al. GRAS flavoring substances 20. *Food technology*. 2001, 55（12）: 34-55.

［33］ F. Shahidi 著. 肉制品与水产品的风味. 第 2 版. 李洁, 朱国斌译. 北京: 中国轻工业出版社, 2001

［34］ 孙宝国, 丁富新, 郑福平, 刘玉平, 含硫香料分子结构与肉香味的关系研究, 精细化工, 2001, 18（8）: 456-460.

［35］ 葛长荣, 马美湖, 马长伟等. 肉与肉制品工艺学. 北京：中国轻工业出版, 2002.

［36］ 孙宝国, 杨迎庆, 郑福平, 刘玉平, 梁梦兰, 任毅, 15 种 1,3-氧硫杂环戊烷类香料化合物的合成. 化学通报, 2002, 65（9）：614-619.

［37］ 孙宝国, 文志勇, 梁梦兰, 谢建春. 猪油控制氧化的工艺研究. 中国油脂, 2005, 30（2）: 48-51.

［38］ 孙宝国, 彭秋菊, 梁梦兰, 谢建春. 牛脂控制氧化的工艺研究. 食品科学, 2005, 26（4）: 133-136.

[39] 林庆斌，孙宝国，谢建春. 以热反应制备羊肉香精为目的的羊脂控制氧化工艺研究. 食品科学，2005，26（8）：142-145.

[40] 谢建春，孙宝国，汤渤，林庆斌. 鸡脂控制氧化-热反应制备鸡肉香精. 精细化工，2006，23（2）：141-144.

[41] 谢万翠，杨锡洪，章超桦等. 顶空固相微萃取-气相色谱-质谱法测定北极虾虾头的挥发性成分. 分析化学，2011，39（12）：1852-1857.

[42] 金燕，杨荣华，周凌霄等. 蟹肉挥发性成分的研究中国食品学报，2011，11（1）：233-238.

[43] 相倩. 德州扒鸡品质相关挥发性成分的鉴定及保鲜技术研究. 山东：山东农业大学，2011.

[44] 綦艳梅，陈海涛，陶海琴等. 平遥与月盛斋酱牛肉挥发性成分分析. 食品科学，2011，32（22）：251-256.

[45] 冯倩倩，胡飞，李平凡. SPME-GC-MS 分析罗非鱼体中挥发性风味成分. 食品工业科技，2012，33（6）：67-70.

[46] 杨玉平，熊光权，焦春海等. 顶固相微萃取与气相色谱-质谱联用分析白鲢鱼体中的挥发性成分. 湖北农业科学，2012，51（21）：4876-4879，4959.

[47] 刘奇，郝淑贤，李来好等. 鲟鱼不同部位挥发性成分分析. 食品科学，2012，33（16）：142-145.

[48] 陈海涛，张宁，孙宝国. SPME 或 SDE 结合 GC-MS 分析贾永信十香酱牛肉的挥发性风味成分. 食品科学，2012，33（18）：171-176.

[49] 綦艳梅，徐晓兰，张宁等. 不同萃取头萃取月盛斋清香牛肉挥发性成分. 精细化工，2012，29（10）：960-964.

[50] 徐永霞，赵洪雷，朱丹实等. 顶空固相微萃取和同时蒸馏萃取法分析猪肉汤的挥发性成分. 食品与发酵工业，2012，38（8）：163-167.

[51] 丁浩宸，李栋芳，张燕平等. 南极磷虾虾仁与 4 种海虾虾仁挥发性风味成分对比. 食品与发酵工业，2013，39（10）：57-62.

[52] 冯滢滢，段杉，李远志. 温度对虾油风味成分形成的影响研究. 现代食品科技，2013，29（3）：505-509.

[53] 胡静，张凤枰，刘耀敏等. 顶空固相微萃取-气质联用法测定鳜鱼肌肉中的挥发性风味成分. 食品工业科技，2013，34（17）：313-316.

[54] 段艳，郑福平，王楠等. MAE-SAFE/GC-MS 分析酱牛肉挥发性成分. 食品科学，2013，34（14）：250-254.

[55] 詹萍. 羊肉特征香气成分的鉴定及其肉味香精的制备. 无锡：江南大学，2013.

[56] 章慧莺，李萌，张宁等. SDE-GC-MS 分析柴沟堡熏肉挥发性风味成分. 精细化工，2014，31（2）：212-217，224.

[57] 顾赛麒，张晶晶，王锡昌等. 不同产地熟制中华绒螯蟹肉挥发性成分分析. 食品工业科技，2014，35（5）：289-293，313.

[58] 段艳，郑福平，杨梦云等. ASE-SAFE/GC-MS/GC-O 法分析德州扒鸡风味化合物. 中国食品学报，2014，14（4）：222-230.

[59] 沙坤，李海鹏，张杨等. 固相微萃取-气质联用法分析五种新疆风干牛肉中的挥发性风味成分. 食品工业科技，2014，35（21）：310-315.

[60] 孙承锋，喻倩倩，宋长坤等. 酱牛肉加工过程中挥发性成分的含量变化分析. 现代食品科技，

2014, 30（3）: 130-136.

[61] 顾赛麒, 吴浩, 张晶晶等. 固相萃取整体捕集剂-气相色谱-质谱联用技术分析中华绒螯蟹性腺中挥发性成分. 食品工业科技, 2014, 35（5）: 289-293, 313.

[62] 李冬升, 李阳, 汪超等. 不同加工方式的武昌鱼鱼肉中挥发性成分分析. 食品工业科技, 2014, 35（23）: 49-53.

[63] 张慧芳, 李婷婷, 高晋伟等. 顶空固相微萃取-气质联用技术对鲢鱼片冷藏过程中挥发性成分变化的研究. 食品科学, 2014 网络优先出版.

第6章
乳香型食用香精

6.1 乳香型香精概论

乳是营养最全面的天然食物，对初生婴儿而言，母乳是最好的食物。对人类而言，牛乳是食用量最大、最重要的食用乳，通常称为牛奶（milk）。刚挤出来的牛奶称为鲜牛奶，是一种稳定的乳化体，有较淡的奶香味。牛奶在贮存、加工过程中，在热、光、氧气、酶和微生物等的作用下，奶中香成分的数量和含量发生变化，奶的香味也相应发生变化。

牛奶经巴氏灭菌和超高温灭菌（UHT）后得到巴氏灭菌奶和 UHT 奶。

牛奶加热脱除水分浓缩后得到的产品称为炼乳（concentrated milk）。

牛奶经过离心分离可得到脱脂奶和鲜奶油（cream）。在分离加工过程中，香味成分中亲油性强的物质多转移到鲜奶油中，亲水性强的物质多转移到脱脂奶中，使鲜奶油和脱脂奶具有了不同的香味特征。

将奶油加热、离心分离，除去脱脂乳，消毒灭菌，然后在一定条件下凝固后得到的产品称为黄油，也叫白脱（butter）。

牛奶经凝乳酶凝结、切割成块、排除乳清、成型，再发酵成熟后得到干酪。著名的有切达干酪、英式 Territorial 干酪、艾丹姆干酪、古乌达干酪、酪农干酪、卡门培尔干酪、蓝纹奶酪和赛达酪等。

牛奶、脱脂乳等直接接种乳酸菌等发酵可制得酸奶。

在加工过程中有酶解反应、热反应、自动氧化反应和微生物作用，生成了许多香味物质。牛奶中含有脂肪酶，在微生物作用下还会产生脂肪酶，牛奶中的脂肪在脂肪酶的作用下将有部分水解出脂肪酸，增强奶香味；加热会发生复杂的香味生成反应，如 β-羰基脂肪酸将脱水生成甲基酮，如 2-戊酮、2-庚酮等；不同的羟基脂肪酸脱水生成 γ-内酯类和 δ-内酯类；糖和氨基酸等水溶性物质发生的美拉德反应将生成许多香味成分；自动氧化包括不饱和脂肪酸在空气中氧的作用下发生的氧化和裂解反应，生成了许多醛类；发酵乳生成的香味物质是在微生物的作用下脂肪水解生成脂肪酸和生物合成其他许多香味物质。

由于奶制品很受人们喜欢，所以其香精的用量非常大，主要用于仿制奶制品的香味，用于食品中和在含乳制品的食品中，以增强和提调乳制品的香味。

与奶制品的品种相对应，乳香型食用香精的类型有巴氏灭菌奶、UHT 奶、炼乳、奶油、黄油、干酪、酸奶等香型。当然，这些乳制品所含的香味成分品种并无大的差别，主要是香味成分的数量有所不同，导致各种制品香味有差别。

乳香型香精的生产技术包括调香法、酶法、发酵法以及酶法、发酵法和调香法相结合的方法。

6.2　乳香型香精配方

乳香型香精常用的香料有乳酸乙酯、丁酰乳酸丁酯、丁二酮、对甲氧基苯乙酮、胡椒醛、γ-己内酯、γ-辛内酯、γ-壬内酯、椰子醛、桃醛、γ-丁内酯、4,4-二丁基-γ-丁内酯、γ-癸内酯、γ-十二内酯、δ-辛内酯、δ-壬内酯、δ-癸内酯、δ-十一内酯、δ-十二内酯、6-甲基香豆素、丁酸、异丁酸、2-甲基丁酸、己酸、庚酸、辛酸、乳酸、3-苯基丙酸、奶油酸、奶油酯、牛奶内酯、5-羟基-4-辛酮、2-甲基吡嗪、2-乙酰基吡嗪、甲硫醚、香兰素、乙基香兰素、藜芦醛等。

在调配奶油香精时，常用到丙醇、异丙醇、丁醇、异丁醇、戊醇、2-戊醇、己醇、2-己醇、2-庚醇、壬醇、2-壬醇、1-癸醇、2-十一醇、辛醇、2-辛醇、3-辛醇等醇类化合物，它们一般作为溶剂使用，同时可以将香精的香型在醇的作用下显得活泼生动。

在奶用香精中常加入脂肪酸的酯类，如乙酸酯、丁酸酯等。这些酯类化合物大多有水果的香味，可以起到提扬头香的作用。

在配方中加入内酯类化合物，尽管用量很少，但它可以使香精的头香和体香很好地衔接，使整体香味更加完善，加入的主要有 δ-癸内酯、γ-十一内酯等。

在配方中加入烯醛类香料可以使奶油香味有清新之感。加入叶醇等具有青香的香料，可以起到相同的效果。

在配方中加入茴香类香料，可以使香精的整体香味显得浑厚，避免仅用酸类化合物那种偏香草香味。好的奶油香精重视整体的酸、醇、酯、醛、内酯类的香味平衡。

加入麦芽酚、乙基麦芽酚、香兰素、乙基香兰素等可以使奶油香味更加协调。

6.2.1 奶用香精

鲜牛奶和轻度巴氏灭菌奶（gently pasteurized milk，GPM）具有温和的特征香味，其挥发性香味物质有 400 多种，每千克牛奶中为 1～100mg。牛奶在轻度巴氏灭菌（73℃，12s）后不具有煮熟后的香味，其典型的香味物质是二甲基二硫醚、丁二酮、2-甲基丁醇、顺-4-庚烯醛、3-丁烯醇异硫氰酸酯和反-2-壬烯醛。表 6-1 列举了对 GPM 奶香味有贡献的部分化合物及其重要性。

表 6-1　决定 GPM 奶香味的部分香料化合物的香味特征及其重要性

名　　称	香味特征	重要性①
二甲基二硫醚	煮洋白菜	3
丁二酮	人造黄油样	2
顺-4-庚烯醛	奶油样	2
反-2-壬烯醛	油脂、油腻的	2
3-丁烯醇异硫氰酸酯	橡胶样、酸的	2
2-甲基丁醇	杂醇油样、甜的	2
2-己酮	酮样、水果香	1
异戊醛	麦芽、可可样	1
己醛	青香、叶子样	1
反,反-2,4-壬二烯醛	脂肪香、油脂香	1
乙醛	酸奶酪样	1
2-甲基丁醛	麦芽、可可样	1
丁酸乙酯	酯香、水果香	1
2,4-二硫杂戊烷	硫醇样	1
庚醛	油脂	1
苯甲腈	杏仁样	1
1-辛烯-3-酮	金属、蘑菇样	1
1-辛烯-3-醇	蘑菇样	1
壬醛	柑橘、脂肪香	1
对甲酚	苯酚样	1
4-戊烯腈	饼干样	1

①1,轻微；2,中等；3,重要。

6.2.1.1 牛奶香精

牛奶香精配方 1

| 丙酸 | 0.10 |
| 丁酸 | 0.20 |

癸酸	0.25
δ-十二内酯	3.00
丁酸乙酯	2.50
3-羟基-2-丁酮	0.10
乳酸乙酯	5.00
丁酸丁酯	2.50
香兰素	0.10
乙基香兰素	0.10
己酸	0.01
辛酸	0.06

评价： 气味刺鼻，因酸味突出而显得奶香偏弱。但这种酸气重的牛奶香精有较好的加香效果。

牛奶香精配方 2

γ-十一内酯	1.00
丁二酮	1.50
香兰素	1.20
麦芽酚	0.90
丁酸乙酯	0.50
苯乙酸乙酯	1.00
丁酸	0.10
己酸	2.00

评价： 较配方 1 的刺鼻气味更强，酸味更突出，近乎无奶香。有一定的花香。

6.2.1.2 超高温灭菌（UHT）奶香精

表 6-2 中列举了 UHT 奶香精中常用的部分香料的香味特征及其在 UHT 奶香精中的重要性。

表 6-2　UHT 奶香精中常用的香料的香味特征及重要性

名　称	香　味　特　征	重要性[①]
2-庚酮	蓝纹奶酪样	4
2-壬酮	青香、脂肪香、酮样	4
二甲基硫醚	奶制品样	3
丁二酮	人造黄油样	3
2-己酮	酮样、水果香	3
顺-4-庚烯醛	奶油样	3
硫化氢	煮鸡蛋样	2
异戊醛	麦芽、可可样	2
二甲基二硫醚	煮洋白菜	2

名　称	香 味 特 征	重要性①
己醛	青香、叶子样	2
2,3,4-三硫杂戊烷	硫醇样	2
反-2-壬烯醛	油脂、油腻的	2
2-十一酮	酮样、花香	2
δ-癸内酯	甜的、桃子样	2
γ-十二内酯	脂肪香、桃子样	2
δ-十二内酯	内酯样、水果香	2
甲硫醇	煮洋白菜	1
2-甲基丁醛	麦芽、可可样	1
2-戊酮	丙酮样	1
戊醛	低分子醛样、尖刺的	1
2-甲基丙硫醇	大蒜样	1
异硫氰酸甲酯	大蒜样	1
2-甲基丁醇	杂醇油样、甜的	1
异硫氰酸乙酯	硫黄样	1
糠醛	杏仁、蜂蜜样	1
2,4-二硫杂戊烷	硫醇样	1
庚醛	油脂	1
苯甲醛	杏仁样	1
苯甲腈	杏仁样	1
1-辛烯-3-酮	金属、蘑菇样	1
2-辛酮	酮、花香	1
1-辛烯-3-醇	蘑菇样	1
辛醛	脂肪香	1
苯乙酮	霉味	1
壬醛	柑橘、脂肪香	1
对甲酚	苯酚样	1
萘	樟脑样	1
苯并噻唑	硫黄、橡胶样	1
γ-辛内酯	椰子样	1
δ-辛内酯	内酯样、甜的	1
1-癸醇	水果、肥皂样	1
γ-癸内酯	水果香、桃子样	1
2-十三酮	水果香、青香	1

①1,轻微;2,中等;3,重要;4,很重要。

超高温灭菌奶香精配方 1

2-庚酮	0.400
2-壬酮	0.210
苯并噻唑	0.005
γ-辛内酯	0.025
2-十一酮	0.180
δ-癸内酯	0.650
丁二酮	0.005
二甲基二硫醚	0.002
γ-十二内酯	0.025
δ-十二内酯	0.100
2-戊酮	0.290
麦芽酚	10.000

评价： 乳制品香韵，黄油香味，甜香，仿真度高，令人愉悦，透发性较弱。

超高温灭菌奶香精配方 2

二甲基二硫醚	0.02
2-庚酮	3.35
2-壬酮	1.76
δ-十二内酯	0.84
苯并噻唑	0.04
甲硫醇	0.02
γ-辛内酯	0.21
2-戊酮	2.43
2-十一酮	1.51
异硫氰酸甲酯	0.08
δ-癸内酯	5.44
丁二酮	0.04
呋喃酮	0.10
乙基麦芽酚	43.65

评价： 奶油味，甜，淡淡的乳脂香，略有杂臭味，仿真性较配方 1 稍差。

超高温灭菌奶香精配方 3

丙酸乙酯	0.10
乙酸乙酯	0.13
丁酸丁酯	0.17
乙酸丙酯	0.17

辛酸乙酯	0.20
辛酸丙酯	0.22
乙酸甲酯	0.25
2-甲基丙酸	0.27
十四酸乙酯	0.28
乙醛	0.28
异戊酸乙酯	0.36
丙酸丙酯	0.41
壬酸乙酯	0.64
2-庚酮	0.90
乳酸乙酯	1.00
癸酸	1.10
乙酸	1.30
辛酸	1.50
δ-十一内酯	1.60
γ-十一内酯	2.60
2-十一酮	3.00
γ-癸内酯	3.00
香兰素	3.20
2,3-丁二酮	4.20
丁酸	4.80
己酸	8.30
4-甲基-5-乙酰氧基噻唑	9.60
乙基麦芽酚	15.00
γ-壬内酯	17.00
十四酸	20.00
硫代丁酸甲酯	22.00
3-羟基-2-丁酮	31.00

评价： 这是根据一个牛奶香精样品的分析结果拟定的香精配方。具有典型的酸奶香气，但在牛奶中的加香效果十分明显，无酸、臭等气味。

6.2.1.3　其他奶香精

蛋奶香精配方

丁酸乙酯	0.02
香兰素	4.32
乙基香兰素	0.64

丁二酮	0.04
庚酸乙酯	0.01
丁酸丁酯	0.01
甜橙油	0.08
柠檬油	0.01
肉豆蔻油	0.32

评价： 淡淡的奶味，偏水果糖香，甜香明显，带有薄荷凉气和泡泡糖状香气，略带腥味。

椰奶香精配方 1

椰子醛	3.00
香兰素	0.50
辛醛	0.10
丁二酮	0.05
丁酸	0.10
麦芽酚	0.05

评价： 奶香，甜香，青香，微微的椰香，内酯味，仿真度较高，透发性不好。

椰奶香精配方 2

椰子醛	5.00
香兰素	2.00
辛醛	0.10
丁二酮	0.05
丁酸	0.10
麦芽酚	0.10

评价： 较配方1奶香减弱，甜香，椰香，内酯香，仿真度较高。

6.2.2　奶油香精

奶油香精常用的香料有 3-羟基丁酮、1,3-二苯基丙酮、丁酸、乙酸丁酯、丁酸丁酯、异十一酸丁酯、乙酸异丁酯、己酸、辛酸、癸酸、肉桂醛、丁酸肉桂酯、γ-癸内酯、γ-十二内酯、丁酸乙酯、甲酸乙酯、庚酸乙酯、2,3-己二酮、乳酸、1-(对甲氧基苯基)-1-戊烯-3-酮、三乙酸甘油酯、戊酸、香兰素、乙基香兰素等。

鲜奶油香精配方

乙基麦芽酚	0.50
丁二酮	0.10
椰子醛	0.20
2-庚酮	0.02

桃醛	0.30
己酸甲酯	0.01
丁酸	0.10
2-乙基吡嗪	2.00
辛酸	0.01
乙酸戊酯	0.30
乙基麦芽酚	0.50
香兰素	0.70

评价： 新鲜的奶香，甜香，坚果香，清透的油脂香，花生牛奶的味道，透发性好。

奶油香精配方1

桃醛	0.02
丁酸乙酯	0.10
丁酸	0.60
丁酸戊酯	0.08
洋茉莉醛	0.06
乙醇	9.90
香兰素	1.00
乙基香兰素	0.04
壬醛	0.20

评价： 淡淡的奶味，甜香，味较刺激。

奶油香精配方2

香兰素	27.5
乙基香兰素	2.5
藜芦醛	5.0
二氢香豆素	5.0
丁酸	3.0
丁二酮	5.0
丁酰乳酸丁酯	12.5
丁酸乙酯	10.0
丁酸丁酯	9.5

评价： 果香，轻微的酸味，新鲜的橙子味，透发性弱。

奶油香精配方3

辛醇	0.02
癸醇	0.02
γ-癸内酯	1.50

γ-十二内酯	1.50
δ-癸内酯	2.00
δ-十二内酯	4.00
δ-十四内酯	6.00
癸酸乙酯	0.02
辛醛	0.02
癸醛	0.02
丁二酮	0.50
丁酰乳酸丁酯	0.50
丁酸	1.50
辛酸	4.20
癸酸	2.20
十二酸	3.00
乙基麦芽酚	2.00
香兰素	1.80
乙基香兰素	1.00

评价： 甜香，奶香，轻微的乳脂香，带酸味，仿真度高。

奶油香精配方 4

丁酸乙酯	4
γ-十二内酯	5
癸酸	2
香兰素	3
异丁酸	5
丁酸	7
丁二酮	5

评价： 刺鼻的气味，指甲油味，化学气息重，奶香味较低。

奶油香精配方 5

丁酸	5.00
丁二酮	0.10
己酸	0.50
丁酸乙酯	0.01
2-戊醇	0.30
乳酸乙酯	0.01
2-庚醇	0.30
乙酸乙酯	0.01

叶醇	0.10
δ-十二内酯	0.70
δ-癸内酯	3.75
3-羟基-2-丁酮	0.20

评价： 奶香较配方1更浓，甜香，淡淡的乳脂味，有酸味，整体基调较低，闷，仿真度较高。

奶油香精配方6

丁二酮	4.70
香兰素	0.90
二氢香豆素	0.60
丁酸乙酯	2.50
丁酸	0.10
γ-壬内酯	0.40

评价： 刺鼻的气味，酸味，指甲油味，仿真性差。

奶油香草香精配方

香兰素	3.00
乙基香兰素	2.00
δ-癸内酯	0.20
δ-十二内酯	0.30
丁二酮	0.05
丁酸	0.10

评价： 奶香，草青气，淡淡的香草味，甜香，微有酸味，后味有太妃糖的味道，仿真度较高。

奶油硬糖香精配方1

乙基香兰素	2.5
二氢香豆素	2.5
香兰素	5.0
丁酸丁酯	4.0
丁酸乙酯	10.0
丁酸戊酯	2.5
丁酸	17.5
丁二酸	5.0
γ-壬内酯	1.0

奶油硬糖香精配方2

丁酸	1.75

丁二酮	0.50
香兰素	0.50
二氢香豆素	0.20
丁酸戊酯	0.25
丁酸丁酯	0.40
丁酸乙酯	1.00
乙基香兰素	0.25
γ-壬内酯	0.10

评价：奶香，乳脂香，略带甜香，仿真度高于配方 1。

奶油太妃香精配方 1

丁二酮	1.0
丁酸	1.0
香兰素	1.5
乙基香兰素	2.5
乙酸乙酯	1.0
丁酸乙酯	0.4
洋茉莉醛	0.5
茴香油	0.1

评价：奶香，甜香，微弱的酸味与刺激味，仿真度较高，透发性好，优于配方 2。

奶油太妃香精配方 2

丁二酮	1.0
丁酸	1.0
二氢香豆素	1.5
乙基香兰素	2.5
乙酸戊酯	1.0
丁酸乙酯	0.4
水杨酸甲酯	0.1
洋茉莉醛	0.5
茴香油	0.1
椰子醛	0.4

评价：奶味及乳脂味不足，带有乙酸的刺激气味，愉悦度较配方 1 差。

奶油糕点香精

苯甲醛	0.125
柠檬油	0.250
丁二酮	3.000

丁酸	4.000
丁酸乙酯	4.000
肉豆蔻油	0.180

评价: 头香轻, 体香是一种类似胺的气味, 尾香为奶油味, 甜香, 水果硬糖味, 略微有一点酸味, 仿真性较好。

6.2.3 白脱香精

白脱香精常用的香料有 3-羟基丁酮、1,3-二苯基丙酮、丁酸、乙酸丁酯、丁酸丁酯、异十一酸丁酯、乙酸异丁酯、己酸、辛酸、癸酸、肉桂醛、丁酸肉桂酯、γ-癸内酯、γ-十二内酯、丁酸乙酯、甲酸乙酯、庚酸乙酯、2,3-己二酮、乳酸、1-(对甲氧基苯基)-1-戊烯-3-酮、三乙酸甘油酯、戊酸、香兰素、乙基香兰素等。

白脱香精配方 1

丁酸	5.00
3-羟基-2-丁酮	0.02
己酸	0.50
丁二酮	0.01
癸酸	0.50
丁酸丁酯	0.01
乳酸乙酯	0.01
γ-丁内酯	0.20
δ-壬烯-2-酮	0.10
γ-辛内酯	0.50
δ-癸内酯	0.35
δ-十二内酯	0.70

评价: 丁酸比例大, 整体有异味, 也缺乏油腻感, 仿真度偏低。

白脱香精配方 2

丁酸	9.75
香兰素	0.15
二氢香豆素	1.80
丁酸乙酯	2.25
丁酸丁酯	0.30
丁二酮	0.75

评价: 奶香, 仿真度较高。

白脱香精配方 3

丁酸	3.5
丁二酮	1.0
二氢香豆素	0.5
香兰素	1.5
丁酸乙酯	1.6
丁酸丁酯	1.0
洋茉莉醛	0.3
丁酸戊酯	0.5
γ-十一内酯	0.1

评价： 奶香，有酸味，整体较圆润，仿真度相对较高。

白脱香精配方 4

γ-壬内酯	0.5
丁酸苯乙酯	0.5
香兰素	0.9
丁二酮	4.7
二氢香豆素	0.6
邻苯二甲酸二丁酯	85.0
丁酸	0.1
丁酸乙酯	2.5

评价： 奶香味明显，有圆润的酸味，透发性强。

白脱香精配方 5

肉桂醛	0.01
洋茉莉醛	0.01
戊酸	0.01
二氢香豆素	0.01
肉豆蔻油	0.01
香兰素	0.04
乳酸	0.04
柠檬油	0.05
丁酸乙酯	0.10
苯甲醛	0.10
丁酸	0.80
丁二酮	0.80

评价： 奶香，甜香，略带酸味，整体感觉较为柔和圆润，仿真度较高。

6.2.4 奶酪香精

奶酪香精中常用的香料有 2-庚酮、丁酰乳酸丁酯、丁酸、己酸、丁酸丁酯、乳酸、异戊酸等。

奶酪香精配方 1

2-庚酮	0.80
丁酰乳酸丁酯	0.50
苯酚	1.00
2-壬酮	18.23
1-辛烯-3-醇	1.00
2-庚醇	9.69
肉桂酸甲酯	0.70
正壬醇	5.29
丁酸	62.79

评价： 以丁酸为主体，只体现了奶酪的酸臭气味，奶味不明显，整体的仿真度偏低。

奶酪香精配方 2

2-庚酮	0.8
苯酚	1.0
2-壬酮	17.6
1-辛烯-3-醇	3.9
2-庚醇	9.3
肉桂酸甲酯	0.4
2-壬醇	5.1
丁酰乳酸丁酯	1.0

评价： 以酒香及发酵香为主，只有轻微的酸味。

奶酪香精配方 3

丁酸	400.0
δ-十二内酯	20.0
己酸	80.0
二甲基一硫醚	0.3
辛酸	80.0
丁二酮	1.5
癸酸	60.0
3-甲硫基丙醛	0.3
十四酸	60.0

评价： 复合酸作为主体， 有碳酸饮料味， 蜡味重， 具有一定的仿真度。

奶酪香精配方4

乙酸	0.90
丙酸	0.70
丁酸	0.75
异丁酸	0.40
戊酸	0.07
己酸	0.08
2-甲基丁酸	0.04
辛酸	0.30
丁醇	0.05
2-戊醇	0.01
己醇	0.02
2-庚醇	0.05
辛醇	0.04
2-辛醇	0.06
壬醇	0.03
2-庚酮	0.06

评价： 酸的复配结构与配方3很类似， 但缺乏内酯类的奶味香料、 3-甲硫基丙醛这样的发酵类香料以及二甲基一硫醚这样透发的香料， 反而多了很多醇类香料， 因而更偏酒香。

干酪香精配方

丁酸	2.0
异戊酸	2.0
丁酸乙酯	2.0
己酸	1.0
辛酸	1.0
癸酸	1.0
2-庚酮	1.0
3-羟基-2-丁酮	1.0

评价： 奶香， 干酪香， 发酵的乳脂香， 仿真度较高。

蓝纹奶酪香精配方1

丁醇	0.10
2-庚醇	0.10
3-羟基-2-丁酮	0.10
丁二酮	0.01

2-庚酮	3.00
丁酸	1.50
己酸	2.00
辛酸	0.30
癸酸	0.40
乙酸乙酯	0.01
丁酸乙酯	0.02

评价: 刺激的气味，有酸味。

蓝纹奶酪香精配方2

3-羟基-2-丁酮	0.850
1-辛烯-3-醇	2.265
2-戊酮	0.905
2-庚酮	6.340
2-壬酮	11.641
丙酮酸	2.044
丁酸	0.645
己酸	26.496
辛酸	8.900
肉桂酸	0.003
2-氧代戊二酸	4.257
壬酸	0.455
癸酸	13.361
吲哚	0.011

评价: 刺激的酸味。酮的用量大，有类似烂水果的发酵味。但因为1-辛烯-3-醇的原因，这种水果味并不透发。

蓝纹奶酪香精配方3

2-庚醇	1.0
2-壬醇	10.0
1-辛烯-3-醇	22.0
乙醛	5.0
丙醛	2.0
丁醛	2.0
戊醛	2.0
苯乙醛	2.0
2-戊酮	8.0

2-庚酮	65.0
2-壬酮	116.0
乙酸	8.0
丁酸	6.0
戊酸	3.0
异戊酸	3.0
己酸	265.0
辛酸	89.0
癸酸	133.0
肉桂酸	0.1
2-氧代戊二酸	42.0
丁酸乙酯	0.5
己酸乙酯	0.5
吲哚	0.1

评价： 在配方 3 的基础上，增加了醇、醛的香料种类，因而透发性更好。

蓝纹奶酪香精配方 4

2-庚醇	6.0
2-壬醇	3.5
2-戊酮	15.0
2-庚酮	35.0
2-壬酮	33.0
乙酸	825.0
丁酸	1500.0
己酸	900.0
辛酸	770.0
癸酸	2000.0

评价： 乳制品的香韵，淡淡的乳脂香，酵香，霉香，仿真度较高。

赛达酪香精配方 1

2-戊醇	0.50
2-庚醇	0.50
3-羟基-2-丁酮	0.10
2-庚酮	0.63
8-壬烯-2-酮	1.00
正丁酸	2.00
己酸	4.00

辛酸	0.50
癸酸	0.50
乙酸乙酯	0.02
丁酸乙酯	0.03

评价： 刺激的气味，强度大。醇、酮的用量较配方2和配方3要多，因而酒香的比例偏大。

赛达酪香精配方2

丁酸	23.258
己酸	27.986
辛酸	18.606
癸酸	23.258
γ-辛内酯	0.930
对甲苯酚	0.002

评价： 复合酸的刺激气味为主，强度大，但感觉有高碳酸的异味。

赛达酪香精配方3

2-辛酮	0.18
丁酸	22.38
异戊酸	4.48
己酸	17.91
辛酸	53.70

评价： 刺激的气味，有异味，强度大。酮的用量偏小，不足以在感官方面有所表现。

主要参考文献

［1］ Ashurst P R，et al. Food Flavorings. Second Edition, Blackie Academic & Professional, 1995.

［2］ Belitz H D. Grosch W. Food Chemistry. 2ⁿᵈ ed. New York: Springer, 1999.

［3］ Henry B Heath, M B E, B Pharm. Flavor Technology: Profiles, Products, Applications. London: AVI Publishing Company, Inc., 1978.

［4］ 何坚, 孙宝国编著. 香料化学与工艺学. 北京: 化学工业出版社, 1995.

［5］ Morton I D, Macleod A J. Food Flavours Part B. The Flavour of Beverages. New York: Elsevier, 1986.

［6］ Morton I D, Macleod A J. Food Flavours Part A. Introduction, Amsterdam: Elsevier Scientific Publishing Company, 1982.

［7］ Nursten H E. The flavor of milk and dairy products. *International Journal of Dairy Technology*. 1997, 50（2）: 48.

［8］ Ralph Early 著. 乳制品生产技术. 第2版. 张国农, 吕兵, 卢蓉蓉译. 北京: 中国轻工业出版社, 2002.

［9］ Roy Teranishi，Phillip Issenberg，Irwin Hornstein，et al. Flavor Research. New York: Marcel Dekker, Inc, 1971.

［10］ 孙宝国, 何坚编著. 香精概论. 北京: 化学工业出版社, 1996.

［11］ 王德峰编著. 食用香味料制备与应用手册. 北京：中国轻工业出版社，2000.

第 7 章
辛香型食用香精

7.1 生姜香精

7.1.1 生姜的香成分

姜为多年生草本植物，使用部位为地下根茎，有芳香及辛辣味。姜既可食用又可药用。生姜味辛，性微寒，有发汗解表、止吐、解毒的功效，可用于治疗感冒、咳嗽、胃痛、呕吐、蛔虫性肠梗阻、风疹、食欲不振、冻疮等疾病。

在食用方面，姜是常用的调味料，可用于烹调、焙烤食品、肉制品、糖果、软饮料、姜酒、姜汁啤酒等。

姜经过水蒸气蒸馏可制得姜油，姜油具有姜的特征香味，在调香中使用很方便，不足之处是缺少姜的辛辣味。

姜用挥发性溶剂萃取，然后除去溶剂得到生姜油树脂，生姜油树脂具有生姜特有的香味和辛辣味。常用的溶剂为超临界二氧化碳、乙醇、丙酮、二氯甲烷、三氯甲烷等。

已经检测出的姜的香味成分有 100 多种，主要有对伞花烃、α-姜烯、α-姜黄烯、α-蒎烯、α-水芹烯、α-松油烯、α-檀香烯、α-古芸香烯、α-倍半水芹烯、β-蒎烯、β-水芹烯、β-月桂烯、β-古芸香烯、β-榄香烯、β-姜烯、β-水芹烯、β-石竹烯、β-金合欢烯、β-红没药烯、γ-松油烯、γ-榄香烯、莰烯、依兰烯、莳烯、α-香柠檬烯、δ-杜松烯、三环萜烯、崖柏烯、桧烯、罗勒烯、2-丁醇、2-甲基-3-丁烯-2-醇、2-庚醇、2-壬醇、香茅醇、香叶醇、橙花醇、橙花叔醇、玫瑰醇、α-金合欢醇、芳樟醇、龙脑、异龙脑、α-松油醇、α-桉叶醇、β-桉叶醇、γ-松油醇、顺式香芹醇、反式香芹醇、异胡薄荷醇、榄香醇、α-红没药醇、桉叶油素、丁醛、2-甲基丁醛、戊醛、异戊醛、己醛、反-2-己烯醛、辛醛、壬醛、癸醛、十一醛、香茅醛、橙花醛、香叶醛、桃金娘烯醛、顺式柠檬醛、2-己酮、2-庚酮、6-

甲基-5-庚烯-3-酮、2-壬酮、2-十一酮、樟脑、龙脑、香芹酮、乙酸、己酸、辛酸、月桂酸、乙酸乙酯、乙酸 2-庚酯、乙酸 2-壬酯、乙酸香茅酯、乙酸香叶酯、乙酸松油酯、乙酸芳樟酯、乙酸龙脑酯、乙酸薄荷酯、异龙脑酯、姜辣素、姜酮、异丁香酚、姜烯酚、二氢姜酚、六氢姜黄素、玫瑰呋喃、环氧玫瑰呋喃等。

7.1.2　生姜香精配方

生姜香精中常用姜油、生姜油树脂做主香剂。其他常用的香料有丁香油、乙酸龙脑酯、α-姜烯、β-姜烯、八乙酸蔗糖酯、月桂酸对甲苯酯、姜酮、对异丙基苄醇、菝葜浸液、加州胡椒树油、月桂酸对甲苯酯、（4-羟基-3-甲氧基苄基)-8-甲基-6-壬烯酰胺等。

生姜香精 1

姜油	20.0
丁香油	1.0
柠檬油	0.5
乙酸乙酯	7.2
丁酸戊酯	4.0

评价： 透发性好，青香，但无典型姜味，夹杂其他辛香料的味，仿真度较低。

生姜香精 2

姜油	10.0
丁香油	3.0
柠檬油	10.0
白柠檬油	20.0
甜橙油	12.0
香兰素	1.0

评价： 青香，类似雪碧般清爽的碳酸饮料味，无明显姜味。

生姜香精 3

辣椒油树脂	20.0
姜油树脂	100.0
姜油	150.0
柠檬油	25.0

评价： 辛香，淡淡的生姜味，透发性一般，偏闷。因辣椒油树脂的存在，口感应该会显得比姜油树脂更厚重。

7.1.3 姜汁汽水香精配方

姜汁汽水（ original ginger ale ） 香精

姜油树脂	60
辣椒油树脂	6
姜油	13
甜橙油	13
白柠檬油	13
肉豆蔻油	2
芫荽油	2

评价： 树脂主要提供口感，特征香气靠姜油体现，整体香气中的清爽主要由甜橙油和白柠檬油表现。肉豆蔻油和芫荽油有一定的过渡效果。

淡姜汁汽水（ pale ginger ale ） 香精

玫瑰油	1
苯乙醇	1
姜油树脂	44
姜油	45
香柠檬油	54
甜橙油	492
柠檬油	600
白柠檬油	744

评价： "淡"的效果是由香料的比例造成的，由于甜橙油、柠檬油和白柠檬油的用量远远大于姜油及其树脂，因此香气不那么偏向木头味儿，而显得水果清新味。

7.2 大蒜香精

大蒜为多年生宿根草本植物，全株具有特异蒜臭味，是一种辛香类蔬菜，既有营养价值，又是调味、杀菌的佳品，具有调味增香、刺激食欲、利气消积、杀虫解毒等功效。香料工业中使用部位是蒜头（地下鳞茎），可提取大蒜油和大蒜油树脂，广泛用于饮料、冰淇淋、糖果、口香糖和调味品中。

大蒜的主要香味成分有乙酸乙酯、丁酸乙酯、丁醛、2-乙烯基-2-丁烯醛、庚醛、大蒜素、甲硫醇、烯丙硫醇、二甲基硫醚、甲基丙基硫醚、甲基烯丙基硫醚、二丙基硫醚、二烯丙基硫醚、二甲基二硫醚、甲基丙基二硫醚、二丙基二硫醚、甲基烯丙基二硫醚、二烯丙基二硫醚、丙基烯丙基二硫醚、1,4-二硫杂环戊烷、2,4,5-三硫杂己烷、二甲基三硫醚、甲基丙基三硫醚、甲基烯丙基三硫醚、二烯丙基三硫醚、二烯丙基四硫醚、2,4-二甲基噻吩、1,3-二噻烷、2-乙烯基-1,3-二噻烷等。

大蒜香精的主香剂是大蒜油、大蒜油树脂、二烯丙基二硫醚，其他常用的香料有二烯丙基硫醚、苄硫醇、丁硫醚、糠硫醇、甲硫醇、3-甲硫基丙酸甲酯、二糠基二硫醚、甲基糠基硫醚、异丙基糠基硫醚、硫代乙酸糠酯、甲基丙基二硫醚、二丙基二硫醚、2-甲基硫代苯酚、甲基烯丙基三硫醚、环戊硫醇、二烯丙基三硫醚、二甲基三硫醚、二丙基三硫醚、硫代乙酸乙酯、甲基丙基三硫醚、硫代丁酸甲酯、异硫氰酸 3-甲硫基丙酯、硫代丙酸烯丙酯、硫代丙酸糠酯、1-戊烯-3-酮、硫代乙酸丙酯、3-甲硫基-1-己醇、2,3-丁二硫醇、1-丁硫醇、反-2-丁烯酸乙酯、2-硫基-3-丁醇、α-甲基-β-羟基丙基 α'-甲基-β'-巯基丙基硫醚、1,3-丁二硫醇、苯硫酚、3-（糠硫基）丙酸乙酯、2-甲基-2-丁酸甲硫酯、甲基乙基硫醚等。

大蒜香精 1

大蒜油	10.0
二烯丙基硫醚	0.6
二烯丙基二硫醚	1.5
甲基烯丙基二硫醚	0.8
二丙基二硫醚	0.5
丙硫醇	0.2
2,3-丁二硫醇	0.1

评价： 辛香，葱韭气味，尖刺气息，仿真度高，透发性强。

大蒜香精 2

大蒜油	30.0
二烯丙基硫醚	15.0
二烯丙基二硫醚	30.0
甲基烯丙基二硫醚	5.0
丙硫醇	0.5

评价： 糖蒜味，无尖刺感，蒜香青豆味，仿真度高，气味良好。

7.3　洋葱香精

洋葱为两年生草本植物，为蔬菜、调味兼药用的食用香料植物。洋葱可直接食用，也可以烹调后食用，每天食用一定数量的洋葱对降低胆固醇具有显著的疗效。食品工业中常制成脱水产品，用于汤料、酱、浓缩肉汁等食品。香料工业中多使用洋葱油，主要用于调配软饮料、冰淇淋、糖果、焙烤食品、调味品、肉制品等香精。

    洋葱的主要香成分有：甲硫醇、乙硫醇、丙硫醇、烯丙硫醇、2-羟基丙硫醇、二甲基硫醚、甲基烯丙基硫醚、甲基丙烯基硫醚、二丙烯基硫醚、二烯丙基硫醚、丙基烯丙基硫醚、丙基丙烯基硫醚、二甲基二硫醚、甲基丙基二硫醚、甲基丙烯基二硫醚、甲基烯丙基二硫醚、二丙基二硫醚、丙基异丙基二硫醚、丙基丙烯基二硫醚、丙基烯丙基二硫醚、丙烯基烯丙基二硫醚、二烯丙基二硫醚、二甲基三硫醚、甲基丙基三硫醚、甲基丙烯基三硫醚、甲基烯丙基三硫醚、二丙基三硫醚、丙基异丙基三硫醚、丙基丙烯基三硫醚、丙基烯丙基三硫醚、二烯丙基三硫醚、二异丙基三硫醚、二甲基四硫醚、2,4-二甲基噻吩、2,5-二甲基噻吩、3,4-二甲基噻吩、3,4-二甲基-2,5-二氢噻吩-2-酮等。其他香成分还有α-蒎烯、β-蒎烯、β-月桂烯、柠檬烯、石竹烯、姜烯、金合欢烯、α-红没药烯、乙醇、丙醇、己醇、苯基乙醇、4-松油醇、1-羟基-2-丙酮、3-羟基-2-丁酮、2-羟基-3-戊酮、2,3-戊二酮、十一酮、辛酸乙酯、乙醛、丙醛、2-甲基-2-丁烯醛、2-甲基戊醛、2-甲基-2-戊烯醛、己醛、糠醛、5-羟甲基糠醛、安息香醛、苯乙醛、芳樟醇、乙酸、丙酸、十四酸、乙酸乙酯、乙酸乙烯酯、乙酸戊酯、苯甲酸乙酯、棕榈酸甲酯、棕榈酸乙酯、1,3-二噻烷、1,2-二硫杂环戊烷、2,3,4-三硫杂环戊烷等。

    洋葱香精的主香剂是洋葱油和二丙基二硫醚，其他常用的香料有2-甲基戊醛、2-甲基-2-戊烯醛、4-己烯醛、甲硫醇、烯丙基硫醇、2-羟基丙硫醇、2-巯基-3-丁醇、二甲基硫醚、甲基糠基硫醚、烯丙基硫醚、二丁基硫醚、二甲基二硫醚、甲基丙基二硫醚、甲基烯丙基二硫醚、丙基烯丙基二硫醚、二甲基三硫醚、二丙基三硫醚、3-甲硫基丙酸甲酯等。

洋葱香精 1

洋葱油	10.0
甲硫醇	1.0
二甲基二硫醚	1.0
二丙基二硫醚	1.5
二烯丙基二硫醚	1.2
反-2-己烯醛	1.0

评价： 辛香，有洋葱的辛辣感，菜香，透发性较好，特征香明显，尾香不足。

洋葱香精 2

二甲基二硫醚	0.2
二丙基二硫醚	2.0
二丙基硫醚	0.5
二烯丙基二硫醚	0.2
反-2-己烯醛	0.5

评价： 生青味重，辛辣，透发性较好，仿真度高。

7.4 芫荽香精

芫荽，俗称香菜，为一年生或两年生草本植物，是药食同源的一种芳香蔬菜。芫荽可以作为冷盘佐餐用，也可以烹调后食用。食品工业中可用于糖果、焙烤食品、汤料、肉制品、酒类等的加香。香料工业中一般使用芫荽油，用于软饮料、酒精饮料、冰淇淋、糖果、焙烤食品、调味品、口香糖、肉制品等香精的调配。

已经鉴定出的芫荽的香成分有 200 多种，含量比较大的是芳樟醇、乙酸芳樟酯、癸醛、反-2-癸烯醛、香叶醇等。其他香成分还有：α-蒎烯、β-蒎烯、β-石竹烯、β-水芹烯、莰烯、月桂烯、苧烯、γ-松油烯、对伞花烃、龙脑、异龙脑、癸醇、α-松油醇、香茅醇、橙花醇、薄荷醇、对甲酚、邻甲酚、间甲酚、2,4-二甲酚、甲基黑椒酚、丁香酚、百里香酚、愈创木酚、桉叶油素、戊醛、异戊醛、庚醛、辛醛、壬醛、十一醛、十二醛、十三醛、反-2-十一烯醛、反-2-十二烯醛、反-2-十三烯醛、大茴香醛、樟脑、薄荷酮、乙酸、丙酸、丁酸、异丁酸、戊酸、异戊酸、己酸、异己酸、庚酸、辛酸、7-甲基辛酸、壬酸、8-甲基壬酸、癸酸、十一酸、十二酸、苯甲酸、水杨酸、乙酸香叶酯、乙酸橙花酯、乙酸薄荷酯、水杨酸甲酯、2,3-二甲基吡嗪、2,5-二甲基吡嗪、2,6-二甲基吡嗪、2,3,5-三甲基吡嗪、四甲基吡嗪、2-乙基-6-甲基吡嗪、2-乙基-5-甲基吡嗪、2-乙基-3,5-二甲基吡嗪、2-乙基-3,6-二甲基吡嗪、2-乙酰基吡啶、三甲基噻唑、2-戊基呋喃等。

芫荽香精的主香剂是芫荽油和芳樟醇。其他常用的香料有癸醇、香叶醇、α-松油醇、香茅醇、橙花醇、薄荷醇、甲基黑椒酚、百里香酚、丁香酚、愈创木酚、龙脑、异龙脑、癸醛、桉叶油素、反-2-癸烯醛、反-2-十一烯醛、反-2-十二烯醛、反-2-十三烯醛、大茴香醛、乙酸芳樟酯等。

芫荽香精 1

月桂醛	0.3
芳樟醇	12.0
肉豆蔻油	4.0
乙酸芳樟酯	2.2
香叶醇	0.5
松油醇	0.4
壬醛	0.2
癸醛	0.2
反-2-癸烯醛	1.0

评价： 花香，皂味，菜青气，略带甜味，仿真度偏低。

芫荽香精 2

芳樟醇	78.0
α-松油烯	6.5
樟脑	5.5
α-蒎烯	3.1
4-异丙基甲苯	2.0
柠檬烯	2.0
乙酸香叶酯	2.2
乙酸芳樟酯	1.0
香叶醇	0.2
2-癸烯醛	10.0

评价： 青涩感强，有花香，盐渍橄榄味，过量的烯醛成分显现出类似臭虫的味道，仿真度偏低。

7.5　丁香香精

丁香为常绿乔木，其花蕾、果实、叶都可以提取精油。丁香油具有局部麻醉、抑菌、驱风、镇痛等功效，广泛用于医药领域。丁香油在日用香精和食用香精中都可以使用。食用香精中主要用于软饮料、冰淇淋、焙烤食品、肉制品、口香糖、调味品、牙膏、香烟等香精的调配。

丁香的主要香成分是丁香酚、β-丁香烯、乙酰丁香酚和β-石竹烯，其他香成分还有：α-蒎烯、α-松油烯、β-蒎烯、苧烯、γ-杜松烯、δ-杜松烯、对伞花烃、2-庚醇、2-壬醇、α-松油醇、β-松油醇、苄醇、金合欢醇、异丁香酚、桉叶油素、苯甲醛、2-己酮、2-庚酮、香兰素等。

丁香香精的主香剂是丁香油和丁香酚，其他常用的香料有β-丁香烯、β-石竹烯、异丁香酚、乙酰丁香酚、桉叶油素、香兰素等。

丁香香精 1

丁香油	10.0
丁香酚	6.5
β-石竹烯	1.6
香兰素	0.3

评价： 辛香，头香较弱，杂味重，有类似消毒液的味道，沉闷而不透发。

丁香香精 2

丁香油	8.0
丁香酚	8.1

乙酸异丁香酚酯	0.2
β-石竹烯	1.5
香兰素	0.25

评价： 药草香，青香，辛木香，微微的甜香，糖浆味，仿真度较高，透发性较差。

7.6　肉桂香精

肉桂是重要的辛香料，在肉制品加工中具有重要的地位，在焙烤食品、糖果、饮料、冰淇淋、调味品中应用也很广泛。肉桂还具有重要的药用价值，有温中补肾、散寒止痛等功效。

香料工业中常使用肉桂皮油和肉桂叶油，二者的主要成分有很大差异，肉桂皮油的主要成分是肉桂醛，含量为 75％左右；肉桂叶油的主要成分是丁香酚，含量为 70％左右。

肉桂皮油其他主要香成分有：α-蒎烯、β-蒎烯、莰烯、α-依兰烯、桧烯、月桂烯、α-水芹烯、α-松油烯、γ-松油烯、柠檬烯、榄香烯、石竹烯、异石竹烯、罗勒烯、苏合香烯、杜松烯、对伞花烃、己醇、香叶醇、橙花醇、芳樟醇、α-松油醇、α-杜松醇、金合欢醇、苄醇、苯乙醇、肉桂醇、2-乙烯基苯酚、丁香酚、异丁香酚、甲基丁香酚、愈创木酚、香芹酚、百里香酚、桉叶油素、黄樟油素、壬醛、香叶醛、糠醛、苯甲醛、2-甲氧基苯甲醛、4-甲氧基苯甲醛、苯乙醛、苯丙醛、肉桂醛、2-甲氧基肉桂醛、水杨醛、苯乙酮、胡椒酮、樟脑、乙酸、苯甲酸、苯丙酸、肉桂酸、甲酸苯乙酯、乙酸龙脑酯、乙酸芳樟酯、乙酸香叶酯、乙酸丁香酯、乙酸苯乙酯、乙酸苯丙酯、乙酸肉桂酯、2-甲基丁酸丁酯、异戊酸异戊酯、苯甲酸异戊酯、苯甲酸苄酯、苯甲酸苯乙酯、肉桂酸甲酯、肉桂酸乙酯、香豆素、香兰素、石竹烯氧化物等。

肉桂香精的主香剂是肉桂油和肉桂醛，其他常用的香料有丁香酚、肉桂醇、芳樟醇、香叶醇、苯乙醇、苯丙醇、松油醇、苯甲醛、乙酸肉桂酯、肉桂酸甲酯、肉桂酸乙酯、桉叶油素、丁香油、桉叶油、苯甲酸苄酯、龙脑等。

肉桂香精 1

桂皮油	12.0
丁香油	2.5
丁香酚	1.0
肉豆蔻油	3.0
芳樟醇	2.8
苯甲醛	0.6
肉桂醛	6.0

桉叶素	1.5
肉桂酸乙酯	0.2

评价： 杂味明显，仿真度不高。

肉桂香精 2

桂皮油	5.0
丁香酚	0.4
异丁香酚	0.1
芳樟醇	0.2
苯甲醛	0.1
肉桂醛	8.5
桉叶素	0.1
β-石竹烯	0.3
肉桂酸乙酯	0.1
乙酸肉桂酯	0.6

评价： 甜香，辛香，带污浊的木香香韵，仿真度高，气味较好，透发性一般。

7.7　八角茴香香精

　　八角茴香，又称为大茴香，俗称大料，是重要的辛香料，用于烹调，可减少鱼、肉的腥味，增加香味。在食品工业中，八角茴香及其精油常用于软饮料、肉制品、调味品、焙烤食品、糖果、冰淇淋、口香糖的加香。

　　八角茴香还具有开胃下气、温肾散寒、止痛、杀菌、促进血液循环等功效，可用于治疗多种疾病。

　　八角茴香的主要香成分是大茴香脑，含量 70%～96%，其他香成分还有：α-蒎烯、α-水芹烯、α-松油烯、α-金合欢烯、α-法尼烯、α-石竹烯、β-蒎烯、β-石竹烯、β-罗勒烯、β-红没药烯、β-金合欢烯、γ-松油烯、苧烯、莰烯、桧烯、月桂烯、3-蒈烯、对伞花烃、肉桂醇、芳樟醇、橙花叔醇、α-松油醇、萜品烯醇、大茴香酸、丁香酚、异丁香酚、甲基丁香酚、甲基黑椒酚、大茴香醛、4-乙基苯甲醛、5-甲基糠醛、对甲氧基苯丙酮、香芹酮、樟脑、龙脑、桉树脑、草蒿脑、龙蒿脑、乙酸、乙酸肉桂酯、乙酸二氢香芹酯、乙酸橙花酯、苯甲酸甲酯、大茴香酸甲酯等。

　　八角茴香香精的主香剂是大茴香油、大茴香脑和甲基黑椒酚。

八角茴香香精 1

八角茴香油	9.0
大茴香脑	8.0

芳樟醇	0.3
丁香酚	0.3
丁香酚甲醚	0.3
柠檬油	2.0

评价： 甜香，含辛香气的凉香，生的八角茴香味较弱，有烹饪五香粉的味道。

八角茴香香精 2

八角茴香油	2.0
大茴香脑	8.7
芳樟醇	0.2
大茴香醛	3.2
柠檬烯	4.0

评价： 辛香，凉香，甘草样香气，味带青甜香，透发性强，仿真性好。

7.8　辣椒香精

辣椒以其辛香程度分为甜椒和辣椒两类，其中甜椒是我国大多数地区都食用的蔬菜；辣椒是备受我国西南、西北人民喜爱的重要辛香调味料，也可当蔬菜直接食用。辣椒性辛、温、辣，具有促进胃液分泌、调节胃口、增加食欲、助消化、促进血液循环、提神兴奋、增强免疫力等功效。香料工业中一般使用辣椒制品，如辣椒粉、辣椒油树脂、辣椒油等。

辣椒的香味成分主要有：柠檬烯、罗勒烯、β-榄香烯、1-辛烯-3-醇、3-辛烯-2-酮、芳樟醇、异丁醛、3-甲基丁醛、2-甲基丁醛、己醛、反-2-辛烯醛、反,反-2,4-壬二烯醛、桃醛、癸酸、乳酸、油酸、2-甲基丙酸己酯、丁酸己酯、2-甲基丁酸戊酯、3-甲基丁酸戊酯、2-甲基丁酸己酯、3-甲基丁酸己酯、顺-2-甲基丁酸叶醇酯、顺-3-甲基丁酸叶醇酯、2-甲基丁酸庚酯、己酸-3-甲基丁酯、戊酸己酯、戊酸庚酯、己酸己酯、己酸顺式-3-己烯酯、水杨酸甲酯、2-甲基丁酸-3-甲基丁酯、3-甲基丁酸-3-甲基丁酯、庚酸丁酯、辛酸己酯、壬酸己酯、癸酸己酯、棕榈酸己酯、亚油酸甲酯、油酸甲酯、茴香脑、2-戊基呋喃、2,3,5,6-四甲基吡嗪、2-甲基-3-异丁基吡嗪等。

辣椒的辣味成分主要有：辣椒素、降二氢辣椒素、高二氢辣椒素、高辣椒素、壬酸香兰基酰胺、癸酸香兰基酰胺等。

辣椒香精配方

红辣椒油树脂	1.0
谷氨酸单钠盐	5.0
红辣椒粉	30.0

葡萄糖	5.0
蔗糖	6.5
甜面包干	20.0
盐	20.0
水解植物蛋白	2.5
酵母提取物	2.5
胡椒粉	1.5
洋葱粉	5.0
抗结剂	1.0

7.9　花椒香精

花椒为芸香科落叶灌木或小乔木。花椒辛温麻辣，产于我国北部和西南部，立秋前后采收果实。花椒以皮色大红或淡红、黑色、黄白、睁眼、麻味足，身干无硬梗、无腐败者为佳。花椒有大小红袍之分。

花椒精油的主要成分为花椒油素、柠檬烯、枯茗醇、花椒烯、水芹烯、香叶醇、香茅醇、植物甾醇和不饱和有机酸等。此外，花椒的香成分还有：α-侧柏烯、α-蒎烯、α-异松油烯、桧烯、莰烯、β-蒎烯、β-石竹烯、β-罗勒烯、β-榄香烯、γ-萜品烯、γ-榄香烯、δ-荜澄茄烯、月桂烯、3-蒈烯、苯乙醇、芳樟醇、环氧芳樟醇、反式橙花叔醇、胡椒酮、百里香酚、香茅醛、甲酸、乙酸、十三酸、苯甲酸、乙酸苯乙酯、乙酸芳樟酯、乙酸橙花酯、乙酸香叶酯、乙酸冰片酯、乙酸异冰片酯、异丁酸芳樟酯、油酸乙酯、亚油酸乙酯、反式茴香脑等。

采用水蒸气蒸馏仪提取藤椒挥发油，藤椒挥发油中鉴别出的主要化学成分有27种，其中含量在1%以上的有芳樟醇（52.17%）、柠檬烯（18.87%）、桧烯（11.88%）、月桂烯（3.88%）、大根香叶烯（1.26%）和β-石竹烯（1.17%）。

在花椒香气中各物质的贡献由大到小排列为：芳樟醇、桧烯、β-月桂烯、α-蒎烯、苧烯、α-侧柏酮、α-侧柏烯、4-松油醇、β-蒎烯、香叶醇、α-异松油烯、α-松油醇、橙花叔醇、乙酸芳樟酯、榄香醇、β-侧柏酮。

花椒的麻味成分，主要是一些酰胺类物质。因为这些物质难溶于水，所以采用水蒸气蒸馏法提取挥发油后的花椒残渣，其麻味仍然很强烈。

花椒香精配方

花椒油	100.0
芳樟醇	5.0
香叶醇	0.4
α-蒎烯	1.0

柠檬烯	2.0
水芹烯	0.4
石竹烯	0.1
α-松油醇	1.0

评价： 有清新的柠檬味，辛香味不足，无麻感，花椒的强度低，透发性一般。

7.10　复合辛香料香精

复合辛香料香精是根据特定加香食品的要求调配出的具有复合辛香味的调味香精，其特点是香味齐全、使用方便。复合辛香料香精的主要原料是各种辛香料的精油和油树脂。

红烧牛肉调味香精

八角茴香油	12.0
花椒油	6.5
桂皮油	2.0
生姜油树脂	8.0
大蒜油树脂	5.0
大葱油	4.0
食用油	50.0

猪肉香肠调味香精

辣椒油树脂	0.5
大蒜油树脂	0.3
芫荽油	1.2
肉豆蔻油	1.2
胡椒油树脂	3.7
百里香油	0.3
生姜油	0.6
芹菜籽油	0.3
食用油	20.0

香肠调味香精

丁子香油	325.0
肉豆蔻油	150.5
辣椒油	312.0
芫荽油	17.5
黑胡椒油	195.0

蒜肠调味香精

大蒜油树脂	2.5
大蒜油	1.5
辣椒油树脂	2.0
芫荽油	1.8
肉豆蔻油	1.2
小豆蔻油	0.3
胡椒油树脂	3.1
生姜油	0.6
食用油	30.0

肝肠调味香精

芹菜籽油	0.6
肉桂油	0.4
大蒜油	0.5
芫荽油	1.2
肉豆蔻油	0.8
小豆蔻油	1.1
胡椒油树脂	3.8
洋葱油	2.2
烟熏液	0.3
生姜油	0.3
食用油	20.0

鱼香调味香精

桂皮油	4.0
丁子香油	8.0
辣椒油	3.0
多香果油	14.0
生姜油	1.0
吐温80	49.0
丙二醇	21.0

番茄酱调味香精

丁子香油	527.0
肉豆蔻油	79.0
肉豆蔻衣油	79.0
芹菜籽油	60.0

桂皮油	99.0
罗香果油	99.0
芥菜油	5.0

主要参考文献

[1] Roy Teranishi, Robert A Flath. Flavor Research Recent Advances. New York: Marcel Dekker, Inc, 1981.

[2] Morton I D, Macleod A J. Food Flavours Part A. Introduction, Amsterdam: Elsevier Scientific Publishing Company, 1982.

[3] 张承曾主编. 天然香料手册. 北京：轻工业出版社，1989.

[4] 林进能等编著. 天然食用香料生产与应用. 北京：中国轻工业出版社，1991.

[5] 李和，李佩文，于振华编译. 食品香料化学. 北京：中国轻工业出版社，1992.

[6] Ashurst P R，et al. Food Flavorings. Second Edition, Blackie Academic & Professional, 1995.

[7] 何坚，孙宝国编著. 香料化学与工艺学. 北京：化学工业出版社，1995.

[8] 孙宝国，何坚编著. 香精概论. 北京：化学工业出版社，1996.

[9] 王德峰编著. 食用香味料制备与应用手册. 北京：中国轻工业出版社，2000.

[10] Smith R L, Doull J, Feron V J, et al. GRAS flavoring substances 20. *Food technology*. 2001, 55 （12）: 34-55.

[11] 王德峰. 王小平编著. 日用香精调配手册. 北京：中国轻工业出版社，2002.

[12] 赵志峰，龚绪，覃哲，雷绍荣，闫志农. 藤椒挥发油的成分分析. 中国调味品. 2008, （1）: 84-87.

[13] 崔俭杰，李琼. 生姜不同提取物挥发性成分的对比分析. 中国食品添加剂 2010,（2）: 55-61.

[14] 施玉格，王强，熊梅等. 微博辅助顶空固相微萃取法分析新疆洋葱籽挥发性成分. 中国调味品，2010,（5）: 102-105.

[15] 谭宇涛，陆宁. 真空冷冻干燥和热风干燥对洋葱挥发性成分的影响. 包装与食品机械，2010, 28（4）: 20-25.

[16] 曹雁平，张东. 固相微萃取-气相色谱质谱联用分析花椒挥发性成分. 食品科学，2011, 32 （8）: 190-193.

[17] 熊学斌，夏延斌，张晓等. 不同品种辣椒粉挥发性成分的 GC-MS 分析. 食品工业科技，2012, 33（16）: 161-164.

[18] 单长松，王超，孟令儒等. 泰安大蒜与金乡大蒜挥发性风味物质成分分析. 食品与发酵工业，2012, 38（11）: 147-151.

[19] 孙雪军，徐怀德，米林峰. 鲜洋葱和干洋葱挥发性化学成分比较. 食品科学，2012, 33（22）: 290-293.

[20] 熊梅，张正方，唐军等. HS-SPME-GC-MS 法分析肉桂子挥发性化学成分. 中国调味品，2013, （1）: 88-91.

[21] 高京草，孟焕文，刘航空等. 大蒜挥发性成分静态顶空取样 GC-MS 分析条件的筛选. 中国调

味品, 2013,（7）: 101-105.

［22］ 黎强, 卢金清, 郭胜男等. SPME 和 SD 提取八角茴香挥发性风味成分的 GC-MS 比较. 中国调味品, 2014, 39（7）: 107-109.

［23］ 吴晶晶, 李小兰, 陈志燕等. 全二维气相色谱飞行时间质谱分析八角茴香油挥发性成分. 安徽农业科学, 2014, 42（1）: 216-218.

［24］ 杨峥, 公敬欣, 张玲等. 汉源红花椒和金阳青花椒香气活性成分研究. 中国食品学报, 2014, 14（5）: 226-230.

［25］ 白露露, 胡文忠, 姜波等. 静态顶空-气相色谱-质谱联用技术测定辣椒食品中挥发性物质成分. 食品工业科技, 2014, 35（18）: 49-53, 58.

［26］ 王波, 龚伟, 陈国宝等. 肉桂挥发性成分的气相色谱/质谱分析世界中西医结合杂志, 2014, 9（9）: 941-943.

第 8 章
凉香型食用香精

8.1 凉味剂

8.1.1 凉味剂的用途

　　天然的凉味剂如薄荷醇、薄荷酮、乙酸甲酯和薄荷油用于产生清凉、新鲜等感觉，同时提供薄荷香味，广泛应用于沐浴露、香波等日用产品中。由于这些凉味剂对眼睛、鼻子的刺激作用以及需要使用较大的剂量，因此限制了其在食用香精中的使用，在食品方面的应用主要限于口香糖和薄荷糖，只有在这类产品中由凉味剂附带的"非凉感效应"通常是可以接受的。

　　为了将凉味剂应用到其他产品领域，生产除薄荷味以外其他风味的口香糖和其他类型产品，新型凉味剂的开发迫在眉睫，成为一项极具挑战性的任务。从20 世纪 70 年代以来，各种具有凉感的合成品被开发出来，广泛用于食用香料工业。继 Wilkinson Sword 公司的 Watson 和其同事在合成凉味剂的领域做出的开创性工作后，该领域的研究吸引了越来越多的关注。与薄荷醇相比，这些凉味剂凉感强，而且没有薄荷醇在高剂量使用时的灼烧感。此外，由于这些凉味剂几乎无苦味和薄荷香味，因此可以用于非薄荷香味的食用香精的配方中。这些凉味剂与薄荷醇一起使用还具有增效作用，产生非常与众不同的感觉。

　　皮肤的凉感受体在表皮的基层，在皮肤表面下 $0.1\sim0.2$mm 位置，直径大约 1mm。当温度降到约 32℃ 时，凉感受体开始发出信号，温度越低信号越强。温度低于 13℃ 后，会有疼痛的感觉，但是痛感是通过不同的受体感受的。口腔可能由于比较容易渗透，比外层皮肤对凉感更加敏感。薄荷醇产生的凉感被认为是由 Ca^{2+} 的电导率降低导致的。

　　环境温度和分子的协同作用对凉感产生明显的影响。例如，低温可以加强薄荷醇的凉感，而高温则相反。另外，凉感还与个体的敏感程度有关，以薄荷醇为例，口腔阈值的变化为 $0.02\sim10\ \mu g$，大多数人属于比较敏感的群体。

凉味剂通常可溶于食用精油和基质中，通常在用于终端产品前混合均匀。凉味剂的使用量取决于应用的产品，通常变化很大。在食用香精中，口香糖和牙膏用量最高，其次是糖果和润喉片，其他软饮料和含水量高的产品用量较低。此外，这些凉味剂在极性体系中效果最好，如在饮料中使用比口香糖效果好。因此在一些凉味剂应用困难的产品中，通常将凉味剂做成糖衣，以克服基质的亲脂性。

8.1.2　凉味剂的分子结构特点

凉味剂分子中通常具有能形成氢键的基团、紧凑的碳链骨架和适当的亲水亲油平衡值，相对分子质量通常在 $150\sim350$ 之间。化学凉味剂的共性是不容易产生凉感疲劳，只要和口腔或皮肤的受体接触就会一直产生凉感。由于某种原因，酰胺类的凉味剂通常比不含氮的产生凉感更快，但薄荷醇除外。

凉味剂分子结构与活性的关系到目前为止还不是很清楚。正如前面所提到的，凉味剂分子通常有一些共同的特性。这些特征可用于指导凉味剂分子的设计，但是这些特性并不能覆盖所有具有凉感活性的化合物。由于亲脂性和形成氢键是产生凉感的基本要素，大多数合成的凉味剂分子中都具有这样的官能团。凉味剂根据分子结构可以分为 3 大类：薄荷醇及其衍生物、酰胺类和其他类。

8.1.3　薄荷醇及其衍生物

直接由薄荷醇衍生出的凉味剂，由 l-薄荷醇产生的衍生物的凉感要明显比 d-薄荷醇的衍生物强。薄荷醇在欧洲允许使用的食用香料组分 EFFA 列表中，FEMA 号为 2665。薄荷醇天然存在于薄荷中，水蒸气蒸馏得到的亚洲薄荷油中通常含有 75% 的 l-薄荷醇，而一般薄荷油中只有 50% 左右。亚洲薄荷是天然薄荷中最经济可靠的资源（也可以通过其他品种薄荷得到），天然薄荷醇的价格经常波动，而合成的则相对稳定，但总体来说天然的更便宜。

薄荷醇是使用范围最广的传统凉味剂。由于薄荷醇在低于 1% 的用量就可以在皮肤上产生凉感，因此在日用香精中应用尤为普遍。薄荷醇的使用效果与浓度有关，在低浓度时能提供凉感，而在高于 $2\%\sim5\%$ 的较高浓度时，则会有局部麻醉和刺激作用。与食用香精的应用不同，薄荷醇在嗅觉和味道方面的缺点在日用香精中往往不易察觉，因此，在日用方面薄荷醇是一个非常有价值的凉味剂，但是薄荷醇在高浓度使用时的刺激作用，尤其是对眼睛的刺激仍然非常明显。

薄荷醇在口腔中的凉感阈值大约为 $0.3\ \mu g$，l-薄荷醇的凉感活性比 d-薄荷醇强 45 倍。由于薄荷醇相对易挥发、强的刺激作用以及固有的气味，限制了其作为凉味剂在食品中的应用。但是在薄荷香味可以被接受的产品如口香糖、呼吸清新剂和口腔清洗用品中，薄荷醇仍然具有很高的使用价值。在这些应用中，薄荷醇通常与其他无味且凉感更持久的凉味剂一起使用，如戊二酸单薄荷醇酯，产生更尖锐的凉感。

l-薄荷醇 　　　　　　　　　　（—）-异胡薄荷醇

（1）薄荷醇的异构体和相关结构的凉味剂　　d-（＋）-新薄荷醇，为 l-薄荷醇在羟基位置的差向异构体，在欧洲允许使用的食用香料组分 EFFA 列表中，FEMA 号为 2666。

（±）-薄荷酮，在欧洲允许使用的食用香料组分 EFFA 列表中，FEMA 号为 2667。

（—）-异胡薄荷醇（Coolant P），在欧洲允许使用的食用香料组分 EFFA 列表中，FEMA 号为 2962。异胡薄荷醇通常能产生凉感，具有薄荷香和草香，有一点苦味。但是 Takasago 公司发现纯度高的（—）-异胡薄荷醇（>99.7％）是无味的，用于柠檬香精中能提供清新、凉爽的感觉。（—）-异胡薄荷醇在 Takasago 公司商品名为"Coolant P"。

（2）薄荷醇衍生物　　乙酸薄荷酯，在欧洲允许使用的食用香料组分 EFFA 列表中，FEMA 号为 2668。该化合物偶尔用作凉味剂。文献报道的使用情况包括用于呼吸清新剂、牙膏，或与其他化合物如琥珀酸单薄荷酯一起使用。

乳酸薄荷酯（Frescolat ML），在欧洲允许使用的食用香料组分 EFFA 列表中，FEMA 号为 3748。该化合物尽管具有弱的薄荷香味和土味，但还是被 FEMA 组织列为食用香料。其可以在口腔中提供持久的凉感，在 Haarmann & Reimer 公司商品名为 Frescolat ML。

碳酸薄荷乙二醇酯（Frescolat MGC）和碳酸薄荷丙二醇酯（Frescolat type MPC），这两个化合物都在欧洲允许使用的食用香料组分 EFFA 列表中，FEMA 号分别为 3805 和 3806。在欧洲允许使用的食用香料组分 EFFA 列表中，乙二醇衍生物的 CAS 号为 156679-39-9，绝对构型为 l-型的 CAS 号为 156324-78-6。而丙二醇衍生物在 GRAS 中是 1-和 2-位丙二醇碳酸酯的混合物。这些化合物出现在专利报道中，据称在皮肤和口腔黏膜能产生凉感，但是无气味。

薄荷酮缩 1,2-丙三醇（Frescolat MGA），该化合物在欧洲允许使用的食用香料组分 EFFA 列表中，FEMA 号分别为 3807 和 3808。在 Haarmann & Reimer（即现在的 Symrise）公司薄荷酮缩 1,2-丙三醇的商品名为 Frescolat

MGA。大量文献报道了其在食用香精配方中的应用，大多数情况下要与其他凉味剂复配使用。

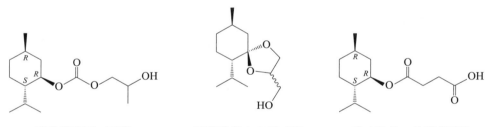

乳酸薄荷酯　　　　　　　　　　　　　碳酸薄荷乙二醇酯

琥珀酸单 *l*-薄荷醇酯，在欧洲允许使用的食用香料组分 EFFA 列表中，FEMA 号为 3810。尽管琥珀酸单 *l*-薄荷醇酯作为一个已知的化合物有 100 年以上的历史，但仍是目前市售的较好的合成凉味剂之一。英美烟草联合公司在 1962 年首次报道其合成以及在烟草中的应用，在 1965 年又报道了其作为香料成分用于薄荷香烟中释放出薄荷醇。该化合物的合成通常比较简单，由薄荷醇与琥珀酸酐在高压或碱性催化的溶液中反应即可获得。该化合物无味，能产生很好的凉感，而且比较持久，价格相对便宜。

碳酸薄荷丙二醇酯　　　　薄荷酮缩 1,2-丙三醇　　　琥珀酸单 *l*-单薄荷醇酯

戊二酸单 *l*-（—）-薄荷醇酯（Cooler 2），IFF 公司将该化合物（FEMA 4006）作为琥珀酸单薄荷醇酯的类似物出售，商品名为 Cooler 2。其感官特性与琥珀酸酯类似，在相同浓度（25mg/L，水中）下凉感的产生慢约 40s，但非常持久，可能是目前市场上凉感最持久的口腔用的凉味剂。尽管该化合物是一个很早就已知的化合物，但最近才开始用于食用香精，在同一类型的凉味剂分子中，戊二酸单 *l*-（—）-薄荷醇酯还有一个很独特的属性，由于该化合物是天然等同的，在欧洲传统市场上具有显著的市场优势。其他天然等同的凉味剂还包括薄荷醇、乙酸薄荷醇酯和薄荷酮，但这些凉味剂凉感持续的时间相对较短，而且通常还具有一些不需要的味道。该化合物的最早合成是在 1928 年，由双薄荷醇酯的醇解获得，和琥珀酸酯类似，其也很容易通过相应的酸酐来制备。

3-（*l*-薄荷基）丙基-1,2-二醇（TK-10，Cooling agent 10），该化合物在欧洲允许使用的食用香料组分 EFFA 列表中，FEMA 号为 3784，在 Takasago 公司商

品名为 TK-10。和其他薄荷醇衍生的凉味剂一样，l-型的薄荷醇衍生的 3-(l-薄荷基）丙基-1,2-二醇具有最好的凉感。有专利报道表明 1-乙酰基-2-取代-3-l-薄荷基丙烷的衍生物、l-薄荷基-2S 的异构体以及 1-乙酰基-2-取代（Hor Ac）衍生物可能具有更高的凉味效应，但这些目前都还没有实现商品化生产。TK-10 是一个凉感很强的凉味剂，在口腔中的阈值约为 1mg/L。据报道，尽管大多数人认为该化合物是无味的，但仍然有一些人能察觉其具有一些薄荷醇的嗅觉特性，有一些刺激作用和苦味。在高于 50mg/L 的浓度时凉感持久，但能明显感觉到类似薄荷醇的味道。有许多关于其在食用和日用香精中应用的文献报道，由于该化合物的凉感强，相对味道较重，因此更多地用于日用香精中。

3-(l-薄荷基）丙基-1,2-二醇有两个衍生物具有 FEMA 号，一个是 3-(l-薄荷基)-2-甲基丙基-1,2-二醇，FEMA 号为 3849，但是市场很小；另一个是香兰素缩 3-(l-薄荷基）丙基-1,2-二醇，FEMA 号为 3904，有专利报道其可用于食用香精配方中。

戊二酸单 l-(—)-薄荷醇酯　　　　　　　3-(l-薄荷基）丙基-1,2-二醇

8.1.4　酰胺类

前面提到过酰胺类凉味剂能很快产生凉感，有一些凉感也非常持久。下面介绍的是目前市场上最好的酰胺类凉味剂，在这些酰胺类的凉味剂中，市场上最常见的为 N-乙基-p-薄荷基-3-酰胺（WS-3）和 2-异丙基-N,2,3-三甲基丁酰胺（WS-23）（WS-3 和 WS-23 是 Warner-Lambert 公司注册的商标）。

N-乙基-p-薄荷基-3-酰胺（WS-3），该化合物在欧洲允许使用的食用香料组分 EFFA 列表中，FEMA 号为 3455。WS-3 可能是最主要的食用凉味剂，凉感阈值约 0.2mg/L。该化合物基本无气味，只有很弱的薄荷香，与薄荷醇相比，能很快产生凉感，而且更持久。该化合物是 Wilkinson Sword 在凉味剂领域开创性研究工作中最早发现的凉味剂之一，随后许多专利报道其在各领域的应用，Warner-Lambert 公司最近报道其在食用香精配方中的应用。Givaudan 和 Millennium Chemicals 公司现在销售该化合物，尽管并没标明立体结构，但 l-型的立体构型应该是凉感最强的。其合成路线通常是先将薄荷醇转化为薄荷基氯，然后制备相应的格氏试剂，与干冰反应，得到的酸转化为酰氯，然后转化成 N-乙基酰胺。

2-异丙基-N,2,3-三甲基丁酰胺（Cooler 3，WS-23），该化合物在欧洲允许使用的食用香料组分 EFFA 列表中，FEMA 号为 3804。2-异丙基-N,2,3-三甲基丁酰胺这个名称有点令人混淆，更为明确的命名为 N-甲基-2-异丙基-2,3-二甲基丙酰胺。该化合物在一些公司的商品名为 WS-23，IFF 公司的商品名为 Cooler 3。和 WS-3 一样，该化合物也是 Wilkinson Sword 公司开发的凉味剂之一。目前该凉味剂主要用于食用香精，如口香糖、医药和呼吸清新剂等产品中。该化合物能产生很纯粹的清凉感，无苦味、无灼烧感以及无刺激感。最近该凉味剂的价格有所下降，约为 $70/kg。

WS-23 的合成有许多不同的途径，但其关键在于二异丙基丙基腈的合成。丙基腈首先通过与异丙基溴发生烷基化反应，得到二异丙基丙基腈，然后水解得到羧酸，再转化为甲基取代的酰胺。

2-吡咯烷酮-5-羧酸薄荷醇酯（Questice），这是由 Quest International 公司销售的商品名为 Questice 的一种凉味剂。脯氨酸 l-型和 d-型两种构型的衍生物都有注册，但是实际销售的是脯氨酸 l-型和 d-型两种构型的混合物，两者为差向异构体的关系。到目前为止该产品只限于日用，但是既然该化合物是薄荷醇的酰胺类衍生物，皮肤和口腔黏膜对其都比较敏感，很有可能会用于食用香精中。

N-乙基-p-薄荷基-3-酰胺　　　2-异丙基-N,2,3-三甲基丁酰胺　　　2-吡咯烷酮-5-羧酸薄荷醇酯

8.1.5　其他凉味剂

除了以上所提到的凉味剂外，还存在其他一些凉味剂。

AG-3-5（Icilin），是四氢嘧啶-2-酮类的衍生物，据报道能产生凉感。早在 1972 年就有报道将其低剂量（<1mg/kg）注射到哺乳动物如老鼠的腹膜内，动物会有冷得发抖的现象。当人体意外地接触了该化合物后，产生了持续约 15min 的凉感。将 5～10mg 的该化合物溶在橙汁中服下后，在口腔、咽喉及胸腔及以下的部位都产生凉感。也有在面颊、胳膊和腿部内表层产生凉感的报道。该化合物经检测毒性很低，LD_{50} 约为 1500mg/kg，但是怀疑具有诱变作用。到目前为止还没用该化合物应用的报道。但是该化合物凉感很强，有很大的潜在应用价值。

3-甲基-2-(1-吡咯烷基)-2-环戊烯-1-酮（3-MPC）、5-甲基-2-(1-吡咯烷基)-2-

环戊烯-1-酮（5-MPC）和 2,5-二甲基-4-(1-吡咯烷基)-3(2*H*)-呋喃酮（DMPF），这三个化合物都天然存在于麦芽中，是由 Hofmann 及同事报道的，在口腔和皮肤表面能产生凉感。这些化合物最早是在葡萄糖和 *l*-脯氨酸的 Maillard 反应中发现的，随后通过分离和化学合成确认了其结构，经感官分析评价它们都能产生清凉感。

AG-3-5

3-甲基-2-(1-吡咯烷基)-
2-环戊烯-1-酮

　　这些化合物的阈值都比薄荷醇高 5～100 倍，但是在高于阈值 50 倍品尝时，凉感瞬间就能产生，比薄荷醇强得多，而且持续时间明显要长。尽管这三个化合物都有气味，但其阈值比薄荷醇高，因此凉感阈值/香气阈值的比例更低一些，因此在不需要薄荷香味的产品中，这类化合物是比薄荷醇更好的凉味剂选择。目前还不清楚这类化合物是否可以实现工业化生产，但是它们可能成为工业上非常好的天然的凉味剂。

　　4-甲基-3-(吡咯烷基)-2(5*H*)-呋喃酮（4MPF），也是天然存在于麦芽中，活性更高，据报道其在口腔中的凉感比薄荷醇强 35 倍，而在皮肤上强约 500 倍，而凉感持续的时间是薄荷醇的 2 倍。

5-甲基-2-(1-吡咯烷基)-
2-环戊烯-1-酮

2,5-二甲基-4-(1-吡咯
烷基)-3(2*H*)-呋喃酮

4-甲基-3-(吡咯烷基)-
2(5*H*)-呋喃酮

　　甘露糖醇和山梨糖醇，这两个化合物在唾液中都有吸热现象，因此会产生凉感，作为非营养的甜味剂和抗结块剂广泛用于口香糖和软糖等的食用香精中。

　　水杨酸甲酯，FEMA 号为 2745，具有典型的冬青的气息，在有些食用香精中能提供甜的凉感。

8.2 薄荷香精

通常所说的薄荷指的是亚洲薄荷，原产我国，主要产地为江苏、安徽、浙江、河南、台湾等省，印度、日本、越南、巴西、泰国、澳大利亚等国也有栽培。我国民间一直有把鲜薄荷作为蔬菜食用的习惯，主要用于调味，云南通海有一道地方名菜"太极鳝鱼"，把活鳝鱼和辣椒等一起炒炸，然后倒在鲜薄荷叶上食用，其风味十分独特。

薄荷及其产品具有独特的香味、辛辣味和凉感，其用作香料的产品有薄荷油、薄荷素油、薄荷脑等，主要用于牙膏、口腔卫生用品、食品、烟草、酒、饮料、化妆品、洗涤用品等香精中。薄荷产品在医药上用途也很广泛，具有驱风、防腐、消炎、镇痛、止痒、健胃等功效。

薄荷的主要香成分是薄荷脑，其含量随产地和收割时间不同而有较大差异，在薄荷油中的含量一般为 $45\%\sim80\%$，其次为薄荷酮（约 10%）和乙酸薄荷酯。其他香成分有：α-蒎烯、β-蒎烯、莰烯、桧烯、月桂烯、α-松油烯、α-松油醇、β-松油醇、γ-松油烯、β-石竹烯、α-小茴香烯、α-水芹烯、β-水芹烯、γ-杜松烯、β-愈创木烯、柠檬烯、罗勒烯、对伞花烃、1-戊醇、3-戊醇、异戊醇、叶醇、1-庚醇、正辛醇、3-辛醇、壬醇、3-壬醇、癸醇、香叶醇、α-松油醇、薄荷醇、异胡薄荷醇、新薄荷醇、芳樟醇、橙花叔醇、桉叶油素、香茅醛、β-侧柏酮、香芹酮、香叶基丙酮、3-甲基-2-环戊烯-1-酮、3-甲基环己酮、胡薄荷酮、异薄荷酮、β-紫罗兰酮、乙酸叶醇酯、乙酸辛酯、乙酸3-辛酯、乙酸薄荷酯、乙酸异薄荷酯、乙酸新薄荷酯、乙酸薰衣草酯、乙酸松油酯、乙酸二氢香芹酯、丙酸乙酯、异戊酸异戊酯、戊酸叶醇酯、异戊酸叶醇酯、苯甲酸甲酯、石竹烯氧化物等。

薄荷香精的主香剂是薄荷油和薄荷脑，其他常用的香料有薄荷酮、β-蒎烯、4-甲基联苯、3-辛醇、水杨酸甲酯、大茴香脑、桉叶油、冬青油、大茴香油、百里香油、百里香酚、柠檬油、桂皮油等。

薄荷口香糖香精 1

薄荷油	82.0
桉叶油	6.0
冬青油	2.2
薄荷脑	5.5

薄荷口香糖香精 2

薄荷脑	12.5
薄荷油	55.0
留兰香油	30.0

桉树油 1.3

薄荷漱口水香精 1

薄荷油 12.5

茴香油 4.5

紫罗兰油 2.0

桂皮油 1.0

玫瑰油 0.1

香兰素 0.1

薄荷漱口水香精 2

薄荷油 12.0

茴香油 3.0

桂皮油 1.0

紫罗兰油 2.0

薄荷脑 5.0

薄荷牙膏香精 1

薄荷油 68.0

茴香油 5.0

柠檬油 3.0

柑橘油 2.0

桂皮油 1.0

水杨酸甲酯 20.0

香兰素 0.5

二氢香豆素 0.5

薄荷牙膏香精 2

薄荷油 35.0

薄荷脑 20.0

茴香脑 3.0

留兰香油 20.0

丁香油 7.0

肉桂醛 2.0

丁香酚 5.0

香兰素 8.0

8.3 留兰香香精

留兰香又称荷兰薄荷、绿薄荷，原产欧洲，中国、美国、印度、英国、荷兰、澳大利亚、日本、俄罗斯、意大利、巴西、法国等都有种植。留兰香的嫩叶可作调味料食用，地上部分主要用于提取留兰香油。留兰香在医药上用途也很广泛，具有刺激、驱风、镇痛、矫臭等功效。在香料工业中，留兰香油主要用于调配牙膏、口香糖、软饮料、糖果、食品、洗涤用品香精。

留兰香油的主要成分为 l-香芹酮，一般为 $45\%\sim65\%$，其他主要成分有 α-松油烯、β-松油烯、α-蒎烯、β-蒎烯、β-小茴香烯、β-石竹烯、桧烯、莰烯、月桂烯、罗勒烯、水芹烯、柠檬烯、对伞花烃、乙醇、异丁醇、2-甲基丁醇、戊醇、异戊醇、1-戊烯-3-醇、己醇、反-3-己烯醇、叶醇、反-3-己烯醇、2-庚醇、辛醇、3-辛醇、1-辛烯-3-醇、3-壬醇、癸醇、3-癸醇、苄醇、苯乙醇、薄荷脑、新薄荷醇、龙脑、葛缕醇、二氢葛缕醇、金合欢醇、芳樟醇、橙花叔醇、α-松油醇、δ-松油醇、柏木醇、丁香酚、百里香酚、香芹酚、桉叶油素、乙醛、丙醛、丁醛、异丁醛、2-甲基丁醛、戊醛、异戊醛、己醛、反-2-己烯醛、5-甲基-2-己烯醛、庚醛、反-2-庚烯醛、顺-4-庚烯醛、辛醛、壬醛、糠醛、苯乙醛、丁二酮、3-庚酮、3-辛酮、苯乙酮、薄荷酮、异薄荷酮、胡薄荷酮、异胡薄荷酮、胡椒酮、顺茉莉酮、柏木酮、葛缕酮、二氢葛缕酮、β-紫罗兰酮、甲酸辛酯、甲酸香芹酯、乙酸反-2-己烯酯、乙酸叶醇酯、乙酸 3-辛酯、乙酸 1-辛烯-3-醇酯、乙酸薄荷酯、乙酸异胡薄荷酯、乙酸葛缕酯、乙酸二氢葛缕酯、丁酸苯乙酯、异丁酸乙酯、异丁酸叶醇酯、异丁酸苄酯、2-甲基丁酸甲酯、2-甲基丁酸乙酯、2-甲基丁酸丙酯、2-甲基丁酸异丁酯、2-甲基丁酸异戊酯、2-甲基丁酸己酯、2-甲基丁酸庚酯、2-甲基丁酸叶醇酯、2-甲基丁酸辛酯、2-甲基丁酸苄酯、2-甲基丁酸苯乙酯、戊酸乙酯、异戊酸异戊酯、异戊酸己酯、异戊酸庚酯、异戊酸叶醇酯、异戊酸苯乙酯、苯乙酸己酯、苯乙酸叶醇酯、水杨酸甲酯、棕榈酸乙酯、2,5-二甲基四氢呋喃、2-乙基呋喃、2-戊基呋喃、薄荷呋喃、香兰素等。

留兰香油的主要用途在口香糖和口腔卫生产品中赋予留兰香味，通常与薄荷及其他风味混合使用。留兰香香精的主香剂是留兰香油和 l-香芹酮，其他常用的香料有薄荷油、冬青油、丁香油、柠檬油、薄荷脑、大茴香脑、百里香酚、丁香酚等。

留兰香牙膏香精 1

留兰香油	50.0
薄荷素油	15.0
冬青油	5.0

丁香油	3.0
薄荷脑	20.0
大茴香脑	4.0

留兰香牙膏香精 2

留兰香油	52.0
薄荷油	5.0
柠檬油	5.0
香叶油	0.5
薄荷脑	30.0
大茴香脑	5.0
丁香酚	2.0
乙基香兰素	0.5

留兰香口香糖香精

留兰香油	50.0
薄荷油	20.0
香芹酮	25.0
冬青油	1.3
桉叶油	3.7

薄荷-留兰香牙膏香精 1

薄荷油	40.0
薄荷脑	20.0
留兰香油	20.0
薰衣草油	5.0
大茴香脑	5.0
柠檬油	3.0
香柠檬油	3.0
乙酸芳樟酯	2.0
丁香酚甲醚	1.0
苯乙醇	1.0

薄荷-留兰香牙膏香精 2

薄荷素油	20.0
薄荷脑	20.0
留兰香油	30.0
柠檬油	5.0
薰衣草油	3.0

白柠檬油	2.0
乙酸薄荷酯	10.0
乙酸芳樟酯	5.0
大茴香脑	4.0
丁香酚	1.0

留兰香-薄荷牙膏香精 3

留兰香油	25.0
薄荷油	23.5
冬青油	5.0
桉叶油	5.0
薄荷脑	35.0
茴香油	5.0
丁香油	0.5

8.4 桉叶香型香精

桉叶油是十大精油之一，一般采用蓝桉鲜叶或干叶通过水蒸气蒸馏法生产，具有清凉的桉叶、樟脑香气，其主要香成分是桉叶油素，含量为 65%～75%，其他主要香成分为 α-蒎烯、β-蒎烯、β-罗勒烯、莰烯、桧烯、月桂烯、α-水芹烯、β-水芹烯、α-古芸烯、β-石竹烯、柠檬烯、γ-松油烯、对伞花烃、3,5-二甲基苏合香烯、乙醇、异戊醇、叶醇、香芹醇、α-松油醇、δ-松油醇、芳樟醇、马鞭草烯醇、桃金娘烯醇、龙脑、异龙脑、苯乙醇、百里香酚、愈创木酚、桉叶油素、3-甲基丁醛、正戊醛、桃金娘烯醛、马鞭草烯酮、香芹酮、樟脑、α-乙酸松油酯、乙酸香芹酯、乙酸橙花酯、乙酸香叶酯、乙酸苯乙酯、2-甲基丁酸苯乙酯、3-甲基丁酸苯乙酯等。桉叶油在混合物中的主要用途是给出一种新鲜明快、略带药味的风味，特别是在薄荷油和八角茴香油的协同作用下，更为突出。

桉叶型牙膏香精

桉叶油	45.0
香叶油	5.0
大茴香油	10.0
薄荷脑	10.0
冬青油	17.0
薰衣草油	3.0

主要参考文献

［1］　Henry B Heath, M B E, B Pharm. Flavor Technology: Profiles, Products, Applications. London: AVI Publishing Company, Inc, 1978.

［2］　Watson H R, Hems R , Roswell D G，Spring D J New compounds with the menthol cooling effect. J. Soc. Cosmet. Chem., 1978，29. 185-200.

［3］　Watson H R, Roswell D G, Spring D J（1979）N-Substituted paramenthane Carboxamides. US 4, 150, 052; Watson H R, Roswell D G, Spring D J（1980）N-Substituted paramenthane Carboxamides. US 4, 226, 988; Watson, H. R.（1974）.

［4］　Jabloner H, Dunbar B I, Hopfinger A J A molecular approach to flavor synthesis. I. Menthol eaters of varying size and polarity. J. Polymer Sci., Polymer Chemistry Edition, 1980, 18: 2933-2940.

［5］　Roswell D G, Spring D J, Hems R Acyclic carboxamides having a physiological cooling effect. US 4, 296, 255.

［6］　张承曾主编. 天然香料手册. 北京：轻工业出版社，1989.

［7］　林进能等编著. 天然食用香料生产与应用. 北京：中国轻工业出版社，1991.

［8］　Bauer K, Garbe D, Surburg H（eds）. Common Fragrance and Flavor Materials. 2nd rev. edn. New York：VCH Publishers，（1991）.

［9］　Eccles R. Menthol and related cooling compounds. J. Pharm. Pharmacol.,（1994）46: 618-630.

［10］　Shimizu T, et al. Synthesis of dicarboxylic monoesters from cyclic anhydrides under pressure. Synlett,（1995）6: 650-652.

［11］　何坚, 孙宝国. 香料化学与工艺学. 北京: 化学工业出版社, 1995.

［12］　孙宝国, 何坚. 香精概论. 北京: 化学工业出版社, 1996.

［13］　Gerard Mosciano, et al. Organoleptic characteristics of flavor materials. Perfumer & Flavorist. 1996, 21（3）: 51-54.

［14］　Gerard Mosciano. Organoleptic characteristics of flavor materials. Perfumer & Flavorist. 1996, 21（6）: 52-54.

［15］　Nakatsu T, Green C B, Reitz G A, Kang R K L, 4-（1-menthoxymethyl）-2-pheny L-1,3-dioxolane or its derivatives and flavour compositions containing them. US 5545424 A 19960813,（1996）.

［16］　Mane J M, Ponge J-L（1998）Coolant compositions. US 5, 725, 865 and 5, 843, 466.

［17］　Barcelon S A, et al.（1999）Enhanced flavouring compositions containing N-ethy L-p-menthane- 3-carboxamide and methods of making and using same. Int. Pat. Appl., WO 9907235 A1 19990218; Luo, S. J.（1997）Breath-freashening edible compositions comprising menthol and an N-substituted-p-menthane carboxamide. US 5698181 A 19971216.

［18］　Gerard Mosciano, et al. Organoleptic characteristics of flavor materials. Perfumer & Flavorist. 2000, 25（6）: 26-31.

［19］　王德峰编著. 食用香味料制备与应用手册. 北京: 中国轻工业出版社, 2000.

［20］　Grainger B, et al. Oral sensory perception-affecting compositions containing dimethyl sulfoxide, complexes thereof and salts thereof. US 6365215 B1 20020402（2002）.

［21］ Boden R M, Ramirez C.（2002）Method for making carboxamides from nitriles and sulfates. US 6303817 B1 20011016.

［22］ Lebedev M Y, Eman M B.（2002）Process for obtaining N-monosubstituted alkyl amides. US 6482983 B1 20021119; Lebedev, M. Y. and Erman, M. B.（2002）Lower primary alkanols and their esters in a Ritter-type reaction with nitriles. An efficient method for obtaining N-primary alkyl amides. Tetrahedron Letters, 43, 1397-1399.

［23］ Amano A, et al.（2003）Method for producing 3-l-menthoxypropane-1,2-diol, US 6, 515, 188 B2.

［24］ 荆晓艳, 张思文, 刘利锋等. 留兰香提取物挥发性成分分析. 中国调味品, 2013, 38（12）: 68-70, 74.

［25］ 于夏, 刘超, 崔雪靖等. 3 种河南产薄荷挥发性成分分析. 中国实验方剂学杂志, 2014, 20（21）: 87-90.

第9章
蔬菜型食用香精

　　蔬菜香味的形成与水果完全不同。蔬菜没有水果那样的成熟期。虽然有些蔬菜在生长时能产生部分香味，但是其特征香味是在细胞破裂时产生，并且大部分蔬菜香味是在细胞破裂时产生。如刀切洋葱或咀嚼蔬菜时使细胞破裂后，香味前体物和细胞中的酶相互混合，在酶的作用下产生挥发性香味物质。在细胞破裂之前就含有香味的几个蔬菜有芹菜（含有苯并呋喃酮和芹子烯）、芦笋（含有 1,2-二硫戊环-4-羧酸）和柿子椒（含有 2-甲基-3-异丁基吡嗪）。

　　图 9-1 是蔬菜香味形成的全过程。与水果中的香味形成过程相似，脂肪酸、

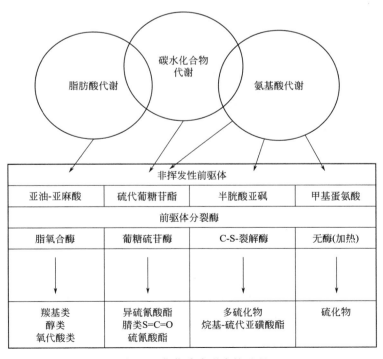

图 9-1　蔬菜香味形成的过程

碳水化合物和氨基酸代谢过程中产生了蔬菜香味前驱物。与果香形成过程相似，在蔬菜香味形成过程中，脂氧合酶也作用于亚油酸和亚麻酸产生挥发性羰基类和醇类化合物。虽然一些含硫挥发物对于某些水果的香味形成是重要的，如西番莲果、柚子、菠萝和黑醋栗，但是含硫挥发物对蔬菜香味的形成却更重要。这是因为在蔬菜中存在的产生含硫香味物的前驱物比在水果中存在的更为重要。在新鲜蔬菜中，硫代葡糖苷酯和半胱酸亚砜是许多挥发性含硫化合物的主要前驱体，而硫代甲基蛋氨酸是一些煮熟蔬菜香味物质的一个重要的前驱物。

（1）由半胱酸亚砜衍生物生成香味物　洋葱香味的研究无疑最全面地解释了由半胱亚砜前驱体产生香味物质的过程。完整的洋葱细胞根本没有特征香气，只有当细胞破裂时才有（如切、混合、咀嚼等）。细胞损伤后几秒，即可闻到洋葱味。像这样迅速形成香味是葱属蔬菜的一个特征，葱属蔬菜有洋葱、大蒜、韭菜和细香葱。S-烷（烯）基-L-半胱亚砜类是葱属蔬菜的香味前驱体。Freeman 和 Whenham 于 1975 年研究了该属 27 个品种后发现，根据某种氨基酸前驱体的含量，可将这 27 个品种分为三类，最主要的前驱体是 S-L-丙基半胱亚砜类（洋葱）、S-2-丙烯基半胱亚砜类（大蒜）和 S-甲基半胱亚砜类（A. aflaturense B. Fedtschenko）。Granroth 于 1970 年提出了 S-L-丙烯基半胱亚砜的形成过程：以缬氨酸脱氨基开始，然后脱羧生成甲基丙烯酸酯，后者与 L-半胱氨酸反应后脱羧生成 L-丙烯基半胱亚砜（见图 9-2）。

图 9-2 简述了由烷基半胱亚砜（蒜氨酸）形成蔬菜香味的机理。虽然最初几步由酶催化引起，但次磺酸以后的其他反应都是纯化学反应。次磺酸相当活泼，与第二分子的次磺酸反应后易生成不稳定硫代亚磺酸酯中间体，此化合物分解生成相对稳定的硫代磺酸酯和单硫化物、二硫化物和三硫化物。考虑到葱属每一品种都有几种不同的烷基前驱体，次磺酸通过各种结合可生成大量不同的单硫化物、二硫化物和三硫化物，正是这些化合物使葱属蔬菜具有典型的葱香味。

洋葱的催泪剂（硫代丙醛-S-氧化物）被认为来自 S-L-丙烯基半胱亚砜前驱体（Brodnitz 和 Pascale，1971）。硫代丙醛-S-氧化物（CH_3-CH_2-$CH=S=O$）不稳定，它与丙酮酸酯反应生成丙醇、2-甲基戊醛和 2-甲基-戊-2-烯醛（Virtanen，1962）。有趣的是 25 种野生洋葱没有催泪性（Saghir 和 Mann，1965），这说明野生洋葱中可能不存在 1-丙烯基半胱亚砜前驱体。

Matikkala 和 Virtanen（1976）发现洋葱中几乎一半的半胱亚砜前驱体是作为 γ-谷氨酰基肽类而键合在一起的。只有当它们脱离 γ-谷氨酰基肽类时，蒜氨酸酶才能与其作用，而这种脱离只有通过 γ-L-谷氨酰基转肽酶的作用才能完成。转肽酶将谷氨酰基转移到另一种氨基酸。谷氨酰基转肽酶只存在于洋葱苗中，成熟的洋葱没有此酶（Schwimmer 和 Austin，1971）。因此洋葱中几乎一半的潜在的香味物质不能产生香味。

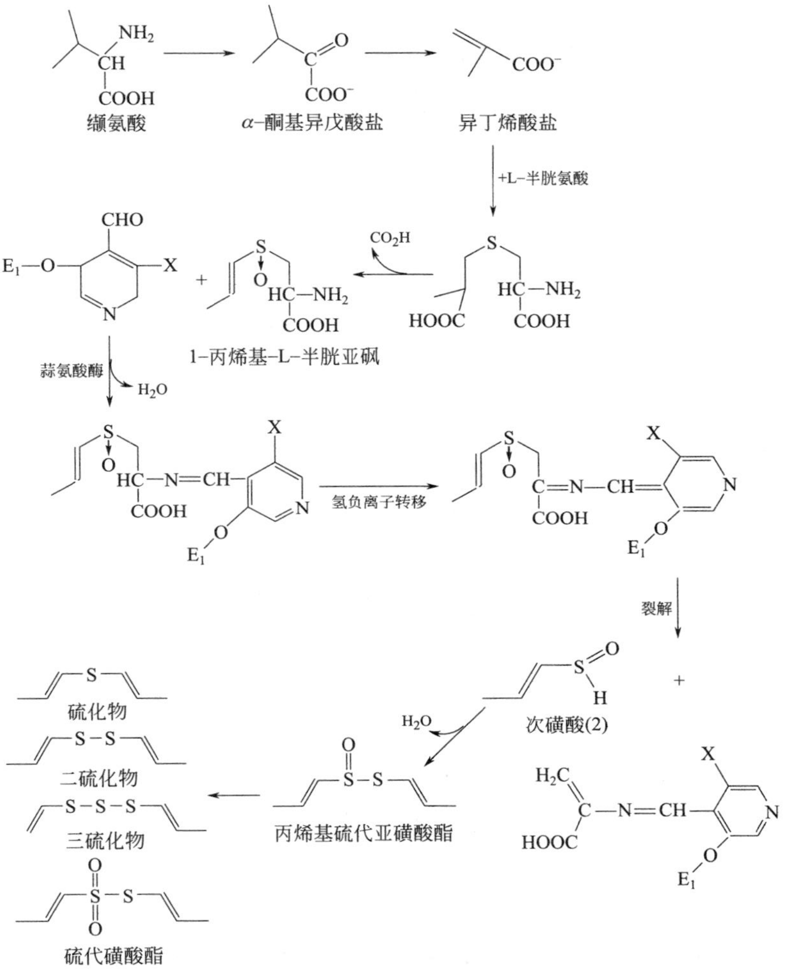

图 9-2 S-L-丙烯基半胱亚砜的生物合成及其产生香味物质的过程

芥科也是由烷基半胱亚砜前驱体产生香味的。芥科包括硬花甘蓝、抱子甘蓝、卷心菜、花菜和芜菁甘蓝。S-甲基-L-半胱亚砜是该科中发现的主要半胱亚砜衍生物。Tressl 等于 1975 年研究了新鲜卷心菜香味后发现，6％的挥发物是二甲基二硫化物，6％是二甲基三硫化物，3％是二甲基四硫化物，1.5％是甲基乙基三硫化物。

在香菇中，半胱亚砜前驱体生成了极其特殊的含硫挥发物（见图 9-3）。与洋葱的情况一样，半胱亚砜香味前驱体被键合于 γ-谷氨酰基肽中，因此产生香味的第一步是由 γ-谷氨酰基转肽酶去掉谷氨酸，其余过程也与洋葱相同，但产生了香菇的主要香成分香菇精。

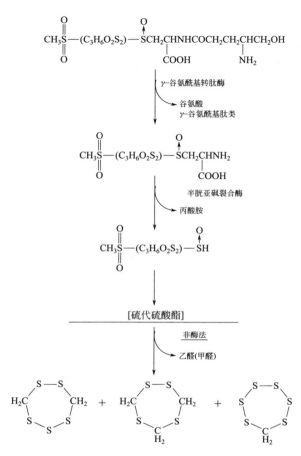

图 9-3 香菇精由香菇酸形成的酶与非酶过程（Yasumoto 等，1971）

（2）由 β-硫代葡糖苷酯生成的香味物 大部分含 β-硫代葡糖苷酯（glucosinolates）这种香味前体物的蔬菜属十字花科。到目前为止，已鉴定出 50 多种不同的 β-硫代葡糖苷酯。这些酯类是非挥发性香味前驱体，当细胞破裂时经酶水解为挥发性香物质。最初产生的挥发性产物是异硫氰酸酯类和腈类，二次反应导致其他种类香味物的生成。图 9-4 概述了小萝卜香味的形成过程。第一步是葡萄糖从 β-硫代葡糖苷酯中水解下来，由此生成一个易分裂出 HSO_4^- 的不稳定分子。根据不同的分子重排，生成异硫氰酸酯或腈。进一步反应，生成硫醇类、硫化物、二硫化物和三硫化物。多年来，人们已知道卷心菜的香味是由异硫氰酸酯类化合物产生的。1953 年，Jensen 等首次在卷心菜中鉴定出烯丙基异硫氰酸酯。1961 年，Bailey 等又在卷心菜中发现了异硫氰酸甲酯、异硫氰酸丁酯、异硫氰酸丁烯酯和异硫氰酸甲硫基丙酯。异硫氰酸烯丙酯是产生卷心菜香味最重要的异硫氰酸酯。

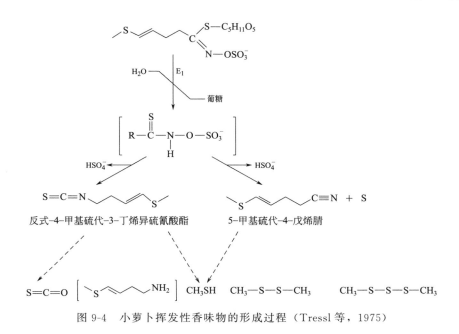

图 9-4　小萝卜挥发性香味物的形成过程（Tressl 等，1975）

（3）由脂类化合物的氧化裂解形成的香味物

虽然如前所述，含硫的香料前体物对于大部分蔬菜香味的贡献至关重要，但是脂类的降解几乎对所有蔬菜的香味都是有贡献的，有的贡献大，有的贡献小，如黄瓜和野苣。脂类化合物主要通过在脂氧合酶作用下氧化降解的途径产生香味化合物。与水果中的脂氧合酶活性相似，蔬菜中的脂氧合酶也是先进攻亚油酸和亚麻酸产生氢过氧化物。不过，尽管由脂肪酸形成香味的整个机理在各种蔬菜间是相似的，但是每一种植物都有独特的脂肪酸组成和氢过氧化物裂解酶体系，从而每一种蔬菜也就有其独特的羰基和醇类香味成分。黄瓜中脂类化合物产生香味成分的过程如图 9-5 所示。

从图 9-5 中可以看出，不饱和化合物脂肪酸产生了一些非常重要的不饱和羰基化合物和醇类化合物，从而形成了黄瓜的特征香气。

值得注意的是，蔬菜的香味成分中一般酯类化合物较少，这可能与蔬菜中缺乏形成酯类化合物的酶有关。

萜烯在蔬菜中相当普遍（Maarse，1984），其形成机理与水果相似，由 3,5-二羟基-3-甲基戊酸产生，但每一种含萜烯的蔬菜，其萜烯组成不一样。

对于蔬菜香精中的洋葱香精和大蒜香精在前面已有介绍，本章仅介绍其他的蔬菜香精。

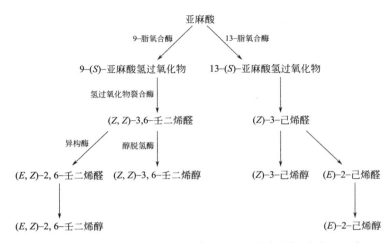

图 9-5　黄瓜中亚麻酸通过脂氧合酶途径形成挥发性成分的示意

9.1　蘑菇香精

蘑菇是国际公认的保健蔬菜之一，蘑菇汤能提高人体的免疫功能。

蘑菇的香味成分主要有：莰烯、石竹烯、辛烯、2-甲基-1-丁醇、3-甲基丁醇、正戊醇、己醇、1-庚烯-3-醇、2-庚烯-4-醇、3-辛醇、2-壬烯-1-醇、环辛醇、3-辛酮、1-辛烯-3-醇、2,4-癸二烯醛、糠醛、大茴香醛、3-甲基环戊酮、1-辛烯-3-酮、己酸、十五酸、十六酸、亚油酸、9-十八碳烯酸、α-羟基庚酸、肉桂酸甲酯、大茴香酸甲酯、1，2,4,6-四硫杂环庚烷、香菇素、棕榈酸乙酯、亚油酸乙酯、2-戊基呋喃、二甲基二硫醚、二甲基三硫醚、二甲基四硫醚、硫氰酸苯乙酯、异硫氰酸苄酯、3-甲基噻吩、三乙胺、苯乙胺、乙酰胺、对甲基亚硝氨基苯甲醛、2-甲基吡嗪、2,3-二甲基吡嗪、2,5-二甲基吡嗪、2,6-二甲基吡嗪、三甲基吡嗪、四甲基吡嗪、2-乙基-5-甲基吡嗪、2-乙基-2,5-二甲基吡嗪、2-乙基-3,5,6-三甲基吡嗪等。

蘑菇香精的主香剂是 1-辛烯-3-醇、1-辛烯-3-酮和香菇素。

其他常用的香料如下所示。

（1）醇：2-庚烯-4-醇、庚烯-3-醇、3-辛醇。

（2）醚：甲基苯乙醚、苄基乙醚、二苄醚。

（3）醛：2-癸烯醛、反-2-顺-6-十二碳二烯醛、糠醛、大茴香醛。

（4）酮：1-羟基-2-丁酮、3-庚酮、2-辛酮、3-辛酮、3-羟甲基-2-辛酮、3-辛烯-2-酮、2,3-十一碳二酮、2-十三酮、戊基糠基酮。

（5）酸：己酸、2-羟基庚酸、9-癸烯酸。

（6）酯：乙酸 1-辛烯-3-酯、乙酸石竹烯酯、丙酸丁酯、2-甲基丁酸辛酯、反-2-甲基-2-丁烯酸苄酯、辛酸壬酯、辛酸苯乙酯、苯甲酸肉桂酯、肉桂酸甲酯、茴香酸甲酯、糠酸甲酯、糠酸辛酯、3-甲硫基丁酸乙酯、γ-十二烯-6-内酯。

（7）含氮香料：三乙胺、苯乙胺、2-乙酰基吡咯、2-甲氧基-3-（1-甲基丙基）吡嗪。

（8）含硫香料：3-甲硫基-1-己醇、2-甲基-5-甲硫基呋喃、4-甲硫基-2-丁酮、二糠基硫醚、1,4-二噻烷。

（9）其他香料：2,5-二甲基-4-甲氧基-3（2H）-呋喃酮、芝麻萃取物等。

蘑菇香精配方 1

1-辛烯-3-醇	35.0
己酸	2.0
苯乙醇	5.5
乙酸芳樟酯	1.0
1-辛烯-3-酮	20.0
芳樟醇	0.5
苯甲醛	1.5

评价： 霉香，壤香，生青味，后味偏酸，强度大，仿真度较高。

蘑菇香精配方 2

1-辛烯-3-醇	1.0
1-辛烯-3-酮	0.4
己酸	0.1
2-乙酰基吡咯	0.1
大茴香醛	0.2
香兰素	0.1
肉桂酸甲酯	0.1

评价： 生青感，偏油腻，强度较配方1弱，透发性好，仿真度高。

9.2 土豆香精

土豆的香味成分受加工工艺的影响较大。

生土豆的香味成分主要有：1-辛烯-3-醇、戊醛、己醛、2-辛烯醛、苯乙醛、2-戊酮、2-庚烯酮、2-甲氧基-3-乙基吡嗪、2-甲氧基-3-异丙基吡嗪、2-甲氧基-3-丁基吡嗪、2-甲氧基-3-异丁基吡嗪。

烤土豆中含有大量的吡嗪类化合物，主要有：2-甲基吡嗪、3-甲基-2-乙基吡嗪、5-甲基-2-乙基吡嗪、6-甲基-2-乙基吡嗪、2-甲基-5-乙烯基吡嗪、2-甲基-6-乙烯基吡嗪、3-甲基-2-异丁基吡嗪、5-甲基-2-异戊基吡嗪、甲基乙基异丁基吡嗪、

5-甲基-2,3-二乙基吡嗪、3-甲基-2,5-二乙基吡嗪、3-甲基-2,6-二乙基吡嗪、3-甲基-2-异丁基吡嗪、3-甲基-2-异丁烯基吡嗪、2,3-二甲基吡嗪、2,5-二甲基吡嗪、2,6-二甲基吡嗪、2,5-二甲基-3-乙烯基吡嗪、3,5-二甲基-2-乙基吡嗪、3,6-二甲基-2-乙基吡嗪、2,5-二甲基-6-异丙基吡嗪、3,6-二甲基-2-异丁基吡嗪、二甲基异丁烯基吡嗪、3,6-二甲基-2-异戊基吡嗪、三甲基吡嗪、3,5,6-三甲基-2-乙基吡嗪、2-乙基吡嗪、2,5-二乙基吡嗪、2,6-二乙基吡嗪、三乙基吡嗪等。

煮土豆的香味主要是由于氨基酸和还原糖的热反应以及块茎中存在的油脂的自动氧化作用产生的。主要包括下列化合物：乙醇、丙醇、丁醇、2-甲基丁醇、己醇、1-辛烯-3-醇、反-2-辛烯醇、苯甲醇、香叶醇、芳樟醇、橙花醇、α-松油醇、乙醛、丙醛、3-甲硫基丙醛、丙烯醛、2-甲基丁醛、3-甲基丁醛、2-丁烯醛、戊醛、异戊醛、己醛、庚醛、辛醛、反-2-辛烯醛、壬醛、2-壬烯醛、2,4,6-壬三烯醛、2,4-癸二烯醛、2-癸烯醛、2-十一烯醛、苯甲醛、苯乙醛、丙酮、2-丁酮、丁二酮、2-戊酮、2-己酮、2-庚酮、2-辛酮、2-壬酮、反-2-壬烯酮、2-癸酮、水杨酸甲酯、硫化氢、甲硫醇、乙硫醇、丙硫醇、2-丙硫醇、叔丁硫醇、二甲基硫醚、甲基乙基硫醚、甲基丙基硫醚、二乙基硫醚、甲基丙基硫醚、二甲基二硫醚、甲基乙基二硫醚、甲基丙基二硫醚、甲基异丙基二硫醚、3,5-二甲基-1,2,4-三硫杂环戊烷、呋喃、2-戊基呋喃、三甲基噻唑、2-乙酰基噻唑、苯并噻唑、2,3-二甲基吡嗪、2-甲氧基-3-乙基吡嗪、2-甲氧基-3-异丙基吡嗪等。

新鲜炸土豆片的香气与所用的油脂有很大关系，主要是由下列化合物提供的：戊醛、己醛、2-己烯醛、庚醛、2-庚烯醛、辛醛、2-辛烯醛。

土豆香精的主香剂是3-甲硫基丙醛、甲基丙基硫醚和2-异丙基-3-甲氧基吡嗪。其他常用的香料如下。

（1）醇：顺-2-己烯-1-醇、1-辛烯-3-醇。

（2）醛：2,4-癸二烯醛、2-十一醛。

（2）酮：3-辛烯-2-酮。

（3）缩羰基香料：3-氧代丁醛二甲缩醛、丙酮丙二醇缩酮。

（4）杂环香料：2-庚基呋喃、2-乙酰基呋喃、三甲基噻唑、4-甲基-5-乙烯基噻唑、苯并噻唑、2-乙酰基噻唑、2,3-二甲基吡嗪、2,5-二甲基吡嗪、2,6-二甲基吡嗪、2,3,5-三甲基吡嗪、2-乙基吡嗪、2-乙基-3,5（或6）二甲基吡嗪、2-甲基-5-乙基吡嗪、2-甲基-3-乙基吡嗪、5-甲基-2-乙基吡嗪、2,3-二乙基吡嗪、2,3-二乙基-5-甲基吡嗪、2-甲基-3,5(或6)-甲硫基吡嗪、2-异丁基-3-甲氧基吡嗪、2-乙酰基-3-乙基吡嗪、2-甲氧基-3-(1-甲基丙基)吡嗪。

（5）含硫香料：甲基乙基硫醚、2-甲硫基乙醛、3-甲硫基丙醛、3-甲硫基丁醛、4-甲硫基-2-丁酮、二甲基二硫醚、甲基丙基二硫醚、甲基糠基二硫醚、二糠基二硫醚、d-l-(3-氨基缩基丙基)二甲基氯化硫。

（6）其他香料：麦芽酚、2,5-二甲基-4-甲氧基-3(2H)-呋喃酮。

土豆香精配方

2-乙基-3-甲基吡嗪	0.2
丁二醇	0.2
2-乙酰基-3-乙基吡嗪	1.0
糠醛	0.2
3-甲硫基丙醛	2.0

评价： 咸味，面粉味，肉香味，干涩无土豆的典型风味，略带生青味。

炸土豆香精配方

2,4-癸二烯醛	0.05
2-乙酰基呋喃	0.25
2-十一烯醛	0.05
麦芽酚	0.20
2,3-二甲基吡嗪	0.10
香兰素	1.00
2,3,5-三甲基吡嗪	0.20
2-乙酰基噻唑	0.20

评价： 甜香，有花生牛奶的香味，熟透的土豆味，缺油脂感，透发性好。

土豆香精可以通过热反应制备，甘氨酸、蛋氨酸、羟脯氨酸都有助于土豆香味的形成，葡萄糖是首选的还原糖。

9.3　番茄香精

番茄是保健蔬菜之一，番茄汤具有防癌功效。

番茄的主要香成分有：月桂烯、水芹烯、柠檬烯、α-蒎烯、苏合香烯、乙醇、丙醇、异丙醇、丁醇、异丁醇、叔丁醇、2-丁醇、2-丁烯醇、2-甲基丁醇、3-甲基-1-丁醇、3-甲基-2-丁烯醇、2-甲基-3-丁烯-2-醇、2,3-丁二醇、戊醇、异戊醇、2-戊醇、3-戊醇、顺-3-戊烯醇、1-戊烯-3-醇、2-甲基戊醇、2-甲基-2-戊醇、3-甲基戊醇、己醇、2-己醇、反-2-己烯醇、顺-2-己烯醇、反-3-己烯醇、顺-3-己烯醇、顺-4-己烯醇、2-甲基-3-己醇、2-庚醇、4-庚醇、6-甲基-5-庚烯-2-醇、正辛醇、2-辛醇、环辛醇、1-辛烯-3-醇、壬醇、顺-3-壬烯醇、苄醇、4-异丙基苄醇、4-甲氧基苄醇、苯乙醇、香茅醇、香叶醇、橙花醇、芳樟醇、α-松油醇、苯酚、2-甲基苯酚、4-乙基苯酚、4-乙烯基苯酚、2-甲氧基苯酚、4-乙基-2-甲氧基苯酚、2-甲氧基-4-乙烯基苯酚、4-烯丙基-2-甲氧基苯酚、乙醛、丙醛、2-丙烯醛、2-氧代丙醛、丁醛、异丁醛、2-甲基丁醛、3-甲基丁醛、2-甲基-2-丁烯醛、戊醛、异戊醛、反-2-戊烯醛、3-戊烯醛、己醛、反-2-己烯醛、顺-2-己烯醛、顺-3-己烯醛、反-2-反-4-己二烯醛、庚醛、反-2-庚烯醛、顺-2-庚烯醛、反-2-顺-4-庚二烯醛、反-4-反-4-庚二烯醛、辛醛、2-辛烯醛、反-2-辛烯醛、壬醛、反-2-壬烯醛、反-2-反-4-壬二烯醛、癸醛、反-2-癸烯醛、2,4-癸二烯醛、反,反-2,4-癸二烯醛、十一醛、2-十一烯醛、月桂醛、苯甲醛、3-甲氧基苯甲醛、2-羟基苯甲醛、4-羟基苯甲醛、4-甲氧基苯甲醛、苯乙醛、肉桂醛、香茅醛、柠檬醛、金合欢醛、β-环柠檬醛、顺柠檬醛、反柠檬醛、二丙醇缩乙醛、乙醇戊醇缩乙醛、乙醇异戊醇缩乙醛、2-丁酮、3-羟基-2-丁酮、2,3-丁二酮、2-戊酮、3-戊酮、1-戊烯-3-酮、1,4-戊二烯-3-酮、2-甲基-3-戊烯-2-酮、4-甲基-3-戊烯-2-酮、2,4-二甲基-3-戊酮、4-羟基-4-甲基-2-戊酮、2,3-戊二酮、2-己酮、2-庚酮、6-甲基-5-庚烯-2-酮、2-甲基-2-庚烯-6-酮、6-甲基-3,5-庚二烯-2-酮、2,3-庚二酮、3-辛酮、1-辛烯-3-酮、2-壬酮、反-2-壬烯-2-酮、6,10-二甲基-5,9-十一碳二烯-2-酮、6,10-二甲基-3,5,9-十一碳三烯-2-酮、6,10,14-三甲基-5,9,13-十五碳三烯-2-酮、2-羟基-2,6,6-三甲基环己酮、苯乙酮、4-甲基苯乙酮、2-羟基苯乙酮、1-苯基-2-丙酮、1-苯基-2-丁酮、4-甲基-4-苯基-2-戊酮、β-紫罗兰酮、β-大马酮、γ-紫罗兰酮、香芹酮、香叶基丙酮、乙酸、戊酸、异戊酸、辛酸、正癸醇、2,4-癸二烯醇、反-2-十一烯醇、叶绿醇、十六醇、苯乙醇、香叶基香叶醇、十六酸、十八酸、苯甲酸、苯乙酸、肉桂酸、4-羟基肉桂酸、甲酸甲酯、甲酸乙酯、甲酸戊酯、甲酸苯乙酯、乙酸甲酯、乙酸乙酯、乙酸丙酯、乙酸丁酯、乙酸-2-甲基丁酯、乙酸异戊酯、乙酸顺-3-己烯酯、乙酸苯乙酯、乙酸香茅酯、乙酸香叶酯、乙酸芳樟酯、丙酸乙酯、丙酸异戊酯、丙酸香茅酯、丁酸-2-丁酯、丁酸异戊酯、2-丁酸苯乙酯、丁酸香茅酯、丁酸香叶酯、戊酸异丁酯、异丁酸异戊酯、戊酸异戊酯、异戊酸异丁酯、异戊酸-2-丁酯、己酸甲酯、己酸丁酯、己酸己酯、辛酸乙酯、水杨酸甲酯、苯甲酸异丁酯、十四酸乙酯、十四酸异丙酯、棕榈酸甲酯、棕榈酸乙酯、棕榈酸异丙酯、γ-丁内酯、4-羟基-2-甲基丁酸内酯、4-羟基-3-甲基-2-丁烯酸内酯、γ-戊内酯、4-羟基-3-甲基戊酸内酯、γ-己内酯、γ-辛内酯、γ-壬内酯、硫化氢、二甲基硫醚、2-甲硫基乙醇、2-甲硫基乙醛、3-甲硫基丙醇、二甲基二硫醚、甲基丙基二硫醚、2-甲酰基噻吩、3-甲酰基噻吩、2-甲酰基-5-甲基噻吩、2-乙酰基噻吩、2-丙基噻唑、2-异丁基噻唑、二甲胺、二乙胺、吡啶、2-甲基吡嗪、2,6-二甲基吡嗪、2-乙基-6-乙烯基吡嗪、2-异丙基-3-甲氧基吡嗪、2-甲基呋喃、2-乙基呋喃、2-戊基呋喃、2-乙酰基呋喃、2-乙酰基-5-甲基呋喃、糠醇、糠醛、5-甲基糠醛、5-羟甲基糠醛、2-甲基-3-四氢呋喃酮、糠酸等。

番茄香精的特征性香料是顺-3-己烯醛、顺-4-庚烯醛和2-异丁基噻唑。另外，β-紫罗兰酮、己醛、β-大马酮、1-戊烯-3-酮和异戊醛等香料对于番茄香味也特别重要。番茄酱的香味主要归因于二甲基硫醚、β-大马酮、β-紫罗兰酮、顺-3-己烯醛和己醛。

番茄香精中其他常用的香料如下。

（1）醇：异丁醇、异戊醇、1-戊烯-3-醇、己醇、顺-2-己烯-1-醇、顺-3-己烯-1-醇、1-辛烯-3-醇、3-辛烯-2-醇、顺-6-壬烯-1-醇、香叶醇、香茅醇、芳樟醇、α-松油醇。

（2）醛：乙醛、异戊醛、2-戊烯醛、4-甲基-2-戊烯醛、2-苯基-4-戊烯醛、己醛、反-2-己烯醛、顺-2-己烯醛、反-2-反-4-己二烯醛、反,反-2,4-壬二烯醛、反,反-2,4-癸二烯醛、苯甲醛、苯乙醛、大茴香醛、洋茉莉醛。

（3）酮：3-羟基-2-丁酮、2,3-戊二酮、3-甲基-2-（2-戊烯基）-2-环戊烯-1-酮、2-甲基-2-庚烯-6-酮、2-壬酮、β-紫罗兰酮、香叶基丙酮、反-2-（3,7-二甲基-2,6-辛二烯基）环戊酮。

（4）酸：丙酸、丁酸、辛酸、3-己烯酸。

（5）酯：乙酸丙酯、乙酸α-异甲基紫罗兰酯、乙酸反-2-辛烯-1-酯、顺,反-2,6-壬二烯-1-醇乙酸酯、丙酸香茅酯、丁酸松油酯、乳酸顺-3-己烯酯、3-正亚丁基邻苯二甲酰胺。

（6）含硫香料：1-己硫醇、3-甲硫基丙醛、3-甲硫基丁醛、4-甲硫基-2-丁酮、3-甲硫基-1-己醇、3-甲硫基丙酸甲酯、二甲基硫醚、甲基乙基硫醚、甲基丙基二硫醚、甲基苄基二硫醚、甲基（2-甲基-3-呋喃基）二硫醚。

（7）杂环香料：N-糠基吡咯、2-异丁基噻唑、2-异丙基-4-甲基噻唑、甲基（2-甲基-3-呋喃基）二硫醚、4-甲基噻唑、苯并噻唑、2,3-二乙基-5-甲基吡嗪、2-异丙基-3-甲氧基吡嗪、2,5-二羟基-1,4-二噻烷。

（8）酚：香兰素、乙基香兰素、麦芽酚、乙基麦芽酚。

（9）其他香料：金盏花净油、丙酮丙二醇缩酮、4-庚烯醛二乙缩醛。

番茄香精配方1

叶醇	6.00
丁酸	0.30
芳樟醇	0.50
反 3-己烯酸	0.30
异戊醛	0.20
乙基香兰素	0.30
己醛	0.30
3-甲硫基丙醛	15.00
辛醛	0.20
二甲基硫醚	0.01
苯甲醛	0.30

2-异丁基噻唑	0.01
苯乙醛	0.50
2-异丙基-3-甲氧基吡嗪	0.09
顺-4-庚烯醛	0.10

评价： 生青味，淡淡的菜味，番茄酸甜味不足。

番茄香精配方2

异戊醛	0.02
辛酸	0.02
叶醇	0.60
苯甲醛	0.03
3-甲硫基丙醛	1.50
己醛	0.03
甲基庚烯酮	3.00
丁酸	0.03
二甲基一硫醚	0.10
丙酸	0.03
2-异丁基噻唑	0.10
香兰素	0.03
2-异丙基-3-甲氧基吡嗪	0.09
苯乙醛	0.05
芳樟醇	0.05

评价： 青味，苦杏仁味，中后味有牛奶、麦片和花生味，微苦，仿真度低。

番茄香精配方3

异戊醛	0.050
异戊醇	0.050
己醛	0.050
反2-己烯醛	0.050
叶醇	0.100
异戊酸	1.000
3-甲硫基丙醛	0.050
3-甲硫基丙醇	0.050
甲基庚烯酮	1.000
2-异丁基噻唑	0.025
芳樟醇	0.050
丁香酚	0.100

突厥烯酮 2 号	0.100
乙位紫罗兰酮	0.500
二甲基硫醚	0.100
甲位松油醇	0.100
乙酸	0.100

评价： 番茄香气特征明显，香气强度大，酸、甜香气协调融合，偏向番茄酱的香气特征；但酮甜突出，香气略显生硬、粗糙。

番茄香精配方 4

异戊醛	0.05
异戊醇	0.05
己醛	0.05
反 2-己烯醛	0.05
叶醇	0.10
异戊酸	1.00
3-甲硫基丙醛	0.05
3-甲硫基丙醇	0.05
甲基庚烯酮	1.00
芳樟醇	0.05
丁香酚	0.10
突厥酮	0.10
乙位紫罗兰酮	0.25
二甲基一硫醚	0.10
甲位松油醇	0.10
乙酸	0.10
乙偶姻	0.10
丁二酮	0.05

评价： 具有番茄的特征香气，酸、甜香气协调融合，香气柔和，具有良好的加香效果；但偏向水果甜香，且番茄的特征香气较配方 3 弱。

9.4　黄瓜香精

　　黄瓜的香成分主要有：反,顺-2,6-壬二烯-1-醇、乙醛、丙醛、己醛、反-2-己烯醛、顺-3-己烯醛、壬醛、反-2-壬烯醛、反,顺-2,6-壬二烯醛、丙酮、2-甲氧基-3-异丙基吡嗪、2-甲氧基-3-丁基吡嗪等。

　　黄瓜香精的特征性香料是反,顺-2,6-壬二烯醛、反-2-壬烯醛和反,顺-2,6-壬二烯-1-醇，其他常用的香料如下。

（1）醇：1-戊烯-3-醇、叶醇、香叶醇、反-2-壬烯-1-醇、顺-6-壬烯-1-醇、2，4-壬二烯-1-醇、反-3-顺-6-壬二烯-1-醇。

（2）醛：乙醛、丙醛、己醛、反-2-己烯醛、2-辛烯醛、壬醛、2-壬烯醛、顺-6-壬烯醛、反，反-2,6-壬二烯醛、2,4-十一碳二烯醛、甜瓜醛、α-戊基肉桂醛、α-己基肉桂醛、柠檬醛。

（3）酮：3-甲基-5-丙基-2-环己烯-1-酮、3-癸烯-2-酮。

（4）酯：乙酸乙酯、乙酸丁酯、乙酸叶醇酯、顺，反-2,6-壬二烯-1-醇乙酸酯、丙酸叶醇酯、丁酸乙酯、异丁酸肉桂酯、2-甲基戊酸乙酯、顺-3-己烯醇甲酸酯、丙二酸二乙酯、丁二酸二乙酯、苯甲酸叶醇酯、苯乙酸顺-3-己烯酯。

（5）其他香料：1,3,5-十一碳三烯、2,6-壬二烯醛二乙缩醛、1-己硫醇。

黄瓜香精配方1

叶醇	2.50
香叶醇	2.00
己醛	1.50
反-2-己烯醛	1.00
壬醛	1.00
反，顺-2,6-壬二烯醛	0.25
α-戊基肉桂醛	2.50
柠檬醛	0.50
乙酸丁酯	2.50
丁酸乙酯	0.50
乙酸叶醇酯	1.00
丙酸叶醇酯	1.50

评价： 生青感，甜香，花香，轻微的香蕉香气，清爽，透发性较差。

黄瓜香精配方2

乙酸乙酯	0.20
乙酸丁酯	0.50
丁酸乙酯	0.10
柠檬醛	0.10
壬醛	0.20
香叶醇	0.40
丁二酸二乙酯	1.00
叶醇	0.50
己醛	0.30

α-己基肉桂醛	0.50
反-2-己烯醛	0.20
反-2-顺-6-壬二烯醛	0.50

评价： 酒精味，发酵味，轻微的甜香，黄瓜味淡，橡胶味重，仿真度低。

9.5　芹菜香精

芹菜的香成分主要有：柠檬烯、α-蒎烯、β-蒎烯、β-石竹烯、α-葎草烯、β-葎草烯、D-柠檬烯、α-月桂烯、α-榄香烯、3-己烯醇、癸醇、α-松油醇、香芹醇、芳樟醇、小茴香醇、愈创木酚、乙醛、戊醛、己醛、辛醛、癸醛、月桂醛、香茅醛、柠檬醛、丙酮、2-丁酮、香芹酮、顺式二氢香芹酮、2,3-丁二酮、α-紫罗兰酮、乙酸、丙酮酸、异丁酸、乙酸叶醇酯、乙酸芳樟酯、乙酸松油酯、乙酸香叶酯、乙酸香茅酯、乙酸香芹酯、丙酸松油酯、苯甲酸苄酯、3-丁酰苯酞、2-甲氧基-3-丁基吡嗪等。

芹菜香精的特征性香料是 3-丁基-4,5,6,7-四氢苯酞和 3-亚丙基 2-苯并 [c] 呋喃酮，其他常用的香料如下。

（1）醇：叶醇、癸醇、α-松油醇、香芹醇。

（2）醛：乙醛、戊醛、己醛、辛醛、十二醛、香茅醛、柠檬醛。

（3）酮：2-丁酮、香芹酮、α-紫罗兰酮、丁二酮、2-苯并呋喃酮、2,3-十一碳二酮、3-甲基-2-(2-戊烯基)-2-环戊烯-1-酮。

（4）酸：乙酸、异丁酸。

（5）酯：甲酸 3-己烯酯、乙酸叶醇酯、乙酸芳樟酯、乙酸松油酯、乙酸香叶酯、乙酸香茅酯、乙酸香芹酯、丙酸松油酯、丙酮酸顺-3-己烯酯、苯甲酸苄酯。

（6）内酯：3-丁酰基苯酞、3-异苯乙基二甲缩醛苯酞。

（7）天然香料：芫荽籽油、芹菜籽油、芹菜油树脂、柠檬油。

（8）杂环香料：3-亚丙基苯并呋喃。

芹菜香精配方 1

β-石竹烯	2.50
叶醇	0.50
香芹醇	0.50
α-松油醇	0.25
辛醛	0.50
癸醛	0.50
月桂醛	0.25
柠檬醛	1.00

丁二酮	0.02
乙酸芳樟酯	0.50
乙酸叶醇酯	0.50
苯甲酸苄酯	7.50
柠檬油	5.00

评价： 清新，甜香，有橙子味，生青味缺乏，有杂味，无芹菜味，仿真度低。

芹菜香精配方 2

叶醇	0.45
松油醇	0.15
香芹醇	1.00
十二醛	0.30
己醛	0.50
辛醛	0.90
癸醛	0.40
柠檬醛	0.20
紫罗兰酮	0.20
丁二酮	0.45
乙酸芳樟酯	0.55
乙酸叶醇酯	0.80
苯甲酸苄酯	1.50
石竹烯	0.25
柠檬油	6.50

评价： 仿真度低，杂味重，类似药感的芹菜特征香气不足。

主要参考文献

[1] Roy Teranishi, Robert A Flath. Flavor Research Recent Advances. New York: Marcel Dekker, Inc, 1981.

[2] Morton I D, Macleod A J. Food Flavours Part A. Introduction, Amsterdam: Elsevier Scientific Publishing Company, 1982.

[3] Bedoukian P Z. Perfumery and Flavoring Synthetics, Allured Publishing Corporation, 1986.

[4] Ashurst P R, et al. Food Flavorings. Second Edition, Blackie Academic & Professional, 1995.

[5] Gerard Mosciano, et al. Organoleptic characteristics of flavor materials. Perfumer & Flavorist. 1996, 21（1）: 33-35.

[6] Gerard Mosciano, et al. Organoleptic characteristics of flavor materials. Perfumer & Flavorist. 1996, 21（2）: 47-49.

[7]　Gerard Mosciano, et al. Organoleptic characteristics of flavor materials. Perfumer & Flavorist. 1996, 21（3）：51-54.

[8]　Gerard Mosciano. Organoleptic characteristics of flavor materials. Perfumer & Flavorist. 1996, 21（6）：52-54.

[9]　Gerard Mosciano. Organoleptic characteristics of flavor materials. Perfumer & Flavorist. 1996, 21（5）：49-54.

[10]　Gerard Mosciano. Organoleptic characteristics of flavor materials. Perfumer & Flavorist. 1996, 21（4）：51-55.

[11]　David J R. Aroma Chemicals for Savory Flavors. Perfumer & Flavorist. 1998, 23（4）：9-16.

[12]　Belitz H D，Grosch W. Food Chemistry. 2nd ed. New York: Springer, 1999.

[13]　Gerard Mosciano, et al. Organoleptic characteristics of flavor materials. Perfumer & Flavorist. 2000, 25（4）：71-74.

[14]　Gerard Mosciano, et al. Organoleptic characteristics of flavor materials. Perfumer & Flavorist. 2000, 25（5）：72-78.

[15]　Gerard Mosciano. The Creative Flavorist. Perfumer & Flavorist. 2000, 25（1）：49-50.

[16]　Gerard Mosciano. The Creative Flavorist. Perfumer & Flavorist. 2000, 25（2）：52-53.

[17]　Gerard Mosciano, et al. Organoleptic characteristics of flavor materials. Perfumer & Flavorist. 2000, 25（6）：26-31.

[18]　王德峰编著. 食用香味料制备与应用手册. 北京: 中国轻工业出版社, 2000.

[19]　陈书霞, 林海军. 番茄果实不同发育阶段香气成分组成及变化. 西北植物学报, 2010, 30（11）：2258-2264.

[20]　李秦, 海洋, 师会勤等. 平菇与香菇挥发性香气成分的 GC-MS 分析比较. 化学与生物工程 2010, 27（2）：87-89.

[21]　常培培, 梁艳, 张静等. 5 种不同果色樱桃番茄品种果实挥发性物质及品质特性分析. 食品科学, 2014, 35（22）：215-221.

[22]　庞登红, 朱巍, 黄龙等. 芹菜籽精油的制备、成分分析及应用. 香料香精化妆品 2014,（2）：20-24.

第 10 章
花香型食用香精

10.1　食用玫瑰香精

　　玫瑰（rose）为矮灌木，花单生或数朵丛生，重瓣，花色因品种不同而有差异。玫瑰品种甚多，玫瑰、月季、蔷薇在英文、法文、德文中同用 rose 一词来表达，在西班牙文、意大利文中同用 rosa 一词来表达，在中文中三者的称呼有所区别。香料工业中应用的主要玫瑰品种有大马士革玫瑰，亦称突厥玫瑰；百叶玫瑰，也叫五月玫瑰；白玫瑰；香水月季；法国玫瑰；墨红月季；皱叶玫瑰等。我国玫瑰中比较著名的有甘肃苦水玫瑰、北京妙峰山玫瑰、山东平阴玫瑰等。

　　我国民间很早就将玫瑰用作食用，常用来制作玫瑰酒、玫瑰酱、玫瑰糕点等。香料工业中一般使用从玫瑰花中提取的玫瑰浸膏、玫瑰油等，常用来调配日用香精和食用香精。在食用香精中，主要用于食用玫瑰香型和果香型的杏、桃子、苹果、草莓等香精。

　　玫瑰的主要挥发性香成分有 300 多种，主要有：α-蒎烯、β-蒎烯、月桂烯、柠檬烯、罗勒烯、γ-松油烯、莰烯、α-石竹烯、β-石竹烯、β-金合欢烯、香叶烯、水芹烯、罗勒烯、香橙烯、3-蒈烯、α-古巴烯、β-榄香烯、α-愈创木烯、β-愈创木烯、α-荜澄茄油烯、丁醇、2-甲基丁醇、3-甲基丁醇、3-甲基-2-丁烯醇、4-甲基戊醇、己醇、顺-3-己烯醇、庚醇、辛醇、癸醇、2-十一醇、2-十三醇、苯甲醇、糠醇、苯乙醇、香茅醇、香叶醇、橙花醇、橙花叔醇、芳樟醇、金合欢醇、α-松油醇、4-萜品醇、龙脑、异龙脑、丁香酚、甲基丁香酚、甲基苄醚、玫瑰醚、橙花醚、丁香酚醚、异丁香酚甲醚、桉叶油素、己醛、庚醛、辛醛、壬醛、癸醛、十一醛、十二醛、肉豆蔻醛、糠醛、苯甲醛、苯乙醛、肉桂醛、香茅醛、柠檬醛、橙花醛、香叶醛、乙缩醛、戊醛二乙缩醛、己醛二乙缩醛、庚醛二乙缩醛、辛醛二乙缩醛、癸醛二乙缩醛、十一醛二乙缩醛、十二醛二乙缩醛、十三醛二乙缩醛、香茅醛二乙缩醛、2-十一酮、2-十三酮、6-甲基-5-庚烯-2-酮、α-紫罗兰酮、β-紫罗兰酮、β-大马酮、葛缕酮、薄荷酮、异薄荷酮、乙酸、戊酸、己酸、庚酸、辛酸、壬酸、癸酸、亚油酸、亚麻酸、苯乙酸、甲酸苄酯、甲酸苯乙酯、甲酸香茅酯、甲酸肉桂酯、乙酸乙酯、乙酸苄酯、乙酸苯乙酯、乙酸薄荷酯、乙酸芳樟酯、乙酸香茅酯、乙酸香叶酯、乙酸橙花酯、乙酸苏合香酯、丙酸苄酯、丙酸香叶酯、丁酸香茅酯、异丁酸苯乙酯、2-甲基丁酸己酯、2-甲基丁酸苄酯、2-甲基丁酸苯乙酯、戊酸苄酯、戊酸苯乙酯、异戊酸己酯、异戊酸苄酯、异戊酸苯乙酯、惕各酸苄酯、惕各酸苯乙酯、己酸苯乙酯、己酸香叶酯、己酸香茅酯、庚酸香茅酯、辛酸甲酯、辛酸乙酯、辛酸肉豆蔻酯、辛酸十六酯、辛酸香叶酯、辛酸橙花酯、辛酸香茅酯、壬酸甲酯、壬酸乙酯、壬酸苯乙酯、壬酸香茅酯、壬酸肉豆蔻酯、壬酸十六酯、癸酸乙酯、癸酸十六酯、癸酸苯乙酯、癸酸香叶酯、癸酸香茅酯、月桂酸乙酯、月桂酸苯乙酯、月桂酸香叶酯、月桂酸橙花酯、月桂酸香茅酯、十三酸甲酯、十三酸乙酯、肉豆蔻酸甲酯、肉豆蔻酸乙酯、肉豆蔻酸异丙酯、肉豆蔻酸香茅酯、肉豆蔻酸香叶酯、肉豆蔻酸苯乙酯、十五酸甲酯、十五酸乙酯、十六酸甲酯、十六酸乙酯、十六酸异丙酯、十六酸苯乙酯、十六酸香叶酯、十六酸香茅酯、油酸甲酯、亚油酸乙酯、硬脂酸乙酯、硬脂酸香茅酯、硬脂酸苯乙酯、苯甲酸乙酯、苯甲酸丁酯、苯甲酸辛酯、苯甲酸苄酯、苯甲酸苯乙酯、苯甲酸香茅酯、水杨酸甲酯、水杨酸乙酯、水杨酸香叶酯、苯乙酸苯乙酯、邻苯二甲酸二丁酯、香叶酸甲酯、香叶酸乙酯、香叶酸苯乙酯、香茅酸甲酯、橙花酸乙酯、橙花酸香茅酯、二甲基硫醚、二甲基二硫醚、二甲基三硫醚、二丙基硫醚、甲基丁基硫醚、甲基己基硫醚等。

　　食用玫瑰香精常用的香料有壬醇、癸醇、2-甲基-4-苯基-2-丁醇、松油醇、玫瑰醇、苯乙醇、香茅醇、香叶醇、四氢香叶醇、芳樟醇、橙花醇、苯丙醇、肉桂醇、玫瑰醚、甲酸玫瑰酯、甲酸香叶酯、甲酸香茅酯、乙酸庚酯、乙酸玫瑰酯、乙酸香叶酯、乙酸香茅酯、丙酸叶醇酯、玫瑰油、橙花油、香叶油、壬醛、癸醛、苯乙醛、柠檬醛、羟基香茅醛、甲基紫罗兰酮、α-紫罗兰酮、丁香酚、异丁香酚、苯乙酸、甲酸肉桂酯、乙酸苯乙酯、乙酸橙花酯、丙酸香叶酯、丙酸苯乙酯、苯乙酸香叶酯、乙酰基丁香酚、麦芽酚、乙基麦芽酚、γ-壬内酯、乙酸辛酯、乙酸壬酯、乙酸癸酯、乙酸苄酯、乙酸苯乙酯、丙酸苯乙酯、肉桂酸苯乙酯、香兰素、乙基香兰素等。

食用玫瑰香精配方 1

香叶油	10.80
苯乙醇	75.60
香茅醇	5.40
乙酸苯乙酯	5.40
丁酸香叶酯	1.24

苯乙酸苯乙酯	0.58
甲基紫罗兰酮	0.62
杨梅醛	0.11
柠檬醛	0.21
苯乙醛	0.32

评价： 青香，甜香，花香，玫瑰香，香韵柔和，透发性弱，仿真度高。

食用玫瑰香精配方 2

香叶油	17.32
苯乙醇	38.50
香叶醇	23.10
乙酸香叶酯	2.14
柠檬醛	3.85
丁香酚	1.18
芳樟醇	1.86
橙花醇	11.55
苯甲醛	0.38
乙酸己酯	0.20
辛醛	0.08

评价： 花香，甜香，有花草茶的气味，后味有淡淡玫瑰味，香气浓郁，透发性强。

食用玫瑰香精配方 3

香叶醇	39.70
苯乙醇	29.80
芳樟醇	12.34
玫瑰醇	12.46
香茅醇	4.98
壬醛	0.66
柠檬醛	0.40

评价： 清新的柠檬味，肥皂的油脂味，润体乳的味道，香气弱，羟基香茅醛味重，带酸味，与配方 2 类似，仿真度一般。

食用玫瑰香精配方 4

香叶油	2.00
玫瑰醇	1.50
香茅醇	0.50
香叶醇	0.75
苯乙醇	0.25

评价： 凉茶味，药香，青香稍有甜味，花香味弱，淡淡的新鲜玫瑰味，紫罗兰酮味突出，有干涩感，仿真性高，透发性良好，优于配方 5 和配方 6。

食用玫瑰香精配方 5

苯乙醇	3.0
香叶醇	38.3
α-紫罗兰酮	1.7
芳樟醇	2.0
香茅醇	26.3
乙酸香叶酯	0.8
香叶油	12.6
丁香酚	0.1
辛醛	0.2
壬醛	0.1
柠檬醛	0.1
丁酸苯乙酯	0.2
苯乙酸丁酯	0.1

评价： 生青味重，有甜酸味，少许茶叶味，有杂味，刺激性气味。

食用玫瑰香精配方 6

苯乙醇	28.5
紫罗兰酮	1.0
芳樟醇	6.0
香茅醇	17.5
橙花醇	38.2
壬醛	1.0
羟基香茅醛	3.2

评价： 咸味，肥皂味，杂味重，羟基香茅醛味重，仿真度低。

10.2 食用桂花香精

桂花亦称岩桂或木樨花，原产我国，主要分布在广西、湖南、湖北、贵州、安徽、江苏、浙江、福建、台湾、四川、重庆等地，为常绿小乔木或灌木，作为香料使用的主要有金桂和银桂两个品种。我国民间很早就有食用桂花的习惯，用其制作糖果、糕点、桂花酒等。

香料工业中一般将桂花鲜花制成桂花浸膏或桂花净油后使用，常作为桂花香精的主香剂，以及紫罗兰、金合欢等香精的协调剂。

不同品种桂花的香成分会有差异，主要有 β-水芹烯、β-蒎烯、β-月桂烯、β-罗勒烯、反式茶螺烷、顺式茶螺烷、2-羟基茶螺烷、7-羟基茶螺烷、顺罗勒烯、苯并呋喃、己醇、叶醇、壬醇、苯甲醇、苯乙醇、对甲氧基苯乙醇、α-紫罗兰醇、香叶醇、橙花醇、香茅醇、芳樟醇、金合欢醇、α-松油醇、对乙基苯酚、丁香酚、壬醛、苯甲醛、顺式柠檬醛、反式柠檬醛、反,反-2,4-庚二烯醛、6-十一酮、α-紫罗兰酮、β-紫罗兰酮、γ-紫罗兰酮、二氢-β-紫罗兰酮、薄荷酮、顺-茉莉酮、香叶基丙酮、乙酸、丁酸、壬酸、肉豆蔻酸、十六酸、硬脂酸、油酸、甲酸丁酯、甲酸环己酯、甲酸己烯酯、乙酸异戊酯、乙酸叶醇酯、丙酸己烯酯、丁酸己酯、丁酸己烯酯、丁酸香叶酯、异丁酸叶醇酯、己酸乙酯、2-己烯酸己烯酯、庚酸乙酯、辛酸乙酯、壬酸乙酯、癸酸乙酯、十六酸甲酯、亚油酸乙酯、硬脂酸乙酯、苯甲酸己醇酯、苯乙酸甲酯、邻甲氧基苯甲酸甲酯、对甲氧基苯乙酸甲酯、香叶酸甲酯、γ-辛内酯、γ-癸内酯、芳樟醇氧化物、氧化橙花醇、香豆素、2-甲基呋喃、4-甲基-2，3二氢呋喃、5-甲基四氢糠醇等。

食用桂花香精中常用的香料有桂花净油、紫罗兰叶净油、α-紫罗兰酮、β-紫罗兰酮、突厥酮、芳樟醇、橙花醇、香叶醇、叶醇、金合欢醇、松油醇、苯乙醇、肉桂醇、苄醇、香茅醇、月桂醇、丁香酚、异丁香酚、壬醛、乙酸、丁酸、乙酸叶醇酯、乙酸苄酯、乙酸芳樟酯、乙酸香茅酯、丁酸肉桂酯、庚酸乙酯、γ-辛内酯、γ-癸内酯等。

食用桂花香精配方 1

紫罗兰酮	1.00
芳樟醇	0.20
橙花醇	0.10
壬醛	0.20
苯乙醇	2.00

评价： 肥皂味，玫瑰味，透发性一般。

食用桂花香精配方 2

α-紫罗兰酮	0.50
β-紫罗兰酮	2.50
二氢-β-紫罗兰酮	4.50
叶醇	0.05
芳樟醇	1.50
乙酸苯乙酯	0.50
乙酸芳樟酯	0.35
乙酸叶醇酯	0.05
香叶醇	0.80

γ-癸内酯	0.15
γ-十一内酯	0.45
氧化芳樟醇	0.62
香兰素	0.15
α-突厥酮	0.01

评价：花香，甜香，有桂花酿的香气，体香中紫罗兰香气突出，略显干涩，仿真度高，透发性强。

10.3　食用茉莉香精

茉莉有大花茉莉和小花茉莉之分，大花茉莉为直立灌木、小花茉莉为常绿小灌木。香料工业中一般使用从其鲜花中提取的浸膏或净油。

大花茉莉净油的主要香成分有金合欢烯、叶醇、苯甲醇、苯乙醇、芳樟醇、香叶醇、α-松油醇、植醇、异植醇、对甲酚、丁香酚、异丁香酚、苯甲醛、顺-茉莉酮、乙酸叶醇酯、乙酸苄酯、乙酸苯乙酯、乙酸对甲酚酯、乙酸芳樟酯、乙酸植醇酯、丁酸叶醇酯、十六酸甲酯、硬脂酸甲酯、油酸甲酯、亚油酸甲酯、苯甲酸甲酯、苯甲酸叶醇酯、苯甲酸苄酯、水杨酸甲酯、邻氨基苯甲酸甲酯、乙酰基邻氨基苯甲酸甲酯、茉莉酮酸甲酯、苯甲酸己酯、苯甲酸顺-3-己烯酯、茉莉内酯、吲哚等。

小花茉莉净油的主要香成分有石竹烯、杜松烯、柠檬烯、α-金合欢烯、β-金合欢烯、β-石竹烯、十八烯、己醇、2-己醇、3-己醇、1-己烯醇、苯甲醇、苯乙醇、3-苯丙醇、肉桂醇、芳樟醇、香叶醇、橙花醇、香茅醇、α-松油醇、对甲酚、2,6-二甲基庚烯醛、苯甲醛、苯乙醛、6-甲基-2-庚酮、6-甲基-5-庚烯-2-酮、顺-茉莉酮、甲酸苄酯、甲酸苯乙酯、甲酸香叶酯、甲酸金合欢酯、乙酸乙酯、乙酸丁酯、2-乙酸丁烯酯、乙酸戊酯、乙酸己酯、顺-3-乙酸己烯酯、乙酸苄酯、乙酸苯乙酯、乙酸芳樟酯、乙酸香叶酯、丙酸苄酯、丙酸苯乙酯、丁酸叶醇酯、丁酸苄酯、异戊酸甲酯、异戊酸叶醇酯、异戊酸苄酯、己酸叶醇酯、辛酸甲酯、十五酸甲酯、十六酸乙酯、十七酸甲酯、十九酸甲酯、茉莉酮酸甲酯、苯甲酸甲酯、苯甲酸乙酯、苯甲酸丙酯、苯甲酸烯丙酯、苯甲酸丁酯、苯甲酸戊酯、苯甲酸己酯、苯甲酸庚酯、苯甲酸辛酯、苯甲酸顺-3-己烯酯、苯甲酸香叶酯、苯丙酸甲酯、肉桂酸甲酯、惕各酸叶醇酯、肉豆蔻酸甲酯、油酸甲酯、亚油酸甲酯、花生酸甲酯、棕榈酸甲酯、水杨酸乙酯、水杨酸叶醇酯、N-乙酰邻氨基苯甲酸甲酯、亚麻酸甲酯、茉莉内酯等。

食用茉莉香精常用的香料有：叶醇、苄醇、苯乙醇、芳樟醇、香叶醇、橙花叔醇、异戊醛、己醛、2,4-己二烯醛、α-戊基肉桂醛、羟基香茅醛、β-紫罗兰酮、

β-大马酮、乙酸叶醇酯、乙酸苄酯、乙酸芳樟酯、乙酸香叶酯、丁酸苄酯、丁酸苯乙酯、苯甲酸甲酯、苯甲酸苄酯、苯乙酸乙酯、水杨酸甲酯、邻氨基苯甲酸甲酯、二氢茉莉酮酸甲酯、γ-丁内酯、γ-己内酯、γ-辛内酯、γ-癸内酯、δ-内酯、2-乙酰基吡咯、吲哚、茉莉净油等。

食用茉莉香精配方 1

乙酸苄酯	51.8
乙酸芳樟酯	20.7
丁酸苄酯	7.8
丁酸苯乙酯	7.8
苯乙醇	5.2
α-戊基肉桂醛	5.2

评价: 有刺激性气味，杂味重，仿真性差。

食用茉莉香精配方 2

乙酸苄酯	17.0
α-戊基肉桂醛	30.0
苯乙醇	7.0
苯甲醇	5.2
丁酸苄酯	2.0
羟基香茅醛	3.0
α-紫罗兰酮	3.2
橙花醇	5.5
橙叶油	4.1

评价: 花香，清新的香气，茉莉香，仿真度高。

食用茉莉香精配方 3

乙酸苄酯	52.4
α-戊基肉桂醛	5.7
芳樟醇	6.0
苯甲醇	7.6
丁酸苄酯	4.7
香柠檬油	3.8
乙酸芳樟酯	4.7

评价: 生青味，气味淡，有杂味。

10.4 食用紫罗兰香精

紫罗兰又名香堇菜，为多年生草本植物，花紫色、极香。香料工业中一般使用从其花或叶片中提取的浸膏或净油。紫罗兰花制品具有豆青香和甜花香。紫罗兰叶制品具有绿叶的青香，略带紫罗兰花香，微带壤香。

食用紫罗兰香精常用的香料有：胡椒醛、α-紫罗兰酮、β-紫罗兰酮、α-鸢尾酮、α-异甲基紫罗兰酮、庚炔羧酸甲酯、2-辛炔酸甲酯、2-壬炔酸甲酯、2-壬炔酸乙酯、2-十一炔酸甲酯等。

食用紫罗兰花香基配方 1

α-紫罗兰酮	56.5
苯乙醇	29.0
香柠檬油	5.0
香兰素	4.0
依兰油	1.5

评价： 花香，紫罗兰的气息，带烟熏味，较淡，透发性较差。

食用紫罗兰花香基配方 2

甲基紫罗兰酮	17.0
紫罗兰酮	51.0
肉桂皮油	1.0
洋茉莉醛	6.5
香柠檬油	3.0
紫罗兰叶油	8.5
庚炔羧酸甲酯	1.0
大茴香醛	7.5

评价： 主体不明显，透发性低，带烟熏味。

主要参考文献

［1］　PaulJellinek. The practice of modern perfumery. London: J. W. Arrowsmith LTD, 1954.

［2］　Henry B Heath, M B E, Pharm B. Flavor Technology: Profiles, Products, Applications. London: AVI Publishing Company, Inc, 1978.

［3］　Ashurst P R, et al. Food Flavorings. Second Edition, Blackie Academic & Professional, 1995.

［4］　何坚, 孙宝国. 香料化学与工艺学. 北京: 化学工业出版社, 1995.

［5］　孙宝国, 何坚. 香精概论. 北京: 化学工业出版社, 1996.

［6］　Gerard Mosciano, et al. Organoleptic characteristics of flavor materials. *Perfumer & Flavorist*. 1996, 21（1）: 33-35.

［7］　Gerard Mosciano. Organoleptic characteristics of flavor materials. *Perfumer & Flavorist*. 1996, 21（5）: 49-54.

［8］　Gerard Mosciano, et al. Organoleptic characteristics of flavor materials. *Perfumer & Flavorist*.

2000, 25（6）：26-31.

［9］ 王德峰. 食用香味料制备与应用手册. 北京：中国轻工业出版社, 2000.

［10］ 廖燕芬. 调香中的桂花香韵, 2004年香精香料研讨会论文集, 2004：226-228.

［11］ 徐继明, 吕金顺. 桂花精油化学成分研究. 分析试验室, 2007, 26（1）：37-40.

［12］ 牟进美. 浅谈桂花香精的调配. 香料香精化妆品, 2008,（2）：40-41.

［13］ 杨宇婷, 武晓红, 田璞玉等. 桂花（晚桂银、贵妃红和窈窕淑女）挥发性成分分析. 河南大学学报（医学版）, 2010, 29（1）：13-16, 20.

［14］ 陈红艳, 廖蓉苏, 杨今朝等. 玫瑰花挥发性化学成分的分析研究. 食品科技, 2011, 36（17）：186-190, 196.

［15］ 李素云, 徐良华, 王纯建等. 浦城丹桂花挥发性成分分析. 福建中医药大学学报, 2012, 22（3）：47-49.

［16］ 钱宗耀, 李静, 王成. 固相微萃取-气质联用法分析新疆和田玫瑰花的挥发性成分. 现代科学仪器, 2013,（16）：108-111.

［17］ 张海峰, 陈梅春, 刘波等. 基于 SPME-GC-MS 的四季桂花和枝叶挥发性物质测定. 食品安全质量检测学报, 2014, 5（10）：3110-3116.

［18］ 孙雨安, 杜瑞, 李振兴等. 基于顶空固相微萃取 GC-MS 的玫瑰花挥发性成分分析. 河南农业大学学报, 2014, 48（4）：461-464.

第11章
其他香型食用香精

食品的品种成千上万，有什么食品就有对应的香型。因此，食品香精的香型不是用前几章的内容可以囊括的。本章对前面几章没有涉及的部分香精进行了介绍。

11.1 可乐香精

可乐香精常用的香料有柠檬油、白柠檬油、甜橙油、卡南加油、榄香脂油、肉桂油、肉豆蔻油、菊苣浸膏、芫荽籽油、香荚兰酊、姜油、咖啡碱、乳香油、α-松油醇、香兰素、乙基香兰素、胡椒醛、乙酸龙脑酯等。

可乐香精配方1

白柠檬油	46.00
柠檬油	19.70
甜橙油	19.70
肉桂醛	0.50
肉豆蔻油	0.10
姜油	0.10
α-松油醇	1.00

评价： 青香，有新鲜的橘皮香，甜香，无焦糖感，淡淡的碳酸饮料香气，透发性好，仿真度较高。

可乐香精配方2

柠檬油	40.92
白柠檬油	12.41
甜橙油	21.71
肉桂醛	9.00
肉豆蔻油	12.40

姜油	0.87
乙基香兰素	1.75

评价： 似糖渍果肉的甜香与果香，浓浓的丁香味，清爽的碳酸饮料的气味，尾香有柠檬醛的香味，焦甜略不足，仿真性优于配方1。

11.2 巧克力香精

巧克力香精的特征性香料是5-甲基-2-苯基-2-己烯醛、四甲基吡嗪、丁酸异戊酯、香兰素、乙基香兰素和2-甲氧基-5-甲基吡嗪，其他常用的香料有：异戊醇、苄醇、苯乙醇、丁香酚、乙醛、异丁醛、2-甲基丁醛、异戊醛、苯甲醛、肉桂醛、藜芦醛、糠醛、2,3-丁二酮、苯乙酸、乙酸乙酯、乙酸苯乙酯、丁酸戊酯、丁酸苄酯、庚酸乙酯、壬酸乙酯、苯乙酸戊酯、对叔丁基苯乙酸甲酯、γ-丁内酯、γ-壬内酯、2-甲基-3-甲氧基吡嗪、2,5-二甲基吡嗪、三甲基吡嗪、2-乙酰基吡嗪、香兰素、乙基香兰素、麦芽酚、乙基麦芽酚、可可酊等。

巧克力香精配方1

异戊醇	0.92
苯乙醇	7.51
麦芽酚	4.77
乙醛	1.84
异丁醛	7.56
异戊醛	13.85
糠醛	0.44
苯甲醛	0.97
香兰素	13.98
丁二酮	0.44
乙酸异丁酯	0.92
乙酸苯乙酯	0.44
γ-丁内酯	7.46
二甲基硫醚	0.98

评价： 焦苦，甜香，但香气单薄，不够浓厚，与甜香比，苦气不足。

巧克力香精配方2

香兰素	1.0
乙基香兰素	1.2
麦芽酚	1.0
乙基麦芽酚	1.0

可可醛	30.0
异丁醛	1.0
异戊醛	2.0
δ-癸内酯	5.0

评价： 焦苦味，但苦气略显不足，有点偏向速溶咖啡的香气，透发性一般。

巧克力香精配方 3

糠醛	1.26
丁二酮	0.03
苯乙酮	0.03
乙酸苯乙酯	0.03
二甲基硫醚	0.06
异戊醛	0.71
香兰素	0.75
异丁醛	0.40
苯乙醇	0.36
γ-丁内酯	0.30
乙酸异丁酯	0.05
异戊醇	0.05
苯甲醛	0.06
麦芽酚	0.16

评价： 甜香，闷，与配方 2 略有相似，仿真性一般。

巧克力香精可以通过热反应制备，常用的氨基酸是亮氨酸、苏氨酸、谷氨酸、缬氨酸等。常用的还原糖是葡萄糖。

热反应巧克力香精配方

葡萄糖	4.5
缬氨酸	2.7
亮氨酸	2.9
水	89.9

上述化合物在 100kgf/cm² 压力、115℃下搅拌 3h，冷却后即得热反应巧克力香精。

11.3　香草香精

香草香精（vanilla flavor），又称香子兰香精、香荚兰香精。香荚兰，又称香草兰、香子兰，是兰科植物中最有实用价值的一种香料植物，其成品果荚在加工一年左右表面会出现白色结晶，其主要成分为香兰素，又称香草醛或香草精，含量 1.5％～7.1％。其他芳香成分有 200 多种，主要有：1-十四碳烯、苏合香烯、α-蒎烯、β-蒎烯、柠檬烯、β-水芹烯、α-松油烯、月桂烯、对伞花烃、α-姜黄烯、δ-杜松烯、2,3-丁二醇、2-甲基-2-丁醇、3-甲基-1-丁醇、3-甲基-2-丁烯醇、1-戊醇、2-戊醇、3-甲基-1-戊醇、1-己醇、1-庚醇、1-辛醇、1-辛烯-3-醇、2-壬醇、1-癸醇、香兰醇、大茴香醇、苯甲醇、苯乙醇、对羟基苯甲醇、对甲氧基苯乙醇、芳樟醇、橙花醇、香叶醇、香茅醇、3-甲氧基苯酚、2-甲氧基-4-甲基苯酚、对乙烯基苯酚、4-(乙氧基甲基）苯酚、对乙基愈创木酚、对羟基苯甲醚、香兰基乙醚、香兰基甲醚、戊醛、苯甲醛、对羟基苯甲醛、大茴香醛、3-羟基-2-丁酮、1-羟基-2-戊酮、1-羟基-2-己酮、5-羟基-2-庚酮、3-戊烯-2-酮、2-己酮、2-庚酮、2-辛酮、3-辛烯-2-酮、4,6-辛二烯-3-酮、2-壬酮、2-癸酮、辛二烯酮、乙酸、月桂酸、肉豆蔻酸、香兰酸、大茴香酸、肉桂酸、对羟基苯甲酸、油酸、棕榈酸、乙酸正戊酯、乙酸正己酯、乙酸苄酯、乙酸大茴香酯、甲氧基乙酸乙酯、2-甲基丁酸乙酯、戊酸甲酯、戊酸丙酯、戊酸异丙酯、戊酸丁酯、戊酸异丁酯、肉豆蔻酸甲酯、十六酸甲酯、十六酸乙酯、十八酸甲酯、亚油酸甲酯、苯甲酸苄酯、苯甲酸肉桂酯、肉桂酸苄酯、香兰酸甲酯、大茴香酸甲酯、噻吩、2-乙酰基吡咯、2-戊基呋喃、糠醇、2-羟基-5-甲基呋喃、2-羟乙基-5-甲基呋喃、糠醛、5-甲基糠醛、5-羟甲基糠醛、2-乙酰基呋喃、糠基羟甲基酮等。

香草香精的特征性香料是香兰素和乙基香兰素，其他常用的香料有：香荚兰豆浸膏、苯甲醇、大茴香醇、3-丙烯基-6-乙氧基苯酚、朗姆醚、苯甲醛、肉桂醛、大茴香醛、胡椒醛、藜芦醛、2,3-丁二酮、苯乙酮、3-苯丙酸、乙酸戊酯、乙酸苯乙酯、乙酸大茴香酯、乙酸肉桂酯、苯甲酸甲酯、苯甲酸乙酯、肉桂酸甲酯、肉桂酸乙酯等。

香草香精配方1

香兰素	25.0
乙基香兰素	7.5
黑胡椒精油	5.0

评价： 甜香，焦香，可可香，巧克力香，仿真度较高。

香草香精配方2

二氢香豆素	1.5
香兰素	6.5
乙基香兰素	3.5

评价： 甜香，仿真度较低。

香草香精配方3

草莓酸	1.76

香兰素	45.20
乙酸乙酯	4.40
β-紫罗兰酮	0.4
苯甲醛	0.22
柠檬油	3.52

评价: 甜香, 味淡, 有异味, 仿真度低。

香草香精配方 4

麦芽酚	0.25
二氢香豆素	0.50
香兰素	8.00
乙基香兰素	2.00

评价: 淡淡的花香, 青草香, 奶香, 香韵柔和, 仿真度较高。

香草香精配方 5

香兰素	8.00
乙基香兰素	2.63
乙基麦芽酚	0.35
洋茉莉醛	2.71
δ-癸内酯	0.03
δ-十二内酯	0.07
丁酸	0.11
丁二酮	0.02

评价: 奶香, 头香味重, 有刺激性气味, 仿真度低。

11.4　蜂蜜香精

蜂蜜中的香成分有：α-蒎烯、柠檬烯、反式石竹烯、乙醇、2-甲基丁醇、3-甲基-1-丁醇、1-戊醇、2-庚醇、1-辛烯-3-醇、壬醇、苯甲醇、苯乙醇、苯丙醇、芳樟醇、葛缕醇、α-萜品醇、4-萜品醇、3-甲基戊醛、庚醛、辛醛、壬醛、癸醛、苯甲醛、苯乙醛、乙醛、糠醛、5-甲基糠醛、2-戊酮、大马酮、顺式茉莉酮、甲酸、乙酸、3-甲基丁酸、己酸、辛酸、壬酸、癸酸、十二酸、肉豆蔻酸、十五酸、棕榈酸、苯甲酸、苯乙酸、乙酸乙酯、乙酸乙烯酯、乙酸苯乙酯、α-乙酸松油酯、己酸乙酯、庚酸乙酯、辛酸乙酯、苯甲酸乙酯、苯乙酸乙酯、苯丙酸乙酯、月桂酸乙酯、肉豆蔻酸乙酯、棕榈酸甲酯、棕榈酸乙酯、亚油酸乙酯、油酸乙酯、肉桂酸甲酯、癸内酯、丁香酚、麝香草酚、茴香脑、龙脑、顺式芳樟醇氧化物、反式芳樟醇氧化物、2-乙酰基呋喃、二甲基二硫醚、二甲基三硫醚等。

蜂蜜香精中常用的香料有：异戊醇、苄醇、苯乙醇、香叶醇、橙花醇、香茅醇、乙基甲苯基醚、丁香酚异戊醚、十一醛、苯乙醛、α-戊基肉桂醛、大茴香醛、胡椒醛、香兰素、乙基香兰素、甲基苯乙酮、异丙基苯乙酮、辛酸、苯乙酸、苯氧基乙酸、甲酸乙酯、甲酸香茅酯、甲酸松油酯、乙酸乙酯、乙酸异丁酯、乙酸戊酯、乙酸异戊酯、乙酸癸酯、乙酸苯乙酯、乙酸松油酯、丙酸苯乙酯、丙酸香叶酯、丁酸苯乙酯、丁酸肉桂酯、丁酸香茅酯、戊酸戊酯、异戊酸香茅酯、异戊酸苄酯、己酸乙酯、壬酸乙酯、肉豆蔻酸乙酯、苯甲酸异丙酯、苯乙酸甲酯、苯乙酸乙酯、苯乙酸烯丙酯、苯乙酸苄酯、苯乙酸肉桂酯、苯乙酸茴香酯、苯乙酸香叶酯、苯氧乙酸烯丙酯、肉桂酸乙酯、肉桂酸苄酯、玫瑰油、橙花油、香叶油、香紫苏油等。

蜂蜜香精配方

甲基苯乙酮	16.0
香叶油	16.0
乙酸乙酯	4.7
乙酸戊酯	4.7
乙酸异戊酯	3.7
戊酸戊酯	6.0
壬酸乙酯	1.5
苯乙酸甲酯	6.0
香兰素	0.2
乙基香兰素	0.6

评价： 甜香明显，酸气不足。甜气中偏果味略多，格调偏低。

11.5 香油香精

香油又称芝麻油，是一种常用的调味油。香油的主要香成分有：糠醇、戊醛、己醛、壬醛、糠醛、5-甲基糠醛、丁酮、乙酸、2-甲氧基苯酚、糠硫醇、糠硫醚、二甲基二硫醚、二糠基二硫醚、吡嗪、甲基吡嗪、2-甲基-3-丁基吡嗪、2，3-二甲基吡嗪、2，5-二甲基吡嗪、2，6-二甲基吡嗪、2，6-二甲基-3-乙基吡嗪、2，5-二甲基-3-丙基吡嗪、2，3，5-三甲基吡嗪、2-乙基-6-甲基吡嗪、2，3-二乙基-5-甲基吡嗪、2，6-二乙基-3-甲基吡嗪、2-（2-呋喃基）吡嗪、2-（2-呋喃基)-3-甲基吡嗪、2-乙酰基吡嗪、2-乙酰基-3-甲氧基吡嗪、2-（2-丙烯基)-2-呋喃、2-戊基呋喃、吡啶、2-乙酰基吡咯、2，6-二甲基-4-吡啶胺、4-甲基噻唑、2，4-二甲基噻唑、3，5-二甲基异噻唑等。

香油香精常用的香料有：对甲基苯酚、愈创木酚、4-乙酰基愈创木酚、丁香酚、对甲氧基苯酚、己醛、壬醛、苯甲醛、糠醛、5-甲基糠醛、2,4-癸二烯醛、胡椒醛、2-庚烯醛、2-苯基-2-丁烯醛、2-庚酮、2-辛酮、2-壬酮、2-羟基-3,5-二甲基-2-戊烯-1-酮、γ-辛内酯、γ-壬内酯、糠硫醇、二糠基硫醚、甲基糠基硫醚、二糠基二硫醚、二甲基三硫醚、硫代乙酸糠酯、硫代丙酸糠酯、硫代糠酸甲酯、2-乙酰基吡咯、N-甲基吡咯、N-糠基吡咯、2,4-二甲基噻唑、2,5-二甲基噻唑、2-乙酰基噻唑、苯并噻唑、吡啶、2-甲基吡啶、2-乙酰基吡啶、2-甲基吡嗪、2,5-二甲基吡嗪、2,6-二甲基吡嗪、乙酰基吡嗪、2-硫甲基吡嗪、2,3,5-三甲基吡嗪等。

香油香精配方 1

4-乙酰基愈创木酚	6.60
丁香酚	5.00
壬醛	0.32
苯甲醛	0.65
5-甲基糠醛	0.65
2-苯基-2-丁烯醛	0.65
γ-壬内酯	3.30
糠硫醇	2.70
二糠基二硫醚	2.00
2-乙酰基噻唑	3.30
苯并噻唑	3.30
2-甲基吡嗪	6.65

评价： 橡胶味，甜香，奶香，炒坚果的香味，芝麻糊味，无植物油香气，干涩，杂味重，仿真度相对较低。

香油香精配方 2

2-乙酰基呋喃	0.50
2,4,5-三甲基噻唑	0.80
呋喃酮	0.45
二糠基二硫醚	0.60
香兰素	0.20
糠硫醇	0.25
乙基麦芽酚	0.65
2,3-二甲基吡嗪	0.50
2-乙酰基噻唑	0.80
2-乙基-3,5(6)-二甲基吡嗪	0.60
1,6-己二硫醇	0.50

γ-壬内酯　　　　　　　　　　　　　　　　　　　　　0.25

评价： 仿真度优于配方1，透发性好，有香油香气，带有芝麻味，带甜味，但有炒糊感，稍干，无油香，糠硫醇可略减量。

11.6　酱油香精

分析成果表明，酱油中的挥发性香成分主要有：乙醇、丁醇、异丁醇、异戊醇、2-甲基丁醇、2,3-丁二醇、3-辛醇、1-辛烯-3-醇、反-2-癸烯醇、糠醇、5-甲基糠醇、苯甲醇、苯乙醇、十二醇、十六醇、香茅醇、甲硫醇、乙酸、丙酸、2-甲基丙酸、丁酸、异戊酸、4-甲基戊酸、己酸、2-乙基己酸、辛酸、乳酸、乙酰丙酸、棕榈酸、苯甲酸、甲酸糠酯、乙酸乙酯、乙酸丁酯、乙酸异丁酯、乙酸异戊酯、乙酸己酯、乙酸苯乙酯、乙酸糠酯、丙酸苄酯、丁酸乙酯、异丁酸乙酯、丁二酸二乙酯、2-甲基丁酸乙酯、戊酸乙酯、异戊酸乙酯、4-甲基戊酸乙酯、己酸乙酯、辛酸乙酯、壬酸乙酯、乳酸乙酯、乳酸异戊酯、十二酸乙酯、十四酸乙酯、十五酸乙酯、十六酸乙酯、γ-丁内酯、γ-壬内酯、硫代糠酸甲酯、苯甲酸乙酯、苯乙酸乙酯、乙醛、异丁醛、2-甲基丁醛、异戊醛、3-甲基戊醛、辛醛、壬醛、癸醛、十四醛、十六醛、糠醛、5-甲基糠醛、5-羟甲基糠醛、苯甲醛、苯乙醛、香兰素、肉桂醛、2-苯基-2-丁烯醛、5-甲基-2-苯基-2-己烯醛、3-甲硫基丙醛、乙醛二乙醇缩醛、乙醛丁二醇缩醛、异丁醛二醇缩醛、戊醛丁二醇缩醛、异戊醛二乙醇缩醛、异戊醛丁二醇缩醛、环己基甲醛丁二醇缩醛、苯乙醛二乙醇缩醛、2-丁酮、3-羟基-2-丁酮、5-甲基-2-己酮、2-十五酮、2-十七酮、3-羟基-2-丁酮、2,3-丁二酮、2,3-戊二酮、甲基环戊烯醇酮、麦芽酚、愈创木酚、4-乙基愈创木酚、2-甲基萘酚、对乙烯基愈创木酚、2-甲基呋喃、2-戊基呋喃、2-乙酰基呋喃、2-甲基四氢呋喃-3-酮、4-羟基-2,5-二甲基-3（2H)-呋喃酮（俗称呋喃酮）、4-羟基-2-乙基-5-甲基-3（2H)-呋喃酮（俗称酱油酮）、2-甲基吡嗪、三甲基吡嗪、2-乙基吡嗪、2,3-二乙基吡嗪、2-甲基-6-乙基吡嗪、2-甲基-6-乙烯基吡嗪、2,5-二甲基-3-乙基吡嗪、2-乙酰基吡咯、2-乙基吡啶、二甲基硫醚、二甲基二硫醚、糠基甲基硫醚、玫瑰醚等。

调配酱油香精可选用的香料有：3-甲硫基丙醇、糠硫醇、乳酸、丙二酸二乙酯、丁二酸二乙酯、乳酸乙酯、辛酸乙酯、苯甲酸乙酯、γ-壬内酯、庚醛、可可醛、糠醛、苯甲醛、香兰素、2,3-丁二酮、呋喃酮、酱油酮、二糠基硫醚、二糠基二硫醚、麦芽酚、4-乙基愈创木酚、2-乙酰基呋喃、2-甲基吡嗪、2,3,5-三甲基吡嗪、2-甲硫基吡嗪、2-乙酰基吡嗪等。

酱油香精配方1

丙二酸二乙酯　　　　　　　　　　　　　　　　　　0.20

丁二酸二乙酯	0.10
乳酸乙酯	0.10
苯甲酸乙酯	0.05
γ-壬内酯	0.05
苯甲醛	0.10
二糠基二硫醚	1.49
3-甲硫基丙醇	0.50
糠醛	0.40
麦芽酚	0.09
2-乙酰基呋喃	0.20
4-乙基愈创木酚	0.40
2-甲基吡嗪	0.06
2,3,5-三甲基吡嗪	0.05
2-甲硫基吡嗪	0.10
2-乙酰基吡嗪	0.10
2,3-丁二酮	0.05

评价： 爆米花的焦甜香味，可可味，有酱汁感，带酸味，体香有酱油味，咸鲜度不够，杂味重，仿真度一般。

酱油香精配方 2

二糠基二硫醚	0.32
糠硫醇	0.06
3-甲硫基丙醇	0.15
丙二酸二乙酯	0.50
γ-壬内酯	0.05
呋喃酮	0.40
4-乙基愈创木酚	0.71
香兰素	0.25
乳酸	0.15
2-甲基吡嗪	0.20
2-甲硫基吡嗪	0.10
2,3,5-三甲基吡嗪	0.10

评价： 烤味，焦甜味，烧焦的味道，轻微的苦味，无咸鲜味，略刺激，有杂味。

11.7　食醋香精

经过分析，食醋中的挥发性香成分主要有：乙醇、丙醇、异丙醇、丁醇、2-

丁醇、异丁醇、2-甲基丁醇、3-甲基丁醇、戊醇、2-戊醇、异戊醇、己醇、庚醇、辛醇、2,3-丁二醇、糠醇、四氢糠醇、苯甲醇、苯乙醇、β-乙基苯乙醇、乙酸、丙酸、2-甲基丙酸、2-甲基丁酸、3-甲基丁酸、戊酸、己酸、庚酸、辛酸、乳酸、苯甲酸、琥珀酸、苹果酸、酒石酸、乙酸甲酯、乙酸乙酯、乙酸丙酯、乙酸丁酯、乙酸异丁酯、乙酸戊酯、乙酸异戊酯、乙酸-2-甲基丁酯、乙酸辛酯、乙酸苯乙酯、乙酸-1-甲基丙酯、乙酸-2-甲基丙酯、乙酸苯甲酯、乙酸苯乙酯、乙酸呋喃甲酯、丙酸乙酯、2-甲基丙酸乙酯、丙酸异戊酯、丁酸乙酯、异戊酸乙酯、己酸乙酯、乳酸乙酯、2-羟基丙酸乙酯、3-甲硫基丙酸乙酯、苯甲酸乙酯、苯乙酸乙酯、乙醛、丙醛、2-甲基丙醛、2-甲基丁醛、3-甲基丁醛、己醛、壬醛、癸醛、糠醛、5-甲基糠醛、苯甲醛、苯乙醛、3-羟基-2-丁酮、2,3-丁二酮、苯乙酮、苯丙酮、2-乙酰基呋喃、2-乙酰基-5-甲基呋喃、二氢-5-戊基-2（3H）-呋喃酮、2-乙酰基吡咯、2,3-二甲基吡嗪、2,6-二甲基吡嗪、三甲基吡嗪、四甲基吡嗪、吡啶、三甲基噁唑。

调配食醋香精可选用的香料有：乙酸、乳酸、苯乙酸、异丙醇、丁醇、2-丁醇、异丁醇、2-甲基丁醇、2-戊醇、己醇、苯乙醇、乙酸乙酯、乙酸丁酯、乙酸戊酯、乙酸异戊酯、丁酸乙酯、异戊酸乙酯、己酸乙酯、乳酸乙酯、乙醛、香兰素、3-羟基-2-丁酮、2,3-丁二酮、麦芽酚、呋喃酮。

食醋香精配方

乙醛	0.06
2-丁醇	0.08
2-甲基丁醇	0.60
异戊醇	0.1
2-戊醇	1.00
2,3-丁二酮	0.05
乙酸	2.50
乳酸	1.50
乙酸乙酯	0.50
乳酸乙酯	1.60
异戊酸乙酯	0.1

评价：酸甜味，酒精味，杂味，缺乏醋的发酵香味和熏香，透发性一般。酸气留香不持久。

11.8　爆玉米花香精

爆玉米花的主要香成分有：γ-丁内酯、2-戊基呋喃、2-甲基-5-糠基呋喃、糠醇、糠醛、5-甲基糠醛、5-羟甲基糠醛、2-乙酰基呋喃、5-甲基-2-乙酰基呋喃、N-乙酰基吡咯、N-糠基吡咯、2-甲酰基-5-甲基吡咯、N-乙基-2-甲酰基吡咯、N-异戊基-2-甲酰基吡咯、N-糠基-2-甲酰基吡咯、2-乙基-5-丁基噻吩、2-戊基噻吩、2-甲酰基-5-甲基噻吩、噻唑、吡啶、2-甲基吡嗪、2,3-二甲基吡嗪、2,5-二甲基吡嗪、3,6-二甲基-2-乙基吡嗪、三甲基吡嗪、5-甲基-2-乙基吡嗪、2-乙酰基吡嗪、2-乙酰基-3-甲基吡嗪、2-乙酰基-5-甲基吡嗪、2-乙酰基-6-甲基吡嗪、2-乙酰基-3-乙基吡嗪、2-乙酰基-5-乙基吡嗪、2-乙酰基-6-乙基吡嗪等。

爆玉米花香精的特征性香料是2-乙酰基吡啶和2-乙酰基吡嗪。其他常用的香料有：2-乙基己醇、苄醇、异戊醛、壬醛、苯甲醛、5-甲基糠醛、2-辛酮、2-壬酮、γ-壬内酯、2-乙酰基噻唑、2-甲基-5-乙基吡嗪、2,5-二甲基吡嗪、3,5-二甲基-2-乙基吡嗪、三甲基吡嗪、2-乙酰基吡嗪、香兰素、乙基香兰素、麦芽酚、乙基麦芽酚、呋喃酮、甲基环戊烯醇酮等。

爆玉米花香精配方 1

2-乙基己醇	4.00
异戊醛	0.40
苯甲醛	4.00
5-甲基糠醛	2.00
2-壬酮	2.00
γ-壬内酯	4.00
2-乙酰基噻唑	0.75
2-甲基吡嗪	4.00
2,5-二甲基吡嗪	8.00
乙基香兰素	4.00
乙基麦芽酚	4.00

评价： 甜香，奶香，乳脂香，有玉米的香味，香气之间和谐圆润，愉悦感强，但类似杏子的青香味过重，可适当减少苯甲醛添加量，仿真度较高。

爆玉米花香精配方 2

己醇	0.20
异戊醛	0.05
苯甲醛	0.40
5-甲基糠醛	0.25
2-壬酮	0.20
2-乙酰基噻唑	1.00
2-乙酰基吡啶	0.10
4-甲基吡嗪	0.80

2,3-二甲基吡嗪	0.80
2-乙酰基吡嗪	0.12
乙基香兰素	0.40
乙基麦芽酚	0.40

评价： 具有明显的爆玉米花的烤香香气，且香气强度大。但甜味略有欠缺。

11.9 甜玉米香精

甜玉米的香成分有：γ-松油烯、柠檬烯、苏合香烯、乙醇、1-戊醇、异戊醇、己醇、叶醇、顺-3-壬烯醇、2-甲基丁醛、己醛、辛醛、壬醛、苯甲醛、3-羟基-2-丁酮、2-戊酮、6-甲基-5-庚烯-2-酮、2-庚酮、2-辛酮、2,3-辛二酮、2-壬酮、苯乙酮、乙酸、己酸、辛酸、壬酸、甲酸戊酯、乙酸乙酯、乙酸丁酯、γ-丁内酯、2-甲基呋喃、2-乙基呋喃、2-戊基呋喃、二甲基一硫醚等。

甜玉米香精的特征性香料是二甲基一硫醚，其他常用的香料有：异戊醇、2-乙基己醇、苄醇、麦芽酚、乙基麦芽酚、苯甲醛、5-甲基糠醛、香兰素、乙基香兰素、胡椒醛、γ-壬内酯、2-乙酰基噻唑、2-甲基-5-乙基吡嗪、2,5-二甲基吡嗪、3,5-二甲基-2-乙基吡嗪、三甲基吡嗪、2-乙酰基吡嗪等。

甜玉米香精配方

2-乙酰基噻唑	0.58
洋茉莉醛	0.32
异戊醇	0.40
麦芽酚	0.32
乙基麦芽酚	0.45
香兰素	2.55

评价： 有一定的仿真度，清甜感不足。补充二甲基一硫醚后应能改善。

11.10 大麦香精

经过分析，大麦中的挥发性香成分主要有：丙醇、丁醇、异丁醇、戊醇、己醇、糠醇、乙酸、丙酸、丁酸、戊酸、异戊酸、己酸、异己酸、乙醛、丙醛、丁醛、异丁醛、2-甲基丁醛、戊醛、异戊醛、己醛、2-己烯醛、糠醛、香兰素、丙酮、2-丁酮、2-戊酮、2-己酮、2,3-丁二酮、2,3-戊二酮、γ-辛内酯、γ-壬内酯、γ-癸内酯、麦芽酚、苯酚、间甲酚、吡啶、吡嗪、2-甲基吡嗪、2,3-二甲基吡嗪、2,5-二甲基吡嗪、三甲基吡嗪、2-甲基-3-乙基吡嗪、2-甲基-5-乙基吡嗪、3-乙基-2,5-二甲基吡嗪、2-乙基-3,5-二甲基吡嗪、2-乙酰基呋喃、5-甲基-2-环戊烯醇酮、二甲基硫醚等。

　　调配大麦香精可选用的香料有：异戊醇、糠醇、乙醛、丙醛、丁醛、异丁醛、异戊醛、己醛、2-己烯醛、糠醛、香兰素、乙基香兰素、2-丁酮、2,3-丁二酮、γ-辛内酯、γ-壬内酯、γ-癸内酯、麦芽酚、乙基麦芽酚、2-甲基吡嗪、2,3-二甲基吡嗪、2,5-二甲基吡嗪、三甲基吡嗪、2-甲基-3-乙基吡嗪、2-甲基-5-乙基吡嗪、3-乙基-2,5-二甲基吡嗪、2-乙基-3,5-二甲基吡嗪、2-乙酰基吡嗪、2-乙酰基呋喃、甲基环戊烯醇酮（MCP）、二甲基硫醚以及麦芽的提取物等。

大麦香精配方

乙基麦芽酚	0.50
香兰素	0.25
乙基香兰素	0.40
呋喃酮	0.05
异戊醛	0.05
2,4,6-三异丁基-1,3,5-二噻嗪	0.02
2-甲基吡嗪	0.03

评价： 甜香为主，粉甜与焦甜并重。辅以一定的烤香，有芝麻和轻微的霉变气味。

主要参考文献

［1］Henry B Heath, M B E, Pharm B. Flavor Technology: Profiles, Products, Applications. London: AVI Publishing Company, Inc, 1978.

［2］Morton I D, Macleod A J. Food Flavours Part A. Introduction, Amsterdam: Elsevier Scientific Publishing Company, 1982.

［3］Morton I D, Macleod A J. Food Flavours Part B. The Flavour of Beverages. New York: Elsevier, 1986.

［4］朱瑞鸿，薛群成，李中臣编译. 合成食用香料手册. 北京：轻工业出版社，1986.

［5］Chi-Tang Ho, Yuangang Zhang, et al. Flavor chemistry of Chinese foods. Food Reviews International, 1989, 5 (3): 253-287.

［6］Ashurst P R, et al. Food Flavorings. Second Edition, Blackie Academic & Professional, 1995.

［7］何坚，孙宝国. 香料化学与工艺学. 北京：化学工业出版社，1995.

［8］孙宝国，何坚编著. 香精概论. 北京：化学工业出版社，1996.

［9］Belitz H D，Grosch W. Food Chemistry. 2nd ed. New York: Springer, 1999.

［10］王德峰编著. 食用香味料制备与应用手册. 北京：中国轻工业出版社，2000.

［11］叶兴乾，金亦之，邹建凯. 糖炒板栗香气成分分析与模拟香精研究. 见：中国香料香精化妆品工业协会编. 2000 年中国香料香精学术研讨会论文集. 2000. 60.

［12］王德峰，王小平编著. 日用香精调配手册. 北京：中国轻工业出版社，2002.

［13］李剑政，陈玲等. 日本大豆酱油香气成分研究. 2004 年香精香料研讨会论文集，2004: 55-58.

［14］ 孙宗保，赵杰文，邹小波等. HS-SPME/GC-MS/GC-O 对镇江香醋特征香气成分的确定. 江苏大学学报（自然科学版），2010, 31（2）: 139-144.

［15］ 孙宗保，邹小波，赵杰文. 几种中国传统名醋挥发性风味成分的比较研究 中国调味品，2010, （9）: 34-37, 41.

［16］ 粟有志，谢丽琼，王强等. 4 种新疆单花蜂蜜挥发性成分的 SPME-GC-MS 分析. 食品科学，2010, 31（24）: 293-299.

［17］ 王勇，王俊芳，范志刚等. 固相微萃取-气-质联仪测定酱油挥发性香气成分. 广州化工，2010, 38（8）: 211-213.

［18］ 刘玉花，宋江峰，李大婧等. 速冻甜玉米风味物质 HS-SPME/GC-MS 分析. 食品工业科技，2010, 31（7）: 95-98.

［19］ 刘贞诚，李国基，耿予欢等. 固相微萃取提取酱油中挥发性成分条件的优化. 中国酿造，2011, （11）: 130-134.

［20］ 赵阳阳，李海伟，欧仕益. 甜玉米粒及其芯风味成分分析. 食品与机械，2011, 27（1）: 52-55.

［21］ 杨冉，秦早，陈晓岚等. 芝麻品种和制油工艺对芝麻油风味成分的影响. 化学试剂，2012, 34（11）: 999-1003.

［22］ 陈志燕，黄世杰，朱静等. 5 种蜂蜜挥发性成分的 GC-MS 分析. 农产品加工（学刊），2013, （11）: 72-74.

［23］ 孙雨安，孙敏青，王国庆等. 基于顶空固相微萃取 GC-MS 分析不同蜂蜜的挥发性成分. 河南师范大学学报（自然科学版），2013, 41（5）: 75-79.

［24］ 李俊刚，罗英，黄美兰等. 四种市售高盐稀态酱油风味物质的比较与分析. 中国调味品，2013, （5）: 100-102.

［25］ 唐晓丹，秦早，杨冉等. 不同芝麻油中挥发性风味成分的研究. 中国油脂，2013, 38（6）: 87-90.

［26］ 丛珊，黄纪念，张丽霞等. 微波焙烤温对芝麻油特征风味物质的影响. 食品科学，2013, 34（22）: 265-268.

［27］ 壬佳淼，彭文君，田文礼等. 加工工艺对蜂蜜挥发性成分的影响. 食品科学，2014, 35（10）: 41-45.

［28］ 雷春妮，周伟，蒋玉梅等. 热脱附-气相色谱/质谱联用分析鲜食玉米香气成分. 食品工业科技，2014, 35（2）: 71-75.

索 引

（按汉语拼音排序）